와인
101

와인의 기본

와인 101

타라 토마스 지음

박원숙 옮김

책을 읽기 전에

와인에 대한 얘기를 들으면 궁금하고 알고 싶은 마음이 생길 때가 있다. 오늘 저녁 마실 와인을 사려는데 무엇을 골라야 할지 막연할 때도 있고, 지난번 마신 와인이 머리에 맴돌아 한 번 더 맛보고 싶은 생각이 들 때도 있다.

이 책의 원 제목은 "와인 바보를 위한 안내서The Complete Idiot's Guide to Wine Basics"이다. 그러나 와인 바보는 와인을 잘 알고 있다고 생각하는 사람들이며, 이 책을 읽으려고 마음 먹은 당신은 이미 와인 사랑의 길로 들어섰다.

와인의 세계는 넓고도 흥미롭다. 종류도 셀 수 없이 많아 누구도 평생 이 세상의 다양한 와인을 다 맛 볼 수는 없다. 다른 포도, 다른 지역에 또 해마다 달라지니 끝없는 변화의 연속이다. 그러면 어떻게 그 많은 순열과 조합, 변수 등을 다 알 수 있을까 하고 절망할 수도 있지만 그렇게 어렵지 않다.

와인 배우기의 첫걸음은 마음을 열고 와인을 마시는 것이다. 이 책은 와인을 마시는데 도움이 될 것이며, 이 책을 끝낼 때쯤에는 와인이 일상생활에서 주는 특별한 기쁨을 알게 되리라는 확신이 든다. 그리고 알면 알수록 더 즐길 수 있게 된다.

새로운 와인 여행을 위하여 건배!

타라 토마스Tara Thomas

추천의 글

타라는 늘 내 마음 가까이에 있는 친구다. 타라는 와인 세계에서는 이례적이라 할 만큼 대중과 친화력이 있다. 자칫 엘리트만 누리는 취미 생활로 여겨지는 와인에 대해 그녀만큼 편안하게 와인을 가르치기는 쉽지 않다.

와인 집안에서 태어난 몇 명을 제외하면 최고의 전문가도 열망이나 한 순간의 감동으로 와인을 배우게 되고 나도 그랬던 것 같다. 우연히 친구네 집 셀러에서 꺼낸 부르고뉴 와인을 마시게 된 그날, 나는 그 와인의 매력에 빠져 들어 끝없는 와인 사랑의 길로 들어서게 되었다.

그때는 타라의 책처럼 재미있고 자세한 안내서도 없었기에 공공 도서관의 책 더미를 뒤지기도 하며 자료를 찾아 헤매었다. 그때 타라는 어디 있었을까? 최고의 와인 선생님인 타라는 아마 태어나지도 않았는지 모르겠다. 직업상 초보자부터 전문가까지 많은 사람들과 만나면서, 나는 와인에 입문했던 그때를 생각하며 늘 겸손해지려 한다.

세월이 흐르고 타라는 내 인생의 특별한 친구가 되었으며, 지금은 공식 만찬에서도 꼭 타라 옆에 앉으려고 노력한다. 왜? 항상 정직한 의견을 재미있게 들려주고 와인이나 음식, 인생에 대해 진솔한 대화를 나눌 수 있으며, 또 무언가 새로운 것을 배울 수 있는 드문 기회도 얻기 때문이다.

〈와인 101〉은 와인의 기본을 가르치는 책이기도 하지만 또한 모든 와인 애호가를 위한 전문적인 책이다. 나도 와인 실력은 누구 못지않다고 자부하나 와인 배우기에는 끝이 없다. 논리적이면서도 간단하게 주제를 설명하는 이 책은 가히 와인 바이블이라고 할 만하며, 어떤 와인 프로에게도 도움이 되는, 늘 옆에 두고 찾아 볼 수 있는 참고서로 꼭 필요한 책이다.

타라는 마치 와인 한잔을 같이 마시고 싶어 초대한 친구처럼 나타나 질문을 하면 귀 기울여 듣고, 답할 때는 지식을 자랑하지 않으며, 모든 사람이 즐거운 시간을 갖고 배울 수 있게 만든다. 이 책을 다 읽고 난 후에는 타라처럼 진정으로 와인을 사랑하게 되리라 믿으며 추천의 글을 맺는다.

윌프렛 웡Wilfred Wong
셀러마스터, 벱모BevMo

차례 한눈에 보기

카툰 한눈에 보기

저이는 와인 테이스팅이 뭔지 모르는 것 같아…
모두 공부해 볼 거예요…
이 프랑스 와인 피니시가 끝내주네요!
저 테이블에서 마시는 걸로 주세요.
이번주 쇼핑할 와인리스트야!
이 물고기와 어울리는 와인 있나요?

토양

자료 제공 : 코리아 소펙사

자료 제공 : 보르도 와인 생산자 협회

주요 포도 품종

CHARDONNAY

SAUVIGNON BLANC

RIESLING

CABERNET SAUVIGNON

CABERNET FRANC

MERLOT

PINOT NOIR

SYRAH/SHIRAZ

ZINFANDEL

TEMPRANILLO

MUSCAT

SANGIOVESE

NEBBIOLO

MALBEC

SEMILLON

차 례

Part I 포도의 비밀

Part 2 국제적 포도 품종

Chapter 15 이베리아 품종

Chapter 16 이탈리아 품종

일러두기

- 외국어는 한국어 표준 철자법에 따라 표기했다. 샤또, 꼬뜨, 쁘띠와 지역명 몇 개는 예외로 원음으로 표기했다.
- 연음은 붙여 표기했다. ex. 생테밀리옹(St-Emilion)
- 한국어로 상용화된 외국어는 번역하지 않고 그대로 썼다. ex. 이스트(효모), 와인(포도주)
- 상표명이나 대명사는 " "로 표기하고 한국어 발음을 뒤로 배열했다. ex. "Montrachet(몽라셰)" 그 외 지역명이나 명사는 한국어 뒤에 외국어를 배열했다. ex. 샤르도네(Chardonnay)
- 이름은 성을 뒤로, 관사 Le, La, Les도 단어 뒤에 배열했다.
- Château는 Ch.로, Saint, Sainte는 St. , Ste로 표기했다.

Part 1 포도의 비밀

와인 배우기의 첫 걸음은 와인 마시기이다.
물속에 들어가야 수영을 할 수 있고
수영하는 법을 제대로 배워야 멋지게 수영을 즐길 수 있다.
와인도 마찬가지다.

Part 1에서는 와인이 무엇이며 어떻게 만들어지고
왜 그렇게 종류가 많은지를 설명한다.
와인 라벨 읽기와 맛보기 등 기본을 익히면
와인을 즐기며 마실 수 있다.

Chapter 1

와인 만들기

와인은 무엇일까? 와인은 발효된 과일 주스이다. 사과나 복숭아, 배 등으로도 와인을 만들 수 있지만, 사람들은 과일 중 당도가 비교적 높은 포도가 가장 좋은 와인이 된다는 것을 오랜 경험으로 알게 되었다. 그러면 포도를 항아리 속에 넣고 지하실에서 발효시키면 와인이 될까? 그렇게 쉽지는 않다. 와인이 되기보다는 부패할 확률이 더 높다.

발효의 신비

포도 주스가 발효되면 알코올이 되는 놀라운 변화가 일어난다. 알코올 도수는 그리 높지 않아 식욕을 돋우고 분위기를 즐겁게 하는 정도이다.

> 와인의 알코올 도수는 8~14도, 맥주는 3~6도, 포트 같은 강화 와인은 18~21도, 위스키는 40~50도이다. 즉 와인 150ml와 맥주 360ml, 위스키 45ml는 알코올 함량이 거의 같다.

발효는 어떻게 일어날까? 간단하다. 포도는 이스트균이 침입하기 전까지는 포도일 뿐이다. 이스트균은 포도밭이나 공기 중에 어디에나 떠다니며 당분을 먹고 사는 단세포 생물이다. 달콤한 포도 껍질에 붙으면 당분을 실컷 먹고 알코올과 탄산가스를 배설한다. 당분을 다 먹고 더 먹을 것이 없으면 이스트는 죽게 되고 발효도 끝난다.

당분 + 이스트 = 알코올(에탄올) + 탄산가스

$C_6H_{12}O_6$ + Yeast = $2CH_3CH_2OH+2CO_2$

포도가 와인이 되는 이런 기막힌 방법을 누가, 언제 알아냈을까? 역사학자나 고고학자, 과학자 등이 수세기 동안 연구해 왔지만 와인이 언제 처음 만들어졌는지는 아직도 분명하지 않다. 다만 포도는 자연적으로 와인이 될 수 있는 모든 요건을 갖추고 있으므로 아주 먼 옛날 인간이 포도나무와 공존할 때부터 있었을 것이라는 추측은 할 수 있다.

알코올의 효능은 포도 알을 쪼아 먹고 비틀거리는 새들을 보고 처음 알게 되었을 것이라고도 하고, 그리스 신화에서는 오에노스Oenos 왕이 포도밭에서 취한 염소 떼들이 즐겁게 노니는 것을 보고 알게 되었다고도 한다. "Oenos"는 "enology(양조학)"의 어원이며 그리스어로 와인을 뜻한다. 더 로맨틱한 이야기는 스트레스에 시달린 페르시아 공주가 썩은 포도를 먹고 죽기로 결심했는데, 죽기는커녕 온갖 근심 걱정을 다 잊고 행복하게 살게 되었다는 것이다.

마지막 이야기가 가장 신빙성이 있다. 포도가 나무에 달린 채 발효되기도 하지만 취할 정도가 되려면 한꺼번에 많이 먹어야 한다. 냉장고가 없던 옛날에 항아리에 저장한 포도가 자연 발효되었을 가능성은 충분히 있다. 이란에서 발견된 와인이 묻은 도자기 파편은 기원전 6천~5천년 경에 쓰던 것으로 추정되는데, 아마도 그 이전부터 사람들은 와인을 만들고 보존했던 듯하다.

와인의 역사에 대해 더 알고 싶으면 「The Origins and Ancient History of Wine」의 저자인 Dr. Patrick Mc Govern이 편집한 www.museum.upenn.edu/new/exhibits/online-exhibits/wine/wineintro.html을 참조하자.

어떤 사회에서는 알코올이 바람직하지 못한 음료로 금지되기도 한다. 과도하면 어느 곳에서나 곱지 않은 시선을 받기 마련이지만 사회에 기여하는 면도 있다. 와인은 종교나 제례, 무역, 경제 등 각 방면에 중요한 부분을 차지하고 삶의 질에 끼치는 영향도 크다.

와인은 이제 단순히 마시는 음료를 넘어서 연구하고 수집하는 특별한 대상이 되었고, 그래서 더욱 더 좋은 와인을 만들려는 열정이 계속되고 있는 것 같다.

포도나무 재배

와인은 단순히 포도가 발효된 것이지만 좋은 와인을 만들려면 좋은 포도밭에서부터 시작해야 한다. 좋은 품종을 정성들여 재배하고 날씨도 알맞아야 한다.

포도 품종

내 친구 아버지는 해마다 가을이 되면 크고 맛있는 포도를 따서 지하에서 와인을 담그신다. 그런데 갓 따서 주신 포도는 맛이 좋은데 나중에 맛본 와인은 항상 신통찮았다. 왜 그럴까? 포도가 포도 주스를 만들 때 많이 쓰는 콩코드Concord 품종이였기 때문이다. 포도는 수많은 종류가 있고 품종마다 맛도 특성도 다르다. 와인을 만드는 유럽종 비티스 비니페라였다면 훨씬 나았을 것이다.

비티스 비니페라 Vitis vinifera 고등학교 과학 시간에 배웠던 생물의 속(屬)과 종(種)에 대해서 생각해 보자. 모든 포도는 포도Vitis 속genus에 속하고 포도 속 안에 60여 가지의 종species이 있다. 그 중 미국 종은 29개이며, 유럽 종은 1개이다. 비티스 라브러스카Vitis labrusca는 미국 종 중 하나이며, 주스나 잼을 만드는 콩코드는 이 종에 속한다. 이 품종으로 와인을 만들기는 하지만 영어로 폭시foxy한 냄새가 난다고 한다. 여우냄새가 어떤지는 모르지만 어쨌든 좋은 향은 아니라는 말이다.

유럽종 비티스 비니페라는 향도 섬세하여 세계 곳곳에서 양질의 와인을 만드는 가장 경이로운 포도종으로 찬사를 받는다. 비티스 비니페라는 수백 가지 변종variety이 있으며 샤르도네Chardonnay나 메를로Merlot, 피노 누아Pinot Noir같은 유명한 포도 품종도 비티스 비니페라에 속하는 변종들이다.

"좋은 포도로 나쁜 와인은 만들 수 있어도 나쁜 포도로 좋은 와인은 만들 수 없다."는 속담이 있다. 음식을 만들 때 재료가 좋아야 하듯 아무리 비티스 비니페라 종이라도 포도가 건강해야 한다. 잘 익고 깨끗해야 하며 새가 쪼았거나 우박에 껍질이 상하면 안 되고 곰팡이가 나도 안 된다. 맛도 좋아야 하는데 와인용 포도는 보통 식용 포도보다 알이 훨씬 작고 더 달고 신맛이 강하다. 그러나 너무 익으면 당도는 올라가고 산도는 약해져 와인을 만들었을 때 생동감이 떨어지며 덜 익으면 당도는 모자라고 산도는 강해 풋과일이나 야채 냄새가 난다.

지역

포도가 재배되는 곳은 지역 명만으로도 어떤 와인인지를 알 수 있을 만큼 중요하다. 프랑스의 경우 부르고뉴 지역의 레드와인은 피노 누아로 만들지만 포도 품종대신 "Bourgogne(부르고뉴)"란 지역명만 표기한다. 물론 품종이 와인의 성격을 결정하기는 하지만, 이런 곳은 지역적 특성과 포도 품종이 문화적인 관점에서 하나가 되기 때문이다.

프랑스어로 테루아terroir라는 와인 용어는 기후나 토양, 지형, 공기까지 포함한 포도나무가 자라는 총체적 물리적 환경을 뜻한다. "terroir"의 어원은 라틴어 "terra(땅)"이며 센스 오브 테루아sense of terroir는 와인이 규격품이 아닌 지역 고유의 특성을 갖고 있다는 말이다.

기후 일반적으로 포도는 극단적인 날씨를 싫어하지만 품종에 따라 약간씩 차이는 난다. 예를 들면 리슬링Riesling은 독일의 가장 북쪽 포도 재배 지역인 모젤Mosel과 같은 추운 곳에서도 자라고 그르나슈Grenache는 지중해 연안의 나른한 여름 날씨를 더 좋아한다. 더운 지역일수록 와인은 풍부하고 강해지며 추운 지역에서는 알코올이 낮은 가볍고 상큼한 와인이 된다.

포도는 적당한 일조량이 필요하다. 하루 종일 따뜻한 태양을 볼 수 있는 곳이 좋다. 지구의 북반구에서는 남향, 남반구에서는 북향의 포도밭을 선호하는 이유도 이 때문이다. 포도나무는 축축한 땅도 싫어하기 때문에 물이 잘 빠질 수 있는 경사진 언덕 지역이 햇볕도 잘 받고 이상적이다.

물과 바람 포도는 수분이 적으면 광합성 작용을 할 수 없고 너무 많으면 포도알이 잘 익지 못하거나 희석된다. 유럽에서는 포도밭의 관개를 대부분 금지한다. 수확량이 많아지고 질이 저하되며 지역적 특성도 옅어지기 때문이다. 따라서 포도밭은 비나 안개, 또는 강변이나 바다 연안 등 자연적으로 충분한 수분을 얻을 수 있는 곳이 좋다.

미국이나 호주 같은 신세계 재배 지역에서는 물이 부족한 곳에서만 부분적으로 관개를 허용한다. 그러나 대부분은 물의 사용량을 줄여 포도나무의 과도한 성장이나 물먹은 포도의 양산을 방지하며 포도나무가 아직 어리고 약할 때나 가뭄이 심할 때만 조금 보충하는 정도이다.

포도는 습기가 많으면 곰팡이가 피기 쉽기 때문에 바람의 역할도 중요하다. 시원한 바람이 가지 사이로 지나가면 균이 서식하기 전에 습기를 말려 주고 또 더운 날에는 포도밭의 열기를 식혀준다.

포도나무에 이상적인 기후는 겨울에는 땅이 물기를 충분히 흡수해 여름 가뭄에 대비하고, 봄에는 새싹과 가지가 자랄 수 있게 비가 촉촉이 내리며, 여름에는 따뜻한 햇볕이 계속되어 포도가 잘 익게 해주는 것이다. 여름비는 가끔은 좋지만 포도 알이 영근 후에는 농축된 과일향이 묽어지고 또 터질 수도 있기 때문에 큰 걱정거리다.

토양과 식물 독일의 모젤 지역은 포도나무가 어떻게 뿌리를 내리고 버틸 수 있는지 궁금할 정도다. 포도밭은 절벽 위에서 강을 내려다보고 있고 땅은 부서진 슬레이트slate, 점판암 조각들로 가득 차 있다. 프랑스 론 밸리의 샤또네프 뒤 파프Châteauneuf-du-Pape 지역도 경사는 심하지 않지만 둥근 돌들이 땅을 완전히 덮고 있다.

두 곳 다 깊이 파 보면 흙이 있긴 하다. 포도나무는 이렇게 어렵게 뿌리를 내린다. 돌로 된 층은 배수가 잘 되어 나무를 젖지 않게 하고, 땅 속 깊숙이 내린 뿌리까지 수분을 보내준다. 뿌리가 깊을수록 나무는 튼튼해지고, 특히 오래된 포도나무는 깊은 땅의 영향을 받기도 한다.

포도는 품종에 따라 좋아하는 토양도 다르다. 샤르도네는 백악질 토양에서 잘 자라고 토양은 포도의 풍미에도 영향을 준다. 프랑스 샤블리Chablis 지역은 먼 옛날에는 바다 밑이었으며 부식된 굴 껍질이 쌓여 백악질 토양이 되었다고 한다. 이 지역 샤르도네는 굴 껍질 향이 난다고 하는데, 포도나무가 이런 요소를 흡수하는 것인지에 대한 과학적인 근거는 없지만 캘리포니아나 다른 지역의 샤르도네와는 향이 전혀 다른 것은 사실이다.

포도밭 주위에서 자라는 식물도 이로운 생태계를 만들어 준다. 해충을 잡아먹는 곤충들이 서식하기도 한다. 호주의 레드와인 중 근처에 유칼립투스eucalytus가 자라는 곳에서는 와인에 민트향이 나기도 한다. 남프랑스 와인에서 흔히 말하는 가리그garrigue 향은 다임thyme이나, 주니퍼juniper 등 지중해 연안에서 자라는 야생초나 잡목 숲을 연상시키는 향이다.

재배 기술

기후는 온화하고 태양을 잘 받는 언덕 지역에 땅은 돌로 덮혀 있고 수분이 충분하면 좋은 포도가 열릴까? 포도나무 재배 기술도 중요하다. 포도는 덩굴손이 닿는 곳은 어디든지 감고 기어올라 넓은 영역을 차지하려고 한다. 자연에서는 다른 식물의 방해를 받으면서 뻗어가지만, 포도밭에서는 잎을 무성하게 키우기보다는 좋은 열매를 맺는 일에만 집중하도록 통제를 한다.

포도나무의 모양새는 포도밭의 위치, 햇볕, 기후 등에 따라 달라진다. 그리스의 산토리니Santorini에서는 뜨거운 햇볕이 모래 토양에 내려쬐기 때문에, 가지를 원통 모양으로 감아올려 잎들이 파라솔처럼 포도송이를 태양으로부터 가리게 한다. 어떤 곳은 아래로 사람이 다닐 수 있게 높이 올려 바람이 통하게도 하고, 철사 줄로 수형을 만드는 곳도 있고, 자연 그대로 자라게 하는 곳도 있다. 언덕 아래로 수직으로 심기도 하고 등고선을 따라 수평으로 심기도 한다.

포도나무는 열매를 많이 만들어 씨를 널리 퍼뜨리려고 한다. 그러나 포도송이가 많아지면 그만큼 농도가 약해지므로 포도가 익기 전에 포도송이를 솎아낸다. 이를 그린 하비스트green harvest, 송이솎기라고 하며, 가지에 남은 송이들이 에너지를 모아 더 잘 영글 수 있게 한다.

병충해의 방지도 힘들다. 포도밭에는 식물이나 동물, 곰팡이, 세균류 등 생태계가 있다. 이들은 자연 상태에서는 서로 균형을 이루지만 포도밭과 같은 단일 재배 지역에서는 해충들이 번창하기 쉽고 이를 구제하기가 어려워질 수 있다.

가장 심했던 예가 1850년대에 포도나무 뿌리에 기생하여 세계의 포도밭을 황폐화시킨 필록세라phylloxera이다. 이 진딧물은 원래 북미에서 미국종 포도나무와는 별 탈 없이 공존했는데 유럽으로 건너와 면역성이 없는 유럽종을 거의 전멸시켰다. 비티스 비니페라가 주종인 프랑스 보르도 같은 지역은 필록세라의 침입으로 전 포도밭이 거의 폐허가 되었다. 결국 면역성을 가진 미국종 포도나무 뿌리에 유럽종을 접목하는 방법으로 포도밭은 복구할 수 있었지만, 피해는 엄청났고 아직도 다른 해결 방법을 찾아내지 못하고 있다.

접목은 접순(어린가지)을 대목(뿌리)에 붙이는 것이다. 미국종 뿌리에 유럽종 가지를 접붙여 한 나무로 만들어 원하는 포도를 얻는다.

살충제나 제초제의 사용은 해충들은 없앨 수 있으나 득이 되는 동식물도 해칠 수 있다. 해충을 잡아먹는 거미나 흙속의 미세 식물들도 함께 죽이며 인체에도 좋지 않다. 또 근처의 수원을 오염시킬 수도 있다. 최근에는 생물기능 유기농법biobased pest management으로 먹이 사슬을 이용한 해충 구제에도 힘쓰고 있다. 어떤 방법이든 간에 작은 박테리아부터 큰 새 종류까지 관리하려면 포도밭에서 할 일은 너무 많고 시간과 돈과 노력도 만만치 않다.

해충 관리는 일 년 내내 계속 되고 수확을 한 후에도 일은 계속된다. 가지치기도 해야 하고 병들거나 오래된 나무는 바꿔 심어야 한다. 포도나무는 오래 될수록 점점 열매를 적게 맺게 된다. 때로는 더 농축되어 향이 뛰어난 것도 있지만 대체로 80년 이상 된 나무는 거의 찾아 볼 수 없다.

포도밭에서 이렇게 열심히 일해도 변덕스런 기후에는 대처할 방법이 없다. 날씨는 변화무쌍하고 인정사정도 없다. 수확기에 비가 오면 포도 알에 수분이 너무 많아져 싱거워지고 폭우는 흙을 쓸어내리기도 한다. 우박이 제일 무서운데 5분만 계속 되어도 그해 농사를 망칠 뿐만 아니라 포도나무까지 상하게 한다. 봄의 갑작스런 추위에도, 여름의 이상 열기에도 포도나무는 자체 생존을 위해 성장을 중지한다.

아무리 기후와 위치가 좋고 열심히 일해 완벽한 포도를 수확하더라도 와인이 쉽게 만들어지지는 않는다. 포도밭에서 하는 일은 겨우 절반에 불과하고 지금부터 와인 메이커는 나머지 절반의 일을 떠맡아야 한다. 좋은 열매를 얻기 위해 야성의 포도나무를 길들이며 늘 힘겹게 일해야 하는 것은 우리 인생과도 닮은 점이 많은 것 같다.

비티컬처viticulture와 비니컬처viniculture는 같은 말인 것 같지만 서로 다르다. 비티컬처는 어떤 포도 품종이 어떤 장소에 적합한지 어떻게 키우면 좋은지 등 포도나무 재배에 대한 연구이다. 비니컬처는 와인 양조를 뜻하는데 양조책임자는 외놀로지스트Oenologiste라고 한다.

포도에서 와인으로

달콤하고 잘 익은 포도를 수확한 후에는 어떤 일이 기다리고 있을까? 와인을 병에 넣어 상점에 보낼 때까지 몇 달이나 몇 년을 기다리는 것은 당연한 일이다. 우선 신속하게 해야 할 일은 와인 만들기이다.

양조의 복잡하고 미묘한 과정은 책 한 권에 담기에도 모자라고 수년의 경험과 연구가 필요하다. 간단히 수확, 파쇄, 발효, 병입으로 나누어 알아보자.

수확harvest

수확기에는 긴장감이 감돈다. 포도가 익어 딸 때가 되면 늘 바쁘다. 어떤 품종은 당과 산의 균형이 몇 시간 안에도 변할 수 있기 때문에 때를 놓치면 안 된다. 수확 방법도 각기 다르다. 기계를 사용하기도 하지만 손으로 따면 나쁜 송이를 골라낼 수 있고 몇 번이라도 밭에 나가 익은 것만 골라 딸 수 있다.

수확한 포도들은 바구니나 통에 모아 트럭에 실어 와이너리로 보낸다. 트럭에 직접 부리기도 하는데 그러면 바닥의 포도가 무게 때문에 으깨져 좋지 않다. 이 과정을 재빠르게 처리하지 않으면 포도가 와인이 되기도 전에 부패할 확률이 커진다. 와이너리에 도착하면 포도를 테이블 위에 쏟아놓고 눈을 부릅뜨고 손을 바쁘게 놀리며 상한 포도나 잡초, 벌레 등을 골라내야 한다.

파쇄crush

이렇게 고른 후 포도는 파쇄기로 들어가게 되는데 대부분 가지를 제거하고 으깨는 형태이다. 가지는 와인에 쓴 맛을 준다. 파쇄 후 과정은 와인 종류나 양조 방법에 따라 달라진다. 화이트와인은 주로 청포도로 만들고 레드와인은 적포도로 만든다. 포도의 색소는 껍질에 있기 때문에 적포도라도 껍질을 제거하고 압착하면 포도 알은 색깔이 없어 화이트 와인을 만들 수 있다. 이제 으깬 포도주스와 껍질이 섞인 머스트must 상태가 되는데 화이트와인과 레드와인의 차이는 지금부터 시작된다.

화이트와인을 만드는 청포도는 실제로는 껍질이 연두색, 황금색, 핑크색 등 다양하다. 적포도도 껍질이 붉다기보다는 검은 자주색이며 주로 레드와인을 만들지만 로제, 화이트와인도 만들 수 있다.

화이트와인 화이트와인은 온도가 낮은 상태에서 일을 신속하게 처리해야 한다. 온도가 올라가면 신선함을 잃게 되고 공기에 오래 노출되면 산화할 우려가 있다(사과 껍질을 벗겨두면 갈색으로 변하고 맛도 변하는 것과 마찬가지다).

화이트와인은 머스트를 스테인리스스틸 같은 찬 용기에 넣고 몇 시간 향을 우려내거나 아니면 바로 압착하여 주스를 짠다. 껍질과 씨에는 타닌tannin이 있어 레드와인에는 필수적이지만, 화이트와인은 주스만 빼내고 껍질과 씨는 바로 버린다.

레드와인 적포도 껍질은 타닌과 색소가 있어 껍질에서 원하는 색깔과 향미를 얻을 때까지 며칠에서 몇 주 동안 머스트 상태를 유지하며 우려낸다.

타닌은 씁쓸한 맛이 있으며 포도 외에도 호두 껍질이나 차 잎, 덜 익은 과일이나 참나무 등 식물에 있는 성분이다.

핑크 와인을 만드는 방법은 두 가지이다. 첫번째는 레드와인처럼 만들면서 핑크색이 나면 껍질을 빨리 빼내는 방법이며, 와인 용어로는 세니에Saignée라고 한다. 두 번째는 화이트 와인에 약간의 레드와인을 첨가하여 핑크색을 내는 방법이다.

발효ferment

화이트와인은 압착해서 나온 주스만 바로 발효조로 옮기거나, 또는 밀폐된 용기로 옮겨 하루 이틀 동안 안정시켜 따라낸다. 발효조는 에폭시epoxy를 입힌 시멘트 탱크나 나무통도 사용하지만 대부분 온도 조절이 가능하고 깨끗한 스테인리스스틸 탱크를 사용한다.

레드와인은 으깬 포도를 껍질, 씨와 함께 탱크에 옮겨 뚜껑을 닫고 발효시키거나 경우에 따라서는 열어놓고 발효시키기도 한다. 발효에 필요한 이스트는 자연 상태의 이스트를 그대로 쓰기도 하고 시험관에서 배양된 인공 이스트를 적절히 사용하기도 한다.

발효는 포도 품종이나 이스트, 온도 등에 따라 이틀에서 길게는 수주일 동안도 계속된다. 빵을 발효시킬 때 온도가 낮을수록 이스트가 천천히 활동하는 것을 볼 수 있다. 발효는 온도를 상승시키기 때문에 서서히 진행되도록 하려면 탱크를 적당히 식혀주며 온도 조절을 해야 한다.

천연 이스트가 와인에 좋다고 하지만 발효가 느리고 알코올 농도를 예측할 수 없어 와인을 버릴 수 있다. 일부만 발효되고 중지되기도 해 이상한 와인이 되기도 한다. 인공 이스트는 낮은 온도에서나 높은 알코올 등에서도 버틸 수 있게 배양된 것을 골라 사용할 수 있어 위험 부담이 적다.

껍질 관리　주스가 발효되어 와인이 되기는 하지만 향미를 얻기 위해서는 좀 더 시간이 필요하다. 레드와인은 포도 껍질이나 씨, 과육 등이 주스와 함께 오래 머물수록 더 많은 색소와 향, 타닌 등이 우러나온다.

그러나 발효 때 생성된 탄산가스CO_2가 껍질을 밀어올려 딱딱한 캡cap, 껍질 덩어리을 만든다. 향미를 최대한 추출하려면 캡을 부수어 주스와 섞어 주어야 한다. 옛날에는 높은 탱크 위로 올라가 알코올 냄새로 현기증을 느끼며 있는 힘을 다해 막대기로 캡을 깨야 하니 쉬운 일이 아니었다.

캡의 온도는 주스보다 높기 때문에 탱크의 열을 식히기 위해서도 이 작업은 필요하다. 호스를 이용하여 아래에서 주스를 빼내어 캡 위에 뿌려 섞어 주는 방법을 펌핑 오버pumping over라고 한다. 자동 페달 등 기구를 사용하여 하루에 몇 차례씩 포도 껍질을 주스에 잠기게 하는 방법도 있다.

이렇게 충분히 우려낸 다음에는 주스를 다른 통으로 옮기고 찌꺼기를 탱크에서 퍼내야 한다. 허리가 휘는 중노동이다. 화이트와인은 껍질 덩어리는 없지만 죽은 이스트나 포도 껍질 부스러기 같은 것이 가라앉는다. 어떤 와인은 이 이스트 찌꺼기lees를 섞어주어 향미를 얻기도 하지만 보통은 제거한다.

MLF　다음은 젖산 발효malolatic fermentation라는 2차 발효가 일어난다. 포도에 신맛을 내는 사과산이 젖산으로 변화하여 와인을 부드럽고 세련되게 만든다. 알코올 발효가 끝난 직후에 일어나기도 하고 다음해 봄에도 일어날 수 있어 요즈음은 인위적으로 발효를 유도하기도 한다. 거의 모든 레드와인은 이 과정을 거치지만 화이트와인은 부분적으로 하기도 하고, 안 하기도 하며 완전히 한 것은 버터나 우유의 풍미가 난다.

병입bottling

병입하기 전에 정제fine나 여과filter의 과정을 거친다. 정제는 벤토나이트bentonite나 달걀 흰자 같은 단백질을 첨가하여 미세한 찌꺼기를 응집시킨다. 레드와인에서는 주로 여분의 타닌을, 화이트와인에서는 와인을 흐리게 하거나 향미에 영향을 주는 불순물을 제거한다. 여과는 와인을 섬세한 여과지를 통과시켜 걸러내는 것이다.

이 과정들을 피하는 와이너리도 있다. 이런 와인은 라벨에 "Unfined"나 "Unfiltered"라고 표기하기도 한다. 찌꺼기와 함께 향미도 뺏길 수 있고 또 사용하는 약품으로 와인의 향이 변할 수도 있다. 그러나 이 과정을 생략하면 박테리아나 이스트 찌꺼기 때문에 와인이 상할 위험도 있다.

레드와 화이트 모두 좀 더 풍부하고 복합적인 와인을 만들기 위해서는 발효나 발효 후 일정 기간 동안 오크통을 사용한다. 어떤 종류의 오크통을 사용하느냐에 따라 와인의 타닌 향이나 바닐라, 캐러멜, 스파이스 향 등이 달라진다. 숙성이 충분히 되었다고 생각되면 오크통마다 약간의 차이가 나기 때문에 와인을 큰 통에 따라내어 섞어준다.

와인을 병입한 다음에도 병 속에서 안정기간이 필요하며, 와인에 따라 다르지만 충분히 숙성될 때까지 몇 달이나 수년 동안도 공간과 자본이 허용하는 한 와이너리에서 저장한다. 대개 병 숙성 기간이 길수록 신선한 감은 줄어들지만 향은 더 성숙된다. 물론 너무 오래되면 향도 잃게 되고 수명도 다하게 된다.

요점정리

- 와인은 과일을 발효시켜 만든 음료이다. 이 책에서는 포도로 만든 와인만을 말한다.
- 와인을 만들기에 좋은 포도 품종은 샤르도네나 메를로와 같은 비티스 비니페라 종이다.
- 테루아는 포도가 재배되는 지역의 토양, 기후, 위치 등을 말하며 포도의 향미에 영향을 준다.
- 와인은 포도의 수확과 파쇄, 발효, 병입의 과정을 거쳐 만들어진다.
- 화이트와인은 백포도로 만들거나 껍질을 뺀 적포도로 만든다. 와인의 색깔은 포도의 껍질에서 나오기 때문에 레드와인을 만들기 위해서는 적포도의 껍질이 필요하다.

Chapter 2

와인 라벨 읽기

상점의 진열대에 가뜩 늘어서 있는 와인 중 어느 것을 골라야 할까? 먼저 라벨을 보고 고른다. 라벨 디자인에 시간과 돈을 투자하는 것도 이런 이유다. 그러나 디자인은 시선은 끌지만 내용 파악에는 도움이 안 된다.

병 속의 와인을 알기 위해서는 글자를 읽어야 한다. 라벨의 글자가 낯설기는 하지만 앞, 뒷면의 작은 글자, 큰 글자 등을 읽고 와이너리가 알리려고 하는 정보를 찾아내야 한다(점자 라벨도 있다).

라벨에서 알 수 있는 것은 무엇일까? 책을 고를 때 표지보다는 내용이 중요하듯 와인도 라벨만으로는 내용을 알 수 없다. 그러나 내가 원하는 와인인지 아닌지 어느 정도는 구분할 수 있다.

라벨은 여러 가지다. 어떤 것은 단순하고 어떤 것은 글자가 빼곡하다. 포도 품종을 표기한 것도 있고 지역만 표기한 것도 있다. 멋지게 와인 이름을 표기한 앞면 라벨과 작은 글씨로 경고 같은 것을 써 놓은 뒷면 라벨이 있다.

앞면 라벨

꼭 필요한 정보

- 상표명
- 생산자
- 원산지
- 와인 종류
- 용량
- 알코올 도수

추가 정보

- 포도 품종
- 수확 연도
- 병입 장소
- 품질 등급
- 포도밭 이름
- 포도의 당도
- 재배 방법 등

품종을 표기한 라벨A varietal label

지역을 표기한 라벨A regional label

누가 만들었나?

라벨에서 가장 눈에 띄는 것은 포도밭 이름이다. 유럽의 경우 샤또Château라든가 보데가Bodega라고 쓰고 영어권에서는 와이너리Winery라고 쓴다. 와이너리 이름은 와인 스타일을 알 수 있기 때문에 꼭 필요한 정보다. 와인 시음 노트를 만들 때도 생산자나 와이너리 이름을 메모하는 것부터 시작해야 한다.

와이너리 이름이 분명히 나타나지 않고 소유주의 이름을 쓸 때도 있다. 와이너리 이름이 전혀 생소할 경우(전문가들도 모르는 것이 많다) 어느 지역에서 생산된 것인지를 찾아본다.

와이너리 명칭들 : "Adega(아데가)", "Bodega(보데가)", "Cantina(칸티나)", "Casa(카사)", "Castello(카스텔로)", "Caves(카베스)", "Cellars(셀러)", "Château(샤또)", "Domaine(도멘)", "Quinta(킨타)", "Tenuta(테누타)", "Villa(빌라)", "Weingut(바인구트)", "Weinkeller(바인켈러)", "Fattoria(파토리아)"

어디에서 만들었나?

미국 와인은 라벨에 포도 품종이 먼저 눈에 뛰지만 다른 곳에서는 라벨에 꼭 품종을 표기하지 않는다. 품종이 와인의 중요한 요소지만 수세기 동안 포도를 재배해온 곳은 포도 품종이 지역과 동일시되기 때문에 지역만 표기한다.

포도가 재배되는 환경은 그만큼 중요하고 지역에 따라 특성을 나타낸다. 이것을 프랑스어로 테루아terroir라고 한다. 같은 피노 누아 품종이라도 부르고뉴 지역과 상세르 지역은 맛이 다르다. 테루아의 개념은 프랑스나 스페인, 이탈리아 같이 수백년 포도를 재배해온 구세계에서는 너무나 분명하고 재배하는 품종도 정해져 있어 포도 품종을 따로 표기하는 것이 의미가 없다.

와인 산업이 시작된 지 오래되지 않은 미국, 남아메리카, 호주, 뉴질랜드 같은 신세계에서는 포도 품종이 우선이다. 그러나 포도가 재배되는 곳에 따른 차이도 있다. 캘리포니아의 더운 센트럴 밸리는 시원한 소노마 해변과는 다르고, 같은 소노마 지역이라도 내륙의 초크힐과는 포도 맛에 차이가 있다. 지역에 따른 우열도 있어 캘리포니아의 나파밸리 는 센트럴 밸리보다는 나은 곳으로 여긴다.

이렇게 지역이 와인의 품질을 나타내기 때문에 지역 표기에도 법적 규정을 만들었다. 프랑스의 원산지 통제 명칭Appellation d'Origine Contrôlée 규정에 따라 포도 재배 지역을 아펠라시옹으로 구분하는 것이 세계적인 추세다.

포도가 재배된 곳이 와인을 만든 곳보다 중요하다. 만약 이탈리아에서 수입한 포도 주스로 캘리포니아에서 와인을 만들었다면 이 와인은 캘리포니아 와인이 아닌 이탈리아 와인이 된다.

원산지 통제 명칭

아펠라시옹Appellation은 어떤 특정 지역의 와인이 같은 성질을 갖고 있다는 것을 전제로 만든 법적 경계선이다. 이 경계 안의 지역은 토양이나 기후가 비슷해 다른 지역 와인과는 구분이 된다. 각 나라의 아펠라시옹은 다음과 같다.

- 프랑스 : 아펠라시옹 도리진 콩트롤레Appellation d'Origine Contrôlée: AOC
- 독일 : 크발리테츠바인 베쉬팀버 안바우게바이테Qualitätswein bestimmter Anbaugebeite: QbA
- 이탈리아 : 데노미나초네 디 오리지네 콘트롤라타Denominazione di Origine Controllata: DOC
- 스페인 : 데노미나시온 데 오리헨Denominacion de Origen: DO
- 미국 : 어메리칸 비티컬처럴 에리어American Viticultural Area: AVA

아펠라시옹은 와인의 품질을 보장하는 것으로 구세계에서는 포도 품종, 재배, 양조 방법 등도 규제한다. 품질이 동일한 와인이 생산되어야 구매자도 그 지역의 와인에 대한 확실한 정보를 갖게 된다. 예를 들면 프랑스 루아르 밸리Loire Valley의 AOC인 상세르Sancerre는 언제나 상세르 고유의 맛을 담고 있다.

세계의 모든 아펠라시옹을 나열하면 책 한권은 족히 될 것이다. 모두를 다 알 수는 없으며, 아펠라시옹을 알면 병 속에 든 와인을 아는데 도움이 된다는 것만 알면 된다.

미국 각지의 포도를 사 모아 만든 와인은 “American Table Wine(미국 테이블 와인)”이라고 표기하고 캘리포니아 지역 포도만 사용했다면 “California”로 표기한다. 그중 85퍼센트가 나파 밸리의 포도라면 “Napa Valley”라고 표기할 수 있으며 생산지의 범위가 좁아질수록 지역명도 세분화된다.

- 테이블 와인Table wine / vin de table / vino da tavola / vino de mesa / tafelwein : 아펠라시옹 규제를 받지 않으며 어떤 포도로 만들어도 된다.
- 지방명 와인Regional wine / vin de pays / indicazione geografica tipica / vino de la tierra / landwein : 한 국가 내에서 정한 지역 포도로 만든 와인이다.
- 원산지 통제 명칭 와인Controlled appellation wines / appellation d'origine contrôlée / denominazione de origine controllata / denominacion de origen / qualitätswein : 특정한 지역의 포도로 만든 품질이 보장되는 와인이다.

테이블 와인은 싸고 품질이 낮은 것으로 알고 있으나 요즘은 인식이 변하고 있다. 유럽 지역은 아펠라시옹의 규제가 엄격하여 새로운 스타일의 와인을 만들면 아펠라시옹이 없는 테이블 와인으로 이름이 붙여지게 된다.

아펠라시옹 안에서도 더 작게 세분한다.

- 지역District
- 마을Village
- 포도밭Vineyard

이렇게 작은 단위로 나누는 것은 포도가 더 낫거나 못하다는 것보다 다른 곳과는 구별이 되기 때문이다. 같은 아펠라시옹이라도 포도밭의 구획에 따라서도 와인 품질에 차이가 나며 생산자에 따라서도 달라진다.

리저브와 그랑 크뤼

"Reserve(리저브)"나 "Grand Cru(그랑 크뤼)", "Old Vine(올드 바인)" 같은 명칭은 법적인 규제를 받을 때는 품질이 뛰어난 것을 말하나 법적인 근거 없이 사용될 때도 있다.

프랑스 보르도는 "Bordeaux(보르도)", "Bordeaux Supérieur(보르도 쉬페리외르)",

"Bordeaux Cru Bourgeois(보르도 크뤼 부르주아)", "Grand Cru Classé(그랑 크뤼 클라세)", "Premier Grand Cru Classé(프르미에 그랑 크뤼 클라세)"로 한 단계씩 올라가며, 알자스는 최고 포도밭을 "Grand Cru(그랑 크뤼)"라고 한다.

부르고뉴에서는 "Grand Cru(그랑 크뤼)"가 "Premier Cru(프르미에 크뤼)"보다 더 높은 것이라 혼란스럽다.

크뤼Cru, growth는 품질이나 등급을 뜻하며 최고의 테루아를 형성하고 있는 포도밭을 뜻하기도 한다.

이탈리아 "Classico(클라시코)"는 "Chianti Classico(키안티 클라시코)" 처럼 키안티 안에 있는 특정 지역을 말한다. "Superiore(수페리오레)"와 "Riserva(리제르바)"는 지역마다 차이는 있지만 정해진 숙성 연도가 있고 품질의 규제가 있다.

스페인 "Joven(호벤)", "Crianza(크리안사)", "Reserva(레세르바)", "Gran Reserva(그랑 레세르바)"는 숙성 연도가 다르고 품질에 차이가 난다. 이탈리아처럼 지역마다 약간씩 다르지만 순위는 같다.참조 Chapter 15 p.186

독일에서는 수확 시 포도의 성숙도(당도)에 따라 품질 등급을 정한다.참조 Chapter 6

품종 표기

미국 와인은 라벨 중앙에 포도 품종이 명기되어 있다. 표기된 단일 품종으로 만들어진 와인이란 뜻이다. 신세계는 구세계와는 달리 지역 별로 정해진 포도 품종이 없고 어디에서나 새로운 품종으로 와인을 만들 수 있다. 품종별 라벨은 와인을 살 때 간단하다. 예를 들어 샤르도네가 마음에 들면 라벨에 "Chardonnay"라고 표기된 와인 병을 찾으면 된다.

그러나 조심할 것은 샤르도네라고 해서 맛이 다 같은 것은 아니다. 지역에 따라, 생산자에 따라 향미가 다르다. 나라마다 차이는 있지만 캘리포니아에서는 25퍼센트까지 다른 포도 품종을 혼합해도 "Chardonnay"로 표기할 수 있다.

품종 표기가 없는 라벨 유럽 와인은 대부분 라벨에 포도 품종을 표기하지 않고 생산된 지역만 표기한다. 포도 품종은 이미 정해져 있어 지역만 알면 와인을 알 수 있기 때문이다. 그 지역의 품종을 알려면 공부가 약간 필요하나 싫으면 그냥 유럽인들이 하듯이 와인 맛이 지역마다 다르다는 것만 알면 된다. 유럽 유명 지역의 정해진 품종은 대개 다음과 같다.

나라	지역	포도 품종
프랑스	부르고뉴	피노 누아, 샤르도네
	샹파뉴	샤르도네, 피노 누아
이탈리아	키안티	산조베제
	바롤로	네비올로

블렌딩한 와인 라벨 캘리포니아에서는 한 품종을 75퍼센트 이상 사용했을 때만 라벨에 단일 품종으로 표기할 수 있다. 다른 품종을 그 이상 혼합한 경우에는 품종 대신 상표명을 따로 만들어 표기한다. 블렌딩은 왜 할까? 혼합하면 더 나은 와인을 만들 수 있기 때문이며 2, 3종 또는 13종까지도 혼합한다. 어떤 품종은 향이 좋은데 산도가 부족하고 어떤 품종은 산도는 좋지만 풍미가 떨어질 때 두 품종을 블렌딩하면 서로 단점이 보완된다.

블렌딩은 유럽에서는 수세기 전부터 해 오던 것이다. 기후에 따라 어떤 품종은 잘 되고 어떤 품종은 잘 안되는 경우도 있으며, 같은 밭에서 같이 잘 자라는 품종도 있다. 여러 품종을 같은 지역에서 재배하면 수확에 큰 차질이 생기지 않는 이점도 있다.

미국에서는 고급스런 보르도 스타일 와인을 만드는 생산자는 불만이 많았다. 단일 품종이 75퍼센트가 안 되기 때문에 “Red Table Wine”으로 분류될 수밖에 없었기 때문이다. 1988년에 미국와인협회는 이런 전통적 보르도식 블렌딩에 메리티지meritage라는 새로운 이름을 만들어 차별화했다. 헤리티지heritage와 어감이 비슷하기도 하고 뜻도 전통적이란 의미를 담고 있다.

빈티지

대부분 와인은 라벨에 포도를 수확한 해를 표기하며 이것을 빈티지vintage라고 한다. 빈티지로 우선 와인을 언제 만들었는지 알 수 있다. 오래될수록 신선한 과일향에서 마른 과일이나 향신료같은 복합적인 향으로 변한다. 밝고 생생한 와인을 원하면 5년이 넘으면 안 된다.

같은 와인이라도 한해는 좋았는데 다음해는 별로였던 경험을 한 적이 있을 것이다. 어떤 특정 빈티지 와인은 높은 평가를 받기도 하는데 왜 그럴까? 날씨가 다를 수도 있고 와인 메이커가 바뀔 수도 있다. 와인은 빈티지마다 달라질 수 있으며 특별히 좋거나 나쁜 빈티지는 알아두면 도움이 된다.

대부분의 경우는 빈티지에 신경 쓰지 않아도 되지만 보르도Bordeaux나 바롤로Barolo, 토카이Tokaji 와인 등에 열정을 갖게 되면 달라진다. 이런 와인은 오래 보관할 수 있어 빈티지가 좋지 않으면 문제가 생긴다. 해마다 기후 변화가 많은 지역의 와인도 빈티지에 따라 차이가 난다 .

일상 와인은 빈티지 차이가 거의 없고 다른 빈티지를 같이 놓고 비교해 보아도 차이를 느끼기 어렵다. 그리고 요즘은 양조 기술이 발달하여 기후가 좋지 않아도 와인을 같은 수준으로 끌어 올릴 수 있어 빈티지보다 오히려 와인 메이커의 역할이 더 중요하다. 좋은 해는 와인 만들기가 쉽고 비가 많이 온 해는 그만큼 어려워 사람의 노력이 더 필요할 뿐 결과는 비슷하다는 말이다.

대부분 생산자는 와인에 결점이 있으면 상점에 내다 팔지 않으니 걱정하지 않아도 된다. 빈티지가 좋지 않은 와인은 숙성이 빨라 좋은 빈티지보다 장기 보관이 어려울 뿐이다. 좋은 빈티지는 셀러에 보관하고, 기다리는 동안 마실 수 있는 와인은? 물론 빨리 숙성되는 와인이다.

비평가들은 해마다 지역별 빈티지를 평가하여 도표를 만든다. 빈티지 차트vintage chart는 10여년 이상도 서로 다른 빈티지를 비교할 수 있어 편리하지만 정확하지는 않다. 같은 지역이라도 미기후가 달라 빈티지가 좋지 않아도 뜻밖의 훌륭한 와인이 나올 수 있다. 또 비평가마다 취향이 다르고 개인이 선호하는 것도 있기 때문에 일반적인 평가로 가볍게 참조하자.

뒷면 라벨

뒷면 라벨은 정부의 경고문이나 와이너리 소개 등 특별히 중요한 것은 없다. 그러나 수입사를 알리는 작은 글씨는 꼭 읽어야 한다. 수입상은 거래하는 몇몇 지역이 있다. 스페인이나 남프랑스 등 특정 지역 와인에 애정을 갖는 수입상도 있고 또 좋아하는 스타일의 와인만 수입하기도 한다. 예를 들면 같은 이탈리아 와인을 수입해도 한 곳은 과일 향의 풍염한 모던 와인을, 다른 곳은 전통적 와인을 수입한다. 나의 취향에 맞는 와인을 누가 수입하는지 알면 다음에 와인을 고르기 쉽다. 좋은 와인을 발견했을 때는 수입사를 기록해 놓자.

어떤 와인은 열량이나 탄수화물 함량 등 영양가도 표기한다. 와인이나 맥주 등 알코올 음료는 한잔(150ml)에 탄수화물 함량이 7g 미만이면 저 탄수화물이라고 쓸 수 있다. 와인은 매우 단 스위트 와인을 제외하면 대개 1~2.5g 정도의 미미한 수준이다. 열량은 드라이 와인은 한 잔에 20~30칼로리, 디저트 와인은 50 칼로리 이내이다.

미국에서는 알코올이 건강에 해롭다는 정부 경고가 꼭 표기된다. 음주가 운전이나 기계 조작에 영향을 주는 것은 이미 알려진 사실이다. 반면에 적당한 음주는 건강에 좋다는 긍정적인 연구 결과도 많다.

재배 방법

10여 년 전만 하더라도 포도나무의 재배 방법이 문제가 되지는 않았는데 요즘은 라벨에 재배 방법을 표기하기도 한다. 적당한 화학 비료, 살충제, 제초제 사용은 늘 해오던 일반적 농법이었고 유기농법은 최근에 떠오른 이슈이다.

유기농법만으로 와인을 만드는 것은 거의 불가능하지만, 화학 비료 사용이 토양을 황폐화시키는 등 여러 가지 부작용이 있다는 것을 알게 되면서 점차 새로운 농법을 찾게 되었다. 유기농법은 자연 환경을 존중하며 포도나무가 자연 상태에서 자라도록 인위적 개입을 최소화한다.

유기농 와인

라벨에 "Organic Wine(유기농 와인)"이라고 표기 된 것은 극히 드물다. 이유는 화학 비료나 제초제, 살충제는 물론이고 와인을 만드는데 꼭 필요한 아황산sulfite도 사용하면 안 되기 때문이다. 화학 비료나 살충제 금지는 어느 정도 가능한 일이지만 아황산 없이는 와인을 만들 수 없다.

포장 식품에는 신선도를 유지하기 위해 조금씩 필요하며 주스나 마른 과일, 빵 등 거의 모든 식품에 첨가된다고 보아야 한다. 와인을 만들 때는 포도가 산화되는 것을 방지하고 박테리아도 죽인다. 아황산을 넣지 않으면 와인이 상하기 쉽고 오래 보관할 수도 없다.

와인의 아황산이 두통을 일으킨다는 의견이 있지만 의학적으로 증명된 것은 아니다.(알레르기 반응도 100명 중 한명이 안 된다.) 오히려 히스타민histamines이나 페놀penol이 원인이 되며 이 물질은 와인에 자연적으로 생기기 때문에 피할 수 없다.

유기농법으로 포도를 재배해도 미량의 아황산은 필요하며 이렇게 만든 와인은 라벨에 "made with organically grown grapes(유기농법 포도로 만든 와인)"이라고 표기한다.

유기농법 포도로 만든 와인

포도는 인공 비료나 살충제를 쓰지 않는 유기농 포도밭에서 재배하지만 와인을 만들 때 필요한 아황산은 사용한다. 유기농법은 자연 생태계가 유기적으로 활동할 수 있도록 환경을 만들어준다. 포도밭과 잘 조화되는 자연 생태계를 조성하는데 노력을 기울이며 새집을 걸기도 하고 포도나무 주변에 꽃이나 식물들을 심고 다양한 벌레나 곤충들이 모이게 한다. 흙을 덮어주는 식물들은 수분을 자연스럽게 조절하며, 양이나 염소 닭도 키워 풀도 먹게 하고 퇴비도 만든다.

프랑스에서는 생물 농법agriculture biologique이라고도 하고 줄여서 바이오bio라고도 한다. 바이오 다이내믹 와인biodynamically-grown wines, 생물 기능 농법도 비슷하다.

바이오 다이내믹 와인

바이오 다이내믹Biodynamic은 우주의 에너지가 농사에도 큰 영향을 준다고 믿는다. 기이한 것 같지만 점성학에 근거한 바이오 다이내믹 달력도 있어 포도나무를 심거나 가지치기를 할 때 등 최적기가 언제인지도 알려준다. 지구의 삼라만상이 달과 해, 태양계의 지배하에 있듯이 포도나무도 마찬가지라고 믿고 시기를 선택한다.

유기농법처럼 이들도 화학 비료나 약품은 쓰지 않으며 썩힌 식물이나 동물의 배설물 등으로 비료를 직접 만들어 쓴다. 이런 방법은 뿌리가 자연 비료의 양분을 무리 없이 흡수하게 하고 땅과 포도나무가 서로 도우며 숨쉬게 한다.

바이오 다이내믹 와인Biodynamic wine은 당연히 유기농법으로 재배되고 포도밭에서 지켜야 할 규정이나 양조 규정도 더 엄격하여 인공 이스트나 산의 첨가 같은 일상적인 것도 줄이려 하고 있다. 부르고뉴의 로마네 콩티Romanée-Conti, 스페인의 핑구스Pingus 등 세계 최고로 꼽을 수 있는 와인들도 바이오 다이내믹 와인이다.

바이오 다이내믹에 대한 자세한 설명과 와이너리 소개는 www.wineanorak.com이나, www.demeter-usa.org 에서 찾아보자. 해마다 여는 시음회에 대한 정보는 바이오 다이내믹의 선구자인 니콜라스 졸리Nicolas Joly 가 운영하는 www.biodynamy.com에 문의하면 된다.

친환경 와인

유기농 와인이나 바이오 다이나믹 와인으로 정부나 민간 단체의 공인을 받으려면 수년이 걸린다. 노력과 지출도 만만치 않아 작은 와이너리에서는 공인을 받지 않고 자율적으로 환경 보호를 늘 염두에 두고 포도밭을 관리한다. 법적인 인증은 없어 "sustainably farmed wine(친환경 와인)"이라고 라벨에 표기하기도 한다. 이런 와인은 수입상이 잘 알고 있으며, 와이너리의 개별적 정보에 의해 알 수 있다.

토양과 자연 유기물을 중시하고 화학 약품도 되도록 피한다. 살균제도 수년에 한번쯤 이상 기후로 곰팡이가 번창해 포도밭을 덮을 때나 뿌린다. 대체 에너지로 태양열도 사용하고 포도밭 주위에 동식물을 자라게 하여 자연 생태계 조성에도 힘쓴다.

채식주의자들은 동물성 청징제 사용도 기피하는 경우가 있다. 벤토나이트bentonite와 같이 광물질로 만든 것도 있으니 관심이 있으면 와이너리에 직접 문의하거나 "vegans.frommars.org/wine"을 찾아보면 된다.

와인을 정제할 때 사용하는 부레풀(물고기 부레), 젤라틴(소나 돼지의 연골, 가죽), 달걀 흰자, 카세인(우유) 등은 모두 동물성이며 거칠고 쓴 맛을 없애고 와인을 탁하게 하는 분자들을 응집시켜 제거한다.

자연 와인

유기농법은 포도 재배에는 정한 규정이 있지만 포도를 수확한 후 양조 방법(아황산 양 조절 외에는)에는 특별한 규정이 없다. 포도는 유기농이지만 향을 보충해주는 이스트도 사용할 수 있고 설탕이나, 타닌, 산 등도 첨가할 수 있다. 법적인 한도 내에서는 얼마든지 가능한 일이지만 자연 와인은 양조에서도 인위적 조작을 없애고 테루아를 정직하게 표현하는 와인을 만들자는 것이다.

자연 와인natural wine을 명확하게 규정할 수는 없지만 몇 가지 규칙을 정하고 실행하는 단체가 있다. 토종 이스트를 사용하며 설탕, 타닌, 산등은 첨가하지 않고 정제나 여과도 피한다. 이런 와인은 라벨에도 잘 표기되지 않아 찾기가 어렵지만, 최근에는 수요가 많아져 따로 구비해 놓은 상점이나 와인 바도 가끔 볼 수 있다.

요점정리

- 라벨에 표기된 지역은 포도가 재배된 지역이며 와인을 만든 지역이 아니다.
- 포도 품종이 표기되지 않은 라벨은 대개 지역 이름으로 포도 품종을 알아낼 수 있다.
- 일반적으로 작은 AOC 와인이 특색이 있고 품질이 좋다.
- 라벨에 표기된 "Old Vine"이나 "Special"은 법적 규제가 따르지 않고 "Reserve"도 구세계의 몇 곳을 제외하면 규제가 없다.
- 아황산에 특별히 예민한 사람이 아니면 와인의 아황산 함유량은 걱정하지 않아도 된다.

Chapter 3
와인 테이스팅

와인을 배울 때는 무심코 마시기보다는 어느 정도 집중해서 마셔야 한다. 물이나 우유 같은 음료는 아무 생각 없이 마시며 맥주나 커피도 정신을 차리고 마시지는 않는다. 와인도 처음 마실 때는 마찬가지다. 식사 때 와인 한잔을 꿀꺽 삼키고 나면 기분이 좋을지는 모르지만 다음 날에는 아무 기억이 없다. 와인을 배우려면 테이스팅에 주의를 기울이고 마시는 시간을 좀 끌어야 한다. 테이스팅tasting은 공식적으로도 하지만, 친구들과 함께 몇 가지 와인을 사서 맛보고 즐기며 서로 의견을 나누는 모임으로도 좋다.

시음 준비

메를로와 카베르네 소비뇽의 차이는 무엇일까? 키안티는 어떤 맛이 날까? 또는 친구들이 갖고 온 각종 와인을 마시며 음미해 보고 싶을 때 할 수 있는 시음 방법을 소개한다.

주제 정하기

시음할 와인은 한 병으로도 충분하지만 몇 병을 같이 테이스팅 하면 서로 다른 점을 알게 되어 더 재미있다. 와인에 공통점이 많을수록 다른 점이 더 돋보인다. 화이트와 레드는 분명히 다르지만 같은 지역에서 난 메를로 두 종류도 비교해 보면 차이가 난다. 지역이든지 포도 품종이든지 어떤 주제를 정하고 그 주제에 맞는 와인을 구하여 비교한다. 이를 수평적 테이스팅horizontal tasting이라고 하며 주제의 범위가 좁아질수록 향미의 차이를 세심하게 느낄 수 있다.

빈티지의 차이를 알고 싶으면 와인을 정한 후 각기 다른 빈티지를 골라야 한다. 이를 수직적 테이스팅vertical tasting이라고 한다. 상점에서는 주로 최근 빈티지만 팔기 때문에 개인이 수직적 테이스팅을 하기는 어렵지만, 가끔 다른 빈티지를 모아 팔기도 하고 경매에서 구입할 수도 있다.

와인 준비

와인이 얼마나 필요한가는 참석 인원수와, 저녁식사와 함께 마실 것인지에 따라 달라진다. 와인 한 병(750ml)은 시음 잔으로는 13잔을 따를 수 있으나 식사용으로는 턱없이 부족하다. 혼자서 다 준비하는 것보다 주제에 맞는 것을 한 병씩 준비하게 해도 좋다. 처음 시작할 때는 와인 종류를 3~4개로 제한해야 한다. 너무 많으면 혼란스럽고 맛도 구분이 안 된다. 익숙하게 되면 종류를 점점 늘여도 된다.

테이블 위에 마개를 딴 병들을 늘어놓으면 기분도 좋아진다. 되도록 편안한 분위기를 만들어 대화를 시작한다. 가벼운 와인부터 무거운 와인으로 순서를 정하면 강한 와인이 가벼운 와인의 섬세하고 약한 향미를 가리지 않는다. 강약의 차이를 명확하게 구분할 수는 없지만 대략 다음과 같다.

- 화이트에서 로제나 레드로
- 싼 와인부터 비싼 와인으로
- 기본 와인에서 리저브로
- 어린 와인에서 오래된 와인으로
- 드라이 와인에서 스위트 와인으로

1. 하프 보틀(Half-bottle) : 1/2병(375ml)
2. 보틀(bottle) : 1병(750ml)
3. 매그넘(Magnum) : 2병(1.5l)
4. 여로보암(Jeroboam) : 4병(4.5l, 샹파뉴와 부르고뉴에서는 3l)
5. 므두셀라(Methuselah) : 8병(6l)
6. 살마네세르(Salamanazar) : 12병(9l)
7. 발타자르(Balthazar) : 16병(12l)
8. 느부갓네살(Nebuchadnezzar) : 20병(15l)

선입견 없이 와인 테이스팅을 하려면 블라인드 테이스팅blind tasting을 한다. 그날 와인이 대략 어떤 와인인지는 알아도 개별적으로는 모르는 상태에서 라벨을 가린다. 종이 봉지로 병을 싸고 병목을 묶거나 알미늄 포일로 싸든지 해서 병마다 번호를 붙인다. 테이스팅을 하고 노트를 쓴 후 봉지를 벗겨 비교해 본다.

아무리 편견 없이 테이스팅을 한다 해도 라벨을 보고 와인을 판단하는 경우가 많다(왜 시선을 끄는 라벨을 만들려고 그렇게 노력하겠는가). 라벨을 보면 와인이 어떨 것이라는 예측을 갖게 되고 순수하게 느끼지 못하게 된다.

더 숙달된 그룹은 와인을 미리 잔에 부어놓고 병을 숨긴다. 시음자 앞에 흰 종이를 깔고 잔에 병과 같은 번호를 매겨 차례대로 놓는다. 종이에도 같은 번호를 쓴다. 테이스팅하는 동안 같은 번호에 잔을 놓지 않으면 바뀔 수 있으니 주의해야 한다.

전문가 그룹은 이중 블라인드 테이스팅도 한다. 와인에 대한 정보가 전혀 없는 상태에서 테이스팅 하며 와인의 색깔도 보지 못하게 할 수 있다. 색깔을 보지 않고 화이트인지 핑크인지 레드인지를 구분하기는 정말 어렵다.

테이스팅 장소는 어디가 좋을까? 어디라도 괜찮지만 집중하기 좋은 곳이 낫다.

- 편안한 장소 : 흰 양탄자가 깔린 곳은 와인을 흘릴까봐 모두가 불안해 한다. 테이블도 각자의 잔과 노트를 놓을 수 있는 충분한 크기라야 한다.
- 냄새가 없는 곳 : 테이스팅의 99퍼센트는 냄새를 맡는 것이므로 와인의 은은한 향을 맡으려면 향수나 개, 음식물 등 다른 냄새가 없는 곳이라야 한다.
- 밝은 곳 : 어두운 곳보다는 밝아야 잔속의 와인을 잘 볼 수 있다. 분위기는 나중에.
- 잡음이 없는 곳 : 와인 테이스팅은 매우 조용하고 내면적인 경험이기 때문에 달그락거리는 소리는 방해가 된다.

필요한 기구

- 코르크스크루
- 잔(물 잔 1개와 일인당 와인 잔 1~5개)
- 냅킨
- 종이와 연필
- 물통(남은 와인이나 삼키지 않은 와인을 버릴 수 있는 용기)
- 빵이나 비스켓
- 물

유리잔이 없다고 해서 테이스팅을 못하는 것은 아니다. 찬장에 있는 어떤 컵을 사용해도 되지만 유리잔이면 더욱 좋다.

- 잔 대가 있는 것(잔에 손자국이 나지 않고 색깔도 잘 볼 수 있다)

- 와인을 소용돌이 치게 돌릴 수 있는 배가 볼록한 잔(약 200ml 잔)이면 좋다. 위가 좁아지면 흔들었을 때 넘치지 않고 향도 모아준다.
- 잔 가장 자리가 얇아야 유리의 느낌이 와인 맛을 방해하지 않는다.
- 비싼 잔은 조심하게 되니 예산에 맞게 여러 개 준비하자. 잔의 크기나 모양에 따라 와인의 향미가 달라질 수 있기 때문에 여러 명이 와인을 마실 때는 같은 잔을 사용해야 와인에 집중할 수 있다.

같은 와인을 커피 컵, 작은 와인 잔, 큰 와인 잔, 손잡이가 없는 잔 등 여러 모양의 잔에 부어보자. 와인의 향을 맡아보고 맛을 보자. 잔의 차이를 느낄 수 있을 것이다.

코르크 마개

스크루 캡screw cap이 보편화 될 때까지는 코르크cork 마개를 뺄 줄 알아야 한다. 어렵지는 않지만 쉽게 빼려면 연습이 필요하다. 코르크스크루는 여러 종류가 있지만 모두 2인치 정도 길이의 끝이 뾰족한 나선형 스크루가 달려 있다.

스크루 캡은 코르크 마개 대신 쓰며 와인을 신선하게 오래 보존할 수 있어 사용이 점점 늘고 있다. 코르크 마개처럼 TCA참조 Chapter 24로 와인을 상하게 할 일도 없으니 위생적이기도 하다. 또 대부분 와인은 바로 소비되기 때문에 비싼 코르크 마개는 느낌이 좋기는 하나 꼭 필요한 것은 아니다.

코르크 빼는법

먼저 스크루에 달린 작은 칼이나 스크루의 뾰족한 끝을 사용해 병목의 포일 캡슐을 벗긴다. 예쁘게 보이려면 캡슐 맨 윗부분만 살짝 벗겨내고 빨리 하려면 캡슐 전체를 벗긴다.

스크루 끝을 코르크 중심에서 약간 벗어난 곳에 꽂고 누르면서 시계 방향으로 돌린다.

나선 하나가 남을 때까지 돌려 잭jack을 병목에 단단히 걸치고 지레처럼 뽑아낸다. 날개 달린 것은 이때 날개를 누르면 된다. 코르크가 깨지려 하거나 옆으로 밀려나면 스크루를 빼서 각도를 다르게 하여 다시 시도한다.

코르크가 깨지면 침착하게 대응하자. 부서진 코르크를 병 속에 밀어 넣고 와인을 따를 때 거름망을 사용한다. 보기는 안 좋으나 와인은 변하지 않으니 걱정하지 않아도 된다.

스파클링 와인 코르크

스파클링 와인은 코르크스크루는 필요 없다. 그러나 조심해야 한다. 병을 45도 각도로 잡고 병목을 사람들이 없는 곳으로 향하게 한 후, 포일을 벗기고 코르크를 감고 있는 철사줄을 푼다. 병목이 아래쪽을 보게 한 상태에서 한 손은 코르크를 감싸 꽉 잡고 한손은 병을 잡고 돌려준다. 코르크가 거의 다 빠져나왔을 때 위로 향하게 하여 공기가 부드러운 한숨소리처럼 세어나가게 하며 뺀다. 펑 소리를 내는 것은 볼품이 없을 뿐 아니라 좋은 와인을 낭비하고 기포도 빨리 없어진다. 코르크가 아직도 꽉 끼어 있다면 앞뒤로 흔들어 느슨하게 만들어, 코르크가 빠져나올 것 같은 압력이 느껴지면 꽉 누르며 천천히 뺀다. 잔에 따를 때도 급하게 하면 거품이 넘치니 1/4 잔을 따르고 거품이 잦아들면 마저 따른다.

샴페인 코르크는 시속 60km 속력으로 40m까지 나간다. 코르크가 튀어 나가면 치명적이 될 수도 있으니 조심해야 한다.

다섯 가지 S

와인을 마시는 것과 테이스팅 하는 것은 다르다. 마시는 것은 반복적이고 무의식적이지만 테이스팅은 모든 감각을 동원한다. 마시면서 배울 수도 있지만 테이스팅을 하면 더 많은 것을 배울 수 있다. 테이스팅의 과정을 S로 시작하는 다섯 가지 단어Five S로 나누어 보자.

See(본다)

와인은 보기만 해도 몇 가지는 알 수 있다. 우선 해가 되는 이물질이 있는지 살펴본다. 건강한 상태인지, 부글거리고 있는지 등도 보고 다음은 색깔을 본다. 일반적으로 색깔이 진할수록 풍미도 강해진다. 가벼운 화이트는 거의 무색이고 진한 화이트는 황금색을 띠며 오래 될수록 화이트는 색깔이 짙어지고 레드는 옅어진다. 포도 품종 등도 추측해 본다(피노 누아는 투명한 루비색이고 쉬라즈는 깊고 어두운 자주색이다).

와인을 돌려 잔 벽의 레그leg가 얼마나 오래 지속되는지도 본다. 일반적으로 레그가 오래 갈수록 당도나 알코올이 높은 강한 와인이다. 어려우면 레그의 아름다움을 잠깐 감상만 해도 좋다.

레그는 와인을 잔에서 돌릴 때 잔 벽에 생기는 점성의 흐르는 자국으로 당도, 알코올 도수가 높을수록 굵고 오래간다. 와인의 눈물tears이라고도 한다.

Swirl(돌린다)

잔을 돌리는 사람은 와인 매니아에 틀림없다. 이것은 멋으로 하는 행동이 아니고 와인을 공기와 섞어 와인의 향을 더 발산시키기 위해서이다. 향을 그대로 맡아보고, 다음에는 잔을 평면에 놓고 돌려 작은 소용돌이가 치게 해서 다시 맡아보자. 훨씬 더 많은 향을 느낄 수 있다. 이렇게 계속하다 보면 오렌지 주스도 무의식적으로 돌리게 되는데 이런 행동은 우스꽝스럽게 보인다.

Smell(맡는다)

맛은 주로 냄새를 통하여 느낀다. 그래서 냄새가 가장 중요하며 이 과정이 끝나면 테이스팅도 거의 끝난다. 와인을 돌린 후 즉시 코로 가져가 깊이 들이 마신다. 향이 어떤

지, 마시고 싶은 충동이 일어나는지? 여러 번 반복해서 구체적으로 어떤 냄새가 나는지 느껴본다. 과일인지 야채인지, 꽃이나 허브인지, 빨간 색깔인지 초록 색깔인지 등을 적어본다. 어떤 내용이라도 노트를 하면 와인을 기억하는데 도움이 된다.

부케Bouquet는 와인의 복합적인 향을 말한다. 포도 자체의 향인 아로마aroma가 해가 가며 점점 다른 향으로 변하는 것이다. 햇와인의 단순한 포도 아로마는 숙성되면서 복합적인 부케로 발전한다.

Sip(마신다)

색깔과 냄새로 대강 와인의 맛이 짐작은 되지만 이제 한 모금 마시고 음미해보자. 입속의 와인을 곧 삼키지는 말고 씹는 듯하며 맛을 느껴본다. 전문가들은 입을 약간 벌리고 공기를 들이마시면서 입속에서 소리를 내며 굴린다(숙달되지 않으면 실수할 수도 있으니 혼자 있을 때 연습해 보자). 와인이 공기와 접하면 잔에서 돌리는 것처럼 향미를 더 많이 느낄 수 있다.

입 속에서 느낌은 어떤가? 부드러운가? 톡 쏘는가? 촉촉한지 아니면 마른 느낌인지? 입 속을 감싸주는 듯하는지 또는 씻어주는지? 화이트와인의 산미는 샐러드 드레싱처럼 와인을 밝고 생기있게 해주고 신선한 맛을 돋운다. 대부분 레드와인은 타닌을 함유한다. 솜으로 닦아낸 듯 입속이 마르고 오래 우려낸 홍차 맛이 나면 타닌 맛이다.

와인은 향미도 층층이 쌓여 있다. 무엇을 느꼈나? 과일? 향신료? 초콜렛? 흙? 중요한 것은 내가 느끼는 것이다. 이처럼 정답이 없는 문제이지만 다른 사람의 의견을 참고하면 도움이 되기도 한다.

Spit / Swallow(뱉는다 / 삼킨다)

마지막으로 입 속의 와인을 삼키든지 뱉든지 해야 한다. 몇 잔을 연달아 시음하면 알코올에 미각이 무뎌지기 때문에 뱉고 물로 씻는 것이 좋다. 여러 사람 앞에서 뱉기가 어색하면 혼자 집에서 괜찮은 모양새가 될 때까지 연습해 보자. 다 삼키고 취하는 것보다 낫다.

와인을 삼킨 후에도 입속에는 향미가 남는다. 이를 피니시finish라고 하며 좋은 와인은 향미가 오랫동안 남는다. 긴 피니시long finish, 또는 짧은 피니시short finish라고 표현한다. 와인 용어로는 코달리Caudalie라고 하며, 입안에 향이 남는 시간을 측정하는 것으로 1코달리는 1초이다.

이런 식으로 테이스팅을 하면 무심히 마실 때보다는 훨씬 많은 것을 느낄 수 있다. 그러나 입이 얼얼해져 더 이상 아무 것도 느낄 수 없으면 물을 마시고 빵이나 크래커 같은 것으로 입가심을 해야 한다. 블루 치즈나 진한 음식은 오히려 향미가 남아 나머지 테이스팅을 하는데 방해가 된다.

시음 노트

와인의 향미는 알아내기도 쉽지 않고 글로 표현하려면 더 막막하여 연습이 필요하다. 향을 맡아보자. 꽃이나 과일, 먼지, 돌, 물, 야채, 사탕, 연필, 유리, 동물, 체육복 등 무슨 냄새든 잘 맡아 보고 기억하자. 여러 가지 양념이나 기름 냄새도 맡아 보고 무슨 냄새든 깊이 들여 마셔보자. 이렇게 연습하면 한 잔의 와인에서 피어나는 놀라운 향의 세계를 곧 감지하게 될 것이다.

시작하기가 어려우면 아로마 도표를 이용하자. 다음 도표는 캘리포니아 대학 양조학과 앤 노블Anne C. Noble 교수가 만든 것인데, 향미를 크게 몇 종류로 분류하고 또 세분하여 정리한 것이다. 와인을 표현하는 적합한 단어를 배우는데 도움이 된다. 나만의 새로운 표현도 만들어 기록하면 점점 풍부한 테이스팅 노트를 만들 수 있다.

"…같다like"라는 말은 와인에서 참 많이 쓴다. 그러나 "메를로 같은 맛이다"라고 하면 메를로의 종류가 너무 많아 별 도움이 되지 않는다. 와인 한 모금은 어떤 음식보다 다양한 향미를 내기 때문에 그 맛을 표현하려면 은유적인 언어가 필요하다.

과일이나 야채, 허브, 가죽, 향신료, 바닐라, 초콜렛, 동물이나 흙 등 어떤 단어라도

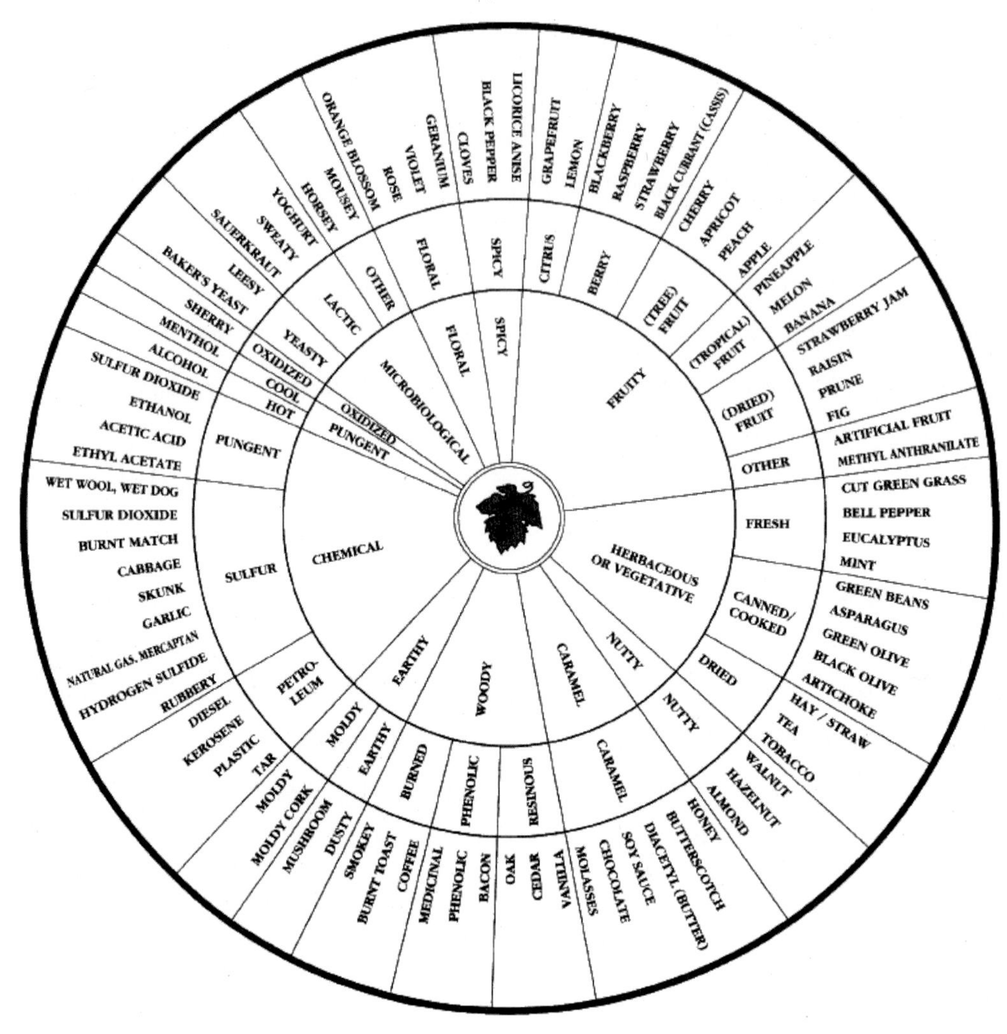

와인 아로마 도표Aroma Wheel

좋다. 참나무 숲이나 해변, 주유소나 새로 산 차를 떠올리게 하는 냄새도 있다. 밝다, 통통 튀다, 음산하다, 사려 깊다, 육감적이다 등 성격으로 표현하기도 한다. 남성적, 여성적, 또는 팝 스타와도 비교한다.

다음에는 무조건 적어야 한다. 내일이면 잊어버릴 수 있다. 테이스팅을 단계별로 기록할 수 있는 노트를 만들자. 빈칸에 무엇을 써 넣을까를 생각하면 와인을 더 심도 있게 테이스팅하게 된다.

빈 노트에 쓸 때는 내가 느낀 것을 가장 잘 표현할 수 있는 말을 찾느라 열심히 생각하게 될 것이다. 레드와인 다섯 종류를 마신 후 모두 "체리 맛이 난다"라고 똑같이 표현할 수는 없으니 각각 다른 와인에 적합한 다른 표현을 찾아보려고 노력하게 된다.

와인에 점수를 매기는 것도 좋은 방법이지만 개인적인 의견에 불과하고 정확할 수도 없다. 어떤 특정한 시간에 특정한 사람이 마신 경험의 단편적 판단이다. 와인은 살아있는 식품이라는 것을 항상 기억해야 한다. 와인을 처음 따랐을 때와 한 시간 후는 향이 달라지며 어떤 와인은 몇 시간이 지난 후에야 향이 피어나기도 한다. 언제 점수를 매겼느냐에 따라 달라지고 같이 먹는 음식도 와인에 영향을 준다. 쓰고 강한 와인이 어떤 음식과는 놀랄 만큼 부드럽게 느껴지기도 한다.

점수 체계도 있다. 미국에서는 100점을 만점으로 해서 90점 이상은 A이고 80점 이상은 B, 75~80은 C, D, F도 있다. 영국에서는 20점을 만점으로 15~20점 사이면 괜찮은 와인이다. 5단계로도 구분하는데 별표 다섯 개는 상 받은 와인 등이다.

어떤 점수 체제를 사용해도 좋지만 노트를 하지 않으면 왜 그 점수를 주었는지 기억할 수 없다.

요점정리

- 시음 장소는 깨끗하고, 밝고, 냄새가 없어야 한다.
- 시음 와인의 주제가 뚜렷하고 폭이 좁을수록 와인의 차이점을 알기 쉽다.
- 5S: 보고, 돌리고, 냄새 맡고, 마신다(뱉는다).
- 노트하기 : 다시 보지 않는다 해도 와인을 더 잘 기억하게 된다.

테이스팅 노트(Wine Tasting Sheet)

<table>
<tr><td colspan="2">시음 와인 :
시음 날짜 :
가격 :</td></tr>
<tr><td>외관(Appearance)
이물질 확인(Free of debris)
투명도, 흐림 / 맑음 / 빛남(Cloudy/clear/bright)
색상(Color)</td><td></td></tr>
<tr><td>아로마(Aroma) 향을 맡는다
가볍다 / 중간 / 강하다(Light/medium/strong)
나쁘다 / 괜찮다 / 좋다(Unpleasant/okay/great)
과일 향? 어떤 과일?(Fruit? What sorts?)
허브? 스파이스?(Herbs? Spices?)
다른 향?(What else?)</td><td></td></tr>
<tr><td>향미(Flavor) 맛을 본다
좋다 / 나쁘다(Yuck or yum)
과일? 어떤 과일?(Fruit? What sorts?)
허브? 스파이스?(Herbs? Spices?)
다른 향미?(What else?)
피니시(How long does the flavor last?)</td><td></td></tr>
<tr><td>느낌(Feel)
가볍다 / 중간 / 무겁다(Light/medium/heavy?)
산도가 있다 / 없다(Acidic or flabby?)
건조하다 / 촉촉하다(Drying or juicy?)</td><td></td></tr>
<tr><td>어울리는 음식 :
결론 :</td><td></td></tr>
</table>

Part 2 국제적 포도 품종

Part 1에서 와인이 무엇이며 포도나무 재배, 와인을 만드는 과정 등을
배웠다. 라벨 읽기와 와인 맛보기도 배웠지만
오늘 저녁 내 기분과 주머니 사정에 맞는 와인을 찾는 것은
아직도 난감한 문제다.

싼 가격대에서 비싼 가격대까지
무한한 선택의 바다에서 와인을 고르려면 우선 포도 품종을
알아야 한다. 초보자는 Part 5와 6을 먼저 읽고 숨을 고른 후
차분히 한 품종씩 시음도 하며 공부해 보자.

Chapter 4

샤르도네
Chardonnay

샤르도네는 감귤류, 사과, 배 등 가벼운 과일 향이나 바나나, 파인애플 향이 난다. 오크통에 숙성하면 버섯이나 미네랄 같은 대지의 향이 나기도 하고 견과류나 버터 향도 더해진다. 밀짚 색깔로 산도는 적당하다.

특성

샤르도네는 포도 품종이지만 화이트와인의 대명사로 더 잘 알려져 있다. 포도의 성격이 지역에 따라 잘 적응하는 중성적 성격이라 어디에서나 사랑받는 와인이 된다. 부드러운 질감과 산미는 누구나 좋아하며 세계 최고의 화이트와인도, 싸고 맛깔스러운 화이트와인도 얼마든지 만들 수 있다.

가벼운 샤르도네 신선하고 산도가 있으며 레몬, 풋 사과 향 등이 난다. 대부분 오크통보다 스테인리스스틸 탱크를 사용하고 라벨에 "unoaked"라고 표기한다. 이런 샤르도네는 포도가 과숙하지 않는 서늘한 지역에서 만들어지며 신맛이 더 많고 오크통에서 나는 묵직한 향미는 없다.

풍부한 샤르도네 잘 익은 포도로 만들어 황금색을 띈다. 포도든 파인애플이든 달고 진한 과일은 햇볕이 많고 따뜻한 지역에서 난다. 오크통에 숙성하면 달콤한 바닐라 향과 스파이스 향이 더해지며, 또 오크는 와인의 바디를 강하게 해준다.

발효할 때 사용한 이스트 찌꺼기를 제거하지 않은 채 숙성하면 맛이 더 풍부해진다. 찌꺼기를 자주 휘저어 주면 빵을 구울 때 나는 구수한 냄새가 나고 유질감도 느낄 수 있다. 2차 발효인 젖산 발효MLF를 거치면 더 부드러워지며 밀크향이 풍긴다.

바디body는 와인 용어로 입안에서 느껴지는 와인의 강도를 말한다. 와인의 농도가 진하면 풀full 바디라고 하고 라이트light, 미디엄medium 등으로 표현한다.

재배 지역

샤르도네는 추운 곳이나 따뜻한 곳이나, 세계 어디에서나 자라지만 그 특성을 가장 잘 나타내는 곳은 프랑스의 샤블리나 미국의 소노마 같이 서늘한 지역이다.

프랑스 부르고뉴

샤르도네의 성지는 역시 오래 동안 최상급 산지로 알려져 있는 부르고뉴Bourgogne이다. 돌이 많고 칼슘이 풍부한 토양에서 자란 부르고뉴 샤르도네는 향이 층층이 깔리며 해가 갈수록 더 복합적인 향미로 변한다. 샤르도네의 우상으로 세계 곳곳에서 모방한다.

부르고뉴는 디종Dijon에서부터 리옹Lyon까지 길게 내려오는 지역과 파리 동쪽의 샤블리Chablis 지역을 포함한다. 서늘한 기후로 포도의 생장 기간이 길어 포도 알은 서서히 여물고 산미가 있다. 와인은 초크chalk 같은 미네랄 향이 나는데, 이 지역이 옛날에는 바다 밑이어서 부식된 조개껍질과 칼슘이 땅속에 녹아 있기 때문이라고 한다. 대부분 오크통 숙성을 하지만 요즘은 신선함을 살리기 위해 스테인리스스틸 탱크 사용이 늘었다.

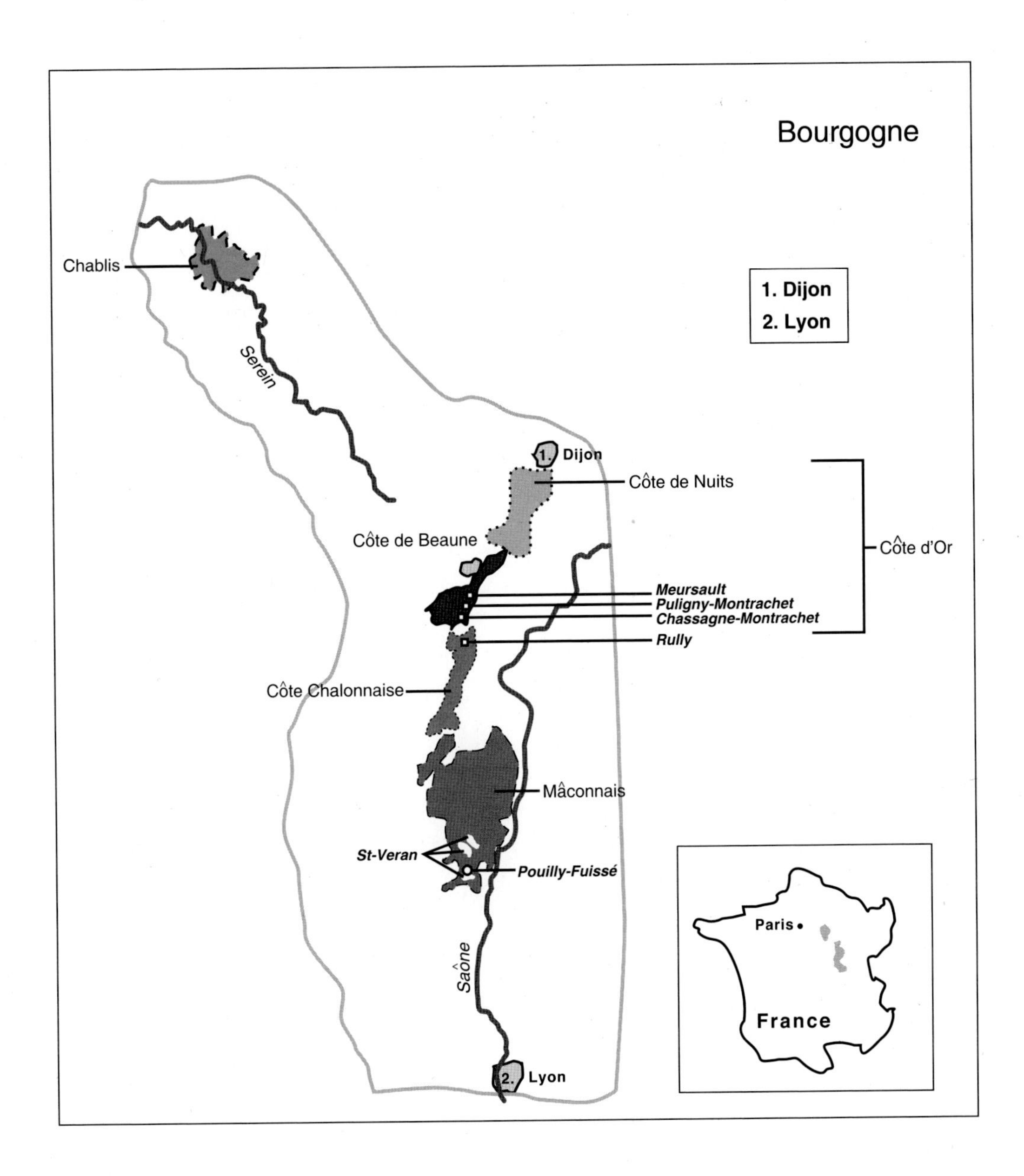
Bourgogne
1. Dijon
2. Lyon
Chablis
Serein
1. Dijon
Côte de Nuits
Côte de Beaune
Côte d'Or
Meursault
Puligny-Montrachet
Chassagne-Montrachet
Rully
Côte Chalonnaise
Mâconnais
St-Veran
Pouilly-Fuissé
Saône
2. Lyon
Paris
France

부르고뉴 화이트와인은 옛날부터 모두 샤르도네로 만들어 왔기 때문에 라벨에 품종을 표기하지 않는다. 가끔 알리고테Aligoté라는 품종으로 만든 와인을 볼 수 있는데, 라벨에 "Aligoté"라고 표기한다.

부르고뉴 와인은 라벨에 품종대신 포도가 생산된 지역을 표기한다. 예를 들어 "Meursault(뫼르소)"라고 표기되어 있으면 샤르도네로 만들었으며 부르고뉴 아펠라시옹이라는 것을 알아야 한다. 그러나 아펠라시옹이 100개나 되어 혼란을 일으킨다.

또 1~2 에이커의 작은 포도밭을 포함해 수백 개의 와이너리가 있고 와인 스타일도 각각 다르다. 부르고뉴 와인을 알기 위해 평생을 보내는 전문가도 있지만, 그럴 시간이 없으니 다음과 같이 크게 세 지역으로 나누어 다른 점을 알아보자.

샤블리Chablis 샤블리는 지역명이며, 와인은 샤르도네 품종으로 만든다. 샤블리 와인은 너무 유명하여 세계 곳곳에서 화이트와인 이름으로도 사용했다. 샤블리의 상큼하고 미네랄이 풍부한 향미는 서늘한 기후와 굴 껍질로 형성된 테루아의 향미다. 진짜 굴 껍질 위에 올린 굴 요리와 곁들여 마시면 환상적이다. 드라이하며 산미가 강하다.

라벨에 "Chablis"나 "White Burgundy"라고 표기한 것은 1960년과 1970년대에 프랑스 와인이 유행하면서 미국에서 만든 상표다. 버건디Burgundy는 부르고뉴Bourgogne의 영어 명칭이지만, 부르고뉴 스타일을 모방하여 만든 와인 명칭으로도 세계 각국에서 사용해 왔다. 지금은 "Chablis", "Burgundy", "Champagne" 같은 상표는 다른 나라에서는 법적으로 사용이 금지되어 있다.

꼬뜨 도르Côte d'Or 꼬뜨 도르는 황금의 언덕이라는 뜻이다. 이 지역은 "Côte de Nuits(꼬뜨 드 뉘)"와 "Côte de Beaune(꼬뜨 드 본)" 두 개 지역으로 나누어 라벨에 표기한다. 두 곳 모두 샤르도네를 재배하지만 북쪽인 꼬뜨 드 뉘에서는 레드와인 품종인 피노누아와 함께 재배한다. 남쪽인 꼬뜨 드 본에서 유명한 샤르도네가 더 많이 생산되며 아펠라시옹은 다음과 같다.

- 생토뱅St-Aubin : 단순하고 흙내 나는 꾸밈없는 와인이다.
- 뫼르소Meursault : 미네랄과 버터 향, 기분 좋은 곰팡이 냄새가 난다.

- 퓔리니 몽라셰Puligny-Montrachet : 섬세하며 차가운 금속성 감촉이다.
- 샤사뉴 몽라셰Chassagne-Montrachet : 풍부하며 헤이즐넛 향이 난다.

마코네Mâconnais 마코네는 부르고뉴의 최남단에 위치하고 값도 비교적 싸다.

- 마콩Mâcon : 단순하고 미디엄 바디이며 복합적인 것도 가끔 있다.
- 푸이 퓌세Pouilly-Fuissé : 풍부하고 미네랄향이 많다.
- 생베랑St-Veran : 마콩과 푸이 퓌세의 중간쯤이다.

테루아의 차이는 부르고뉴에서 극적으로 나타난다. 부르고뉴의 샤사뉴 몽라셰 같은 경우는 바로 옆 포도밭의 맛도 다르다. 같은 생산자가 만들고 포도밭만 다른 와인을 마셔 보면 차이를 알 수 있다.

부르고뉴 등급

부르고뉴는 포도밭에 등급classification이 있다.

- 지방Region : 기본 부르고뉴로 부르고뉴 전체 지역을 포함한다. 대부분 일상 와인이지만, 어떤 것은 $10~$20에도 품질이 뛰어나다.
- 지역District : 부르고뉴의 꼬뜨 드 본과 같이 좀 더 작은 지역을 말한다.
- 마을Village : 코뮌Commune이라고도 한다. 공식적으로 인정된 특정 마을을 말한다. 샤사뉴 몽라셰 등.
- 프르미에 크뤼Premier Cru : 570개의 특정 포도밭에서 생산되는 와인이다.
- 그랑 크뤼Grand Cru : 33개의 특정 포도밭에서 생산되는 최고 품질의 와인이다. 너무 잘 알려져 있어 "Grand Cru"라고 따로 표기하지 않고 포도밭 이름만 쓰는 경우도 있다. 가격은 $50에서 세 자리 숫자까지 뛰어 오른다.

부르고뉴 화이트와인 그랑 크뤼

"Bâtard-Montrachet(바타르 몽라셰)"

"Bienvenues-Bâtard-Montrachet(비앵브뉘 바타르 몽라셰)"

"Bonnes-Mares(본 마르)"

"Chablis Grand Cru(샤블리 그랑 크뤼)"

"Charlemagne(샤를마뉴)"

"Chevalier-Montrachet(슈발리에 몽라셰)"

"Corton-Charlemagne(코르통 샤를마뉴)"

"Criots-Bâtard-Montrachet(크리오 바타르 몽라셰)"

"Montrachet(몽라셰)"

부르고뉴 와인을 자세히 알려면 www.burgundy—report.com이나 www,burghound.com을 찾으면 된다.

샤르도네는 부르고뉴 외의 지역에서도 재배한다. 특히 샹파뉴Champagne 지방에서는 샴페인을 만드는 주요 품종으로 사용한다. 남쪽 랑그독 루시용Languedoc-Russillon 지방은 최근 국제화의 바람을 타고 재배 면적이 많이 늘었고 리무Limoux라는 작은 지역에서는 매끈하고 스파이시한 샤르도네도 만든다(피노 블랑과 섞기도 한다). 남프랑스 지방의 샤르도네는 대부분 일상 와인으로 가격도 싸다.

미국

캘리포니아California 샤르도네의 인기는 프랑스에 버금간다. 1990년대 미국에서는 샤르도네가 화이트와인의 대명사였으나, 샤르도네 유행에 싫증난 와인 애호가들의 "샤르도네 아닌 어떤 와인이라도 좋다Anything But Chardonnay"는 ABC 클럽까지 생겼다.

재배 지역은 카베르네 소비뇽보다 더 넓고 골고루 분포되어 있으며, 특히 더운 센트럴 밸리Centeral Valley 지역은 햇볕에 잘 익은 과일 향의 달콤한 샤르도네가 양산된다. 반면 시원한 지역에서는 사과, 배, 오크 향이 어우러진 개성 있는 샤르도네가 생산된다.

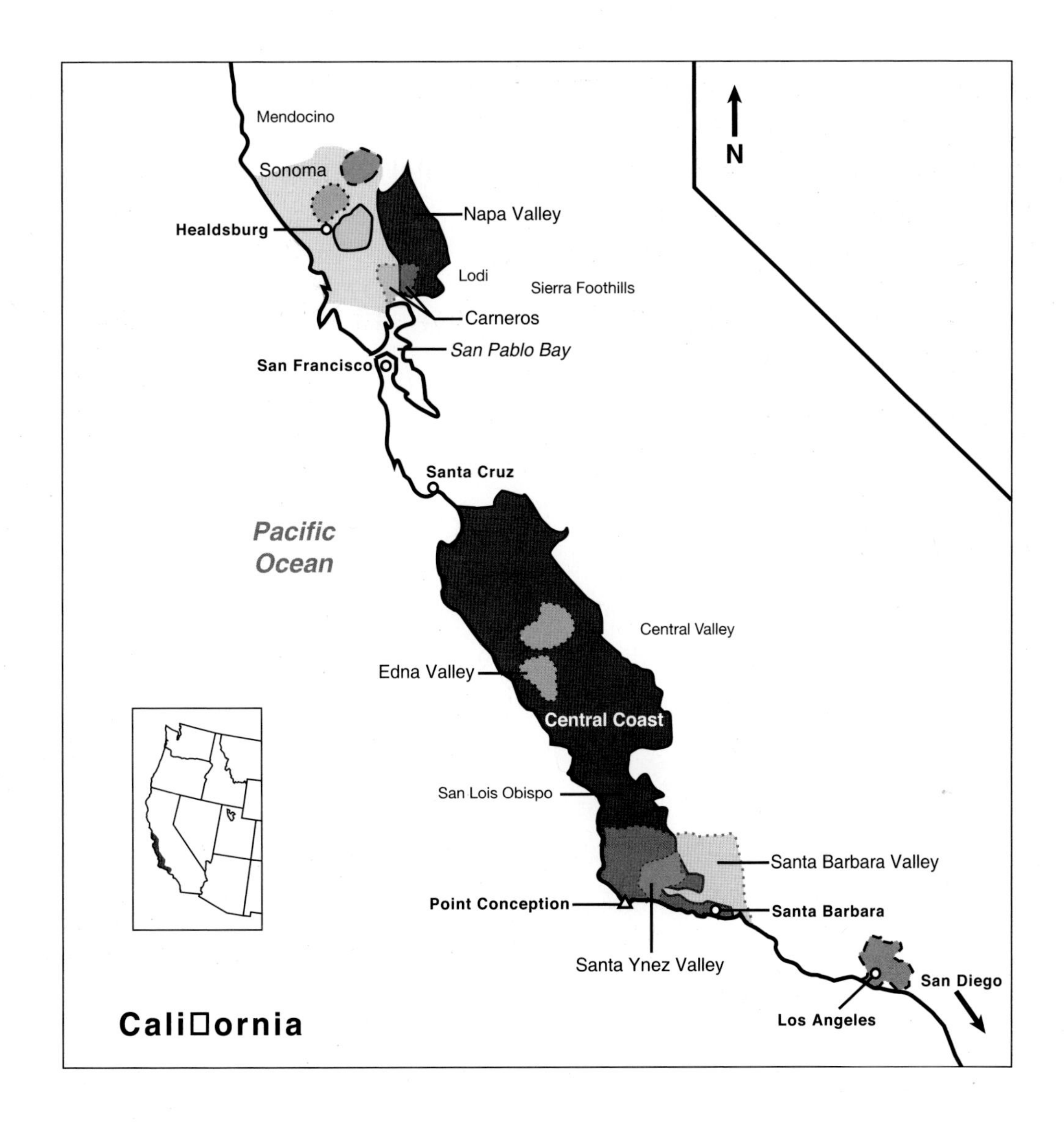

미국의 샤르도네 AVA를 살펴보자.

- 소노마는 소노마 코스트Sonoma Coast, 러시안 리버 밸리Russian River Valley, 초크 힐Chalk Hill 등의 시원한 지역이 좋다.
- 카네로스Caneros는 샌프란시스코 만의 북쪽 끝 지역으로 나파와 소노마 사이에 걸

쳐있다. 만의 시원한 바람과 안개 때문에 포도의 생장 기간이 길고 포도가 달면서도 산미가 있다.

- 에드나 밸리Edna Valley는 시원하고 햇볕도 충분하여 샤르도네가 감미로운 레몬 케이크 향을 낸다.

캘리포니아 샤르도네의 가격은 다양하다. $10~$16의 일상 와인부터 $20~$40, 더 비싼 것도 있다.

워싱턴 주에는 사과처럼 상큼한 샤르도네나 크림 파이같이 진한 샤르도네도 나지만 레드와인에 가려 빛을 못 보고 있다. 대부분 $25 이하이다.

그 외 지역

- 남미의 샤르도네는 평범한 일상 와인으로 값이 싸다. 아르헨티나의 고지대나 칠레의 시원한 카사블랑카 밸리Casablanca Valley 같은 지역은 좋은 와인을 $20 정도에 살 수 있다. 지도 참조 p.125
- 뉴질랜드에서도 미네랄 향이나 상큼한 사과 향의 샤르도네가 생산된다. 소비뇽 블랑보다 재배 면적은 넓지만 인기는 덜하다. 북섬의 기즈번Gisborne에서 좋은 와인을 생산하며 $10에서 $20이 넘는 것도 있다. 지도 참조 p.75
- 호주의 샤르도네는 시라만큼 유명하고 재배도 많이 한다. 바다 바람이 시원한 서호주Western Australia와 남호주South Australia의 아델레이드 힐Adelaide Hills 같이 높은 지역에서 잘 된다. 산도가 있고 우아하며 잘 익은 과일 향을 내고 구조도 단단하다.

  그러나 대부분은 넓고 따뜻한 리버 랜드Riverland라는 평야지대에서 생산되는데 "Southeastern Australia(남동호주)"라는 라벨로 표기되며 파인애플, 코코넛 등 열대 과일 향과 오크의 바닐라 향이 강하다. $10 이하도 있고 $5이나 $10쯤 더 주면 훨씬 나은 와인도 살 수 있다. $60의 고가 와인도 있다. 지도 참조 p.146
- 이탈리아도 수세기 동안 샤르도네를 재배해 왔고 북쪽 알토 아디제Alto-Adige의 가

볍고 상큼한 와인에서 시칠리아Sicilia의 오크 향 강한 것까지 갖가지 종류가 있다. 가격대도 다양하다. 지도 참조 p.194

- 오스트리아는 비엔나 남쪽 슈티리아Styria에서 입맛 도는 구아바 향의 샤르도네를 생산하고 있다. $20~$40 정도다. 지도 참조 p. 90

오크통은 발효나 숙성에 사용하며, 오크의 특별한 향미를 얻기 위해서도 사용한다. 오크통은 비싸기도 하고 숙성 기간도 오래 걸려 싼 와인은 오크 칩chip이나 가루를 대신 넣기도 한다. 건강에는 해롭지 않으며 향은 인공 바닐라 향과 비슷하다. 오크 향에 비해 와인 가격이 너무 싸면 오크 칩을 쓴 것이다.

테이스팅

내가 좋아하는 샤르도네를 찾으려면 직접 맛을 봐야 알고 또 한 번 맛보고는 잘 모를 수 있다. 한 여름 밤에 마신 시원한 샤르도네를 겨울에 마시면 서글프게 느껴지기도 한다.

지금부터 맛을 보며 비교해보자. 괄호 속의 시음 와인 리스트는 대표적인 스타일을 골라 참조용으로 와이너리나 생산자 이름, 또는 상표명을 몇 개씩 넣었다. 찾기가 어렵거나, 비싸거나, 마음에 들지 않으면 비슷한 와인을 찾아보고 맛을 이미 알고 있으면 사지 않아도 된다. 어디까지나 나의 입맛이 중요하며 테이스팅에 옳거나 그른 것이 없음을 명심하자.

오크향

- "unoaked"라고 표기된 와인 : 호주(Lindemans, Plantanganet)
- 오크 숙성된 와인 : 캘리포니아(Fetzer Barrel Select, Kendall-Jackson Vintner's Reserve), 호주(Wolf Blass Yellow Label)

이 둘은 낮과 밤만큼 차이가 난다. 나란히 놓고 먼저 색깔을 보고, 향을 맡아보면 "unoaked"는 오크의 그을린 향이 없어 밝고 신선하다. 오크 숙성을 한 것은 색깔이 진하고 따뜻하며 토스트 향이 난다.

맛은 어떨까? 먼저 "unoaked"를 맛보면 향과 비슷한 맛이 난다. 내가 좋아하는 것은? 생굴과 어울리는 것은? 크림 해산물 수프와 어울리는 것은? 대답은 쉽다.

북쪽 vs. 남쪽

- 서늘한 지방 : 프랑스 부르고뉴 와인(Pouilly-Fuissé, Mâcon)
- 더운 지방 : 프랑스 랑그독 와인, 남동호주, 캘리포니아 파소 로블스 지역 와인

기후가 서늘할수록 샤르도네는 서서히 익으며 산도가 높아 풋사과 맛을 띈다. 보기만 해도 차이가 나는데 더운 지방은 포도가 선탠을 한 것처럼 황금빛이 난다.

더운 지방은 과일 향이 넘치고 추운 지방은 차고 딱딱한 미네랄 향(정말 좋은 향이다)이 난다. 대개 추운 지방은 상큼하고 밝은 반면 더운 지방은 넉넉하며 구운 사과 파이 같다. 전자는 깔끔한 생선 요리에, 후자는 연어나 기름진 생선 요리와도 어울린다.

포도밭 차이

- 소노마 코스트 지역 와인(Flowers, Hartford Court, La Crema Sonoma Coast, Peay)
- 러시안 리버 밸리 지역 와인(Fritz, Gallo of Sonoma Laguna, Marimar Estate)
- 드라이 크릭 밸리 지역 와인(Alderbrook, Ferrari-Carano, Handley)

포도밭은 기후, 토질, 햇볕, 바람 등에 따라서 몇 미터만 떨어져도 차이가 난다. 위의 시음 와인은 모두 소노마 카운티에서 재배한 것이지만, 포도가 생산되는 AVA 구역은 다르다.

소노마 코스트는 태평양에서 여름 내내 시원한 바닷바람이 불어온다. 러시안 리버 밸리는 강 내륙에 위치하여 따뜻하지만 아침 안개가 기온을 내려준다. 드라이 크릭 밸리는 훨씬 북쪽인데도 춥지 않아 포도가 바다 쪽의 시원한 지역보다 더 깊게 빨리 익는다. 이런 점을 생각해보며 와인을 나란히 놓고 비교해 보자.

색깔 : 다른 둘보다 색깔이 더 진한 것은?

향 : 햇볕에 잘 익은 포도의 향을 찾을 수 있는 것은? 바닷바람 같이 상쾌한 향은?

맛 : 새콤한 맛과 익은 과일 맛 중 따뜻한 지역에서 온 와인은?

요점정리

- 부르고뉴의 화이트와인은 모두 샤르도네로 만든다(아닌 것은 라벨에 표기한다).
- 시원한 지역일수록 산도가 높고 따뜻한 지역일수록 당도가 높다.
- 오크통에 숙성하면 바닐라, 스파이스, 토스트 향이 가미된다. 가볍고 상쾌한 와인을 원하면 "unoaked"라고 표기된 와인을 찾으면 된다.

Chapter 5

소비뇽 블랑
Sauvignon Blanc

소비뇽 블랑은 산도가 높고 풀이나 허브 또는 라임, 멜론 같은 과일 향이 난다. 색깔은 연 노랑이나 초록색이며 조개껍질 같은 미네랄 향이 나는 것도 있다. 산도는 높은 편이며 드라이하다.

특성

소비뇽 블랑은 언제 마셔도 신선한 봄날 같고 시원하게 갈증을 풀어준다. 소비뇽 블랑은 만나는 첫 순간부터 강한 초록의 향을 내품으며 나는 "소비뇽 블랑이다"라고 외친다.

소비뇽 블랑도 따뜻한 지역에서 자라거나 더운 해에 생산되면 잘 익은 키위나 구아바 맛이 나며 풍부해진다. 그러나 싱싱한 풋 냄새는 언제나 느낄 수 있고 대부분은 과일보다 풀이나 야채 향이 난다.

산도를 낮추기 위해 오크에 숙성하는 경우도 있지만, 약간의 토스트 향과 부드러운 질감을 주는데 그치고 별 효과는 없다. 주로 스테인리스스틸 탱크를 사용하여 밝고 산뜻한 향미를 보존한다.

미네랄mineral 미네랄 향은 무겁지 않으면서 다른 향을 돋보이게 하고 와인에 미묘한 맛을 더한다. 포도를 재배하면 누구나 얻고 싶어하는 향이지만 특정한 토양에서만 얻을 수 있다. 프랑스 소비뇽의 미네랄 향은 세계적으로 다른 지역에서는 찾아 볼 수 없는 테루아의 표현이며, 특히 루아르Loire 지역 푸이Pouilly의 소비뇽은 연기에 그을린 것 같은 부싯돌 냄새가 나 푸이 퓌메Pouilly-Fumé라고 부른다.

금속맛steely도 소비뇽 블랑과 자주 연관되는데, 땅속에 쇠가 있는 것이 아니라 와인이 차고 단단하여 서늘한 금속성을 갖고 있다는 말이다.

미네랄 향에 대해 확신이 없으면 우선 미네랄 워터를 한 병 사서 마셔 보자. 젖은 칠판 냄새는 슬레이트(점판암)와 비슷하다. 석회석도 만져보고 철로 된 난간도 만져보고 비온 후 땅에서 나는 이상한 냄새도 표현해 보자. 미네랄 향이 어떤 것인지 힌트는 얻을 수 있다.

재배 지역

소비뇽 블랑이 인기를 얻게 되자 샤르도네처럼 세계 곳곳에서 재배를 시작했다. 그러나 샤르도네는 어디에나 잘 적응하는 반면 소비뇽은 확실히 시원한 지역에서만 잘 자란다.

프랑스 루아르

소비뇽의 정수를 맛보려면 수백 년 동안 명성을 유지해온 프랑스의 루아르 지역으로 가야 한다. 루아르 밸리Loire Valley는 대서양의 찬바람을 실은 루아르 강을 따라 내륙으로 400km나 이어지므로 기온 차가 크고 포도 품종도 여러 가지다. 소비뇽 지역은 대서양의 영향을 덜 받는 동쪽 끝, 즉 프랑스 전역으로 보면 중심부이다.

포도 재배 지역은 호수나 강 또는 바다를 끼고 있는 곳이 많다. 지형적으로 경사가 있어 포도나무가 자라기 좋고 수분이 충분히 공급되기 때문이다. 또 물은 땅보다 천천히 데워지고 식어 주위의 기온을 조절해준다.

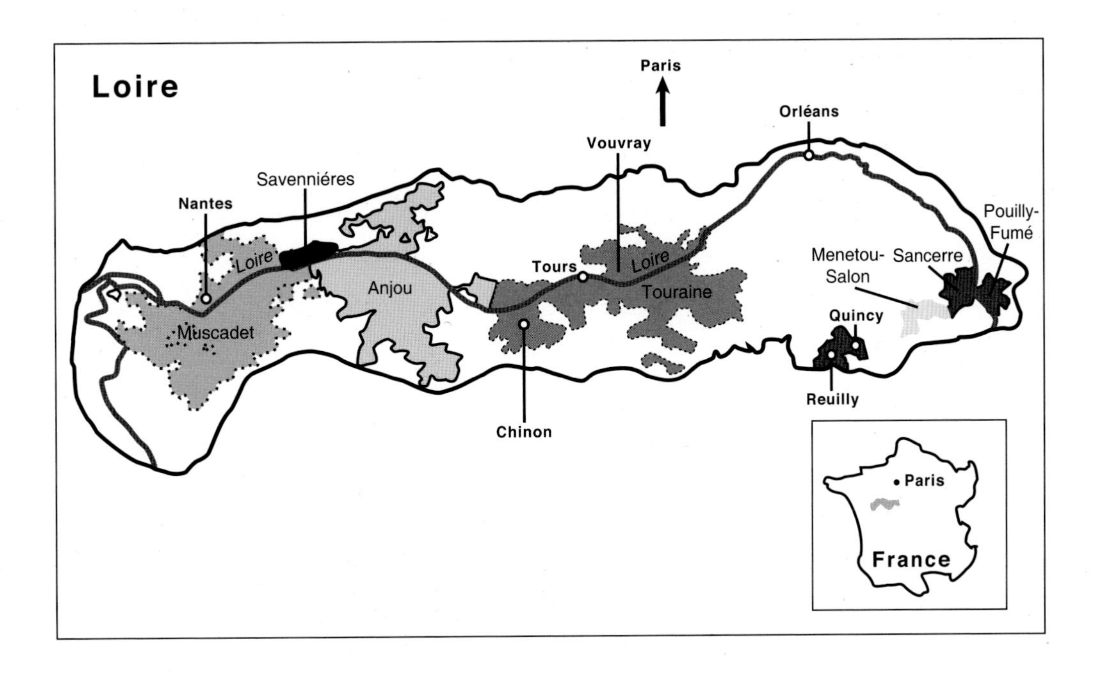

중부 루아르는 대서양쪽보다는 여름과 겨울의 기온 차가 심하다. 루아르 강이 완충 역할을 하지만 여름 기온이 낮을 때는 포도도 겨우 익을 정도이다. 이런 서늘한 날씨가 소비뇽의 산도를 유지시키는 데 도움이 된다. 루아르는 석회석 토질이며 흙에서 초크나 부싯돌 같은 미네랄 향이 난다. 다른 프랑스 와인과 마찬가지로 루아르도 라벨에 포도 품종을 표기하지 않으니 다음 지역을 익히자.

- 상세르Sancerre 지역은 특히 칼슘 함량이 많아 미네랄 향이 과일 향을 압도한다. 물론 3,500에이커에 이르는 넓은 지역이라 모두 같지는 않지만, 아주 단순한 상세르라도 미네랄과 허브향이 더 많다.
- 푸이 퓌메Pouilly-Fumé 지역은 약 700에이커이며 상세르 바로 동쪽이다. 맛도 거의 비슷하여 대부분은 구별하기 힘들다. 그러나 푸이의 토양에서는 특히 연기fumée,

smoke 냄새가 난다고 하여 "Pouilly-Fumé"라고 이름 지어졌다.

"Pouilly-Fumé"와 "Pouilly-Fuisse"를 가끔 혼동하는데, 푸이 퓌메는 루아르 지역이며 소비뇽 블랑으로 만들고 푸이 퓌세는 부르고뉴의 아펠라시옹이며 샤르도네로 만든다. 캘리포니아에서는 소비뇽 블랑을 퓌메 블랑 Fumé Blanc이라고도 하고 오크향이 나는 소비뇽을 뜻하기도 한다.

- 메네투 살롱Menetou-Salon, 캥시Quincy, 뤼이Reuilly 지역은 그렇게 넓지도 잘 알려지지도 않았지만 좋은 품질의 소비뇽을 생산한다. 단순한 것이라도 소비뇽의 상큼함을 나타내고 품질은 상세르와 버금가며 가격은 광고비를 뺀 값이다. 상세르와 푸이 퓌메는 값도 비싸 $50 이상까지 호가하지만 $16~$30 정도에서 특유의 미네랄 향을 나타내는 좋은 와인도 있다.

뉴질랜드

전형적인 소비뇽 생산지로는 프랑스를 꼽지만 지금은 뉴질랜드가 새롭게 각광을 받고 있다. 뉴질랜드에 와인산업이 부상한 지는 30여년 밖에 안 되지만, 이 지역의 소비뇽 블랑은 와인 세계에 빠르게 자리매김을 했다.

뉴질랜드 소비뇽은 라벨에 품종 표기가 있기도 하지만, 새콤한 키위와 방금 깎은 잔디밭의 풀냄새를 그대로 담고 있어 누구나 쉽게 알아 챌 수 있다. 또 구즈베리 덤불의 고양이 오줌 냄새Cat's Pee on a Gooseberry Bush라고 표현하는 야성적 향과 톡 쏘는 맛도 있어 기억하기 쉽다.

라임 주스같은 뉴질랜드 소비뇽은 조금도 복잡하지 않고 순수하며 소비뇽의 성격을 꾸밈없이 나타낸다. 가격도 $11~$30 정도로 꾸준히 잘 팔린다. 뉴질랜드 남섬의 말보로 Marlborough와 북섬의 마틴보로Martinborough에서 최고의 소비뇽이 생산된다.

뉴질랜드 소비뇽에서 스크루 캡screw cap을 흔히 볼 수 있다. 코르크보다 소비뇽 블랑의 신선한 맛을 잘 유지한다는 긍정적인 반응을 얻고 있다.

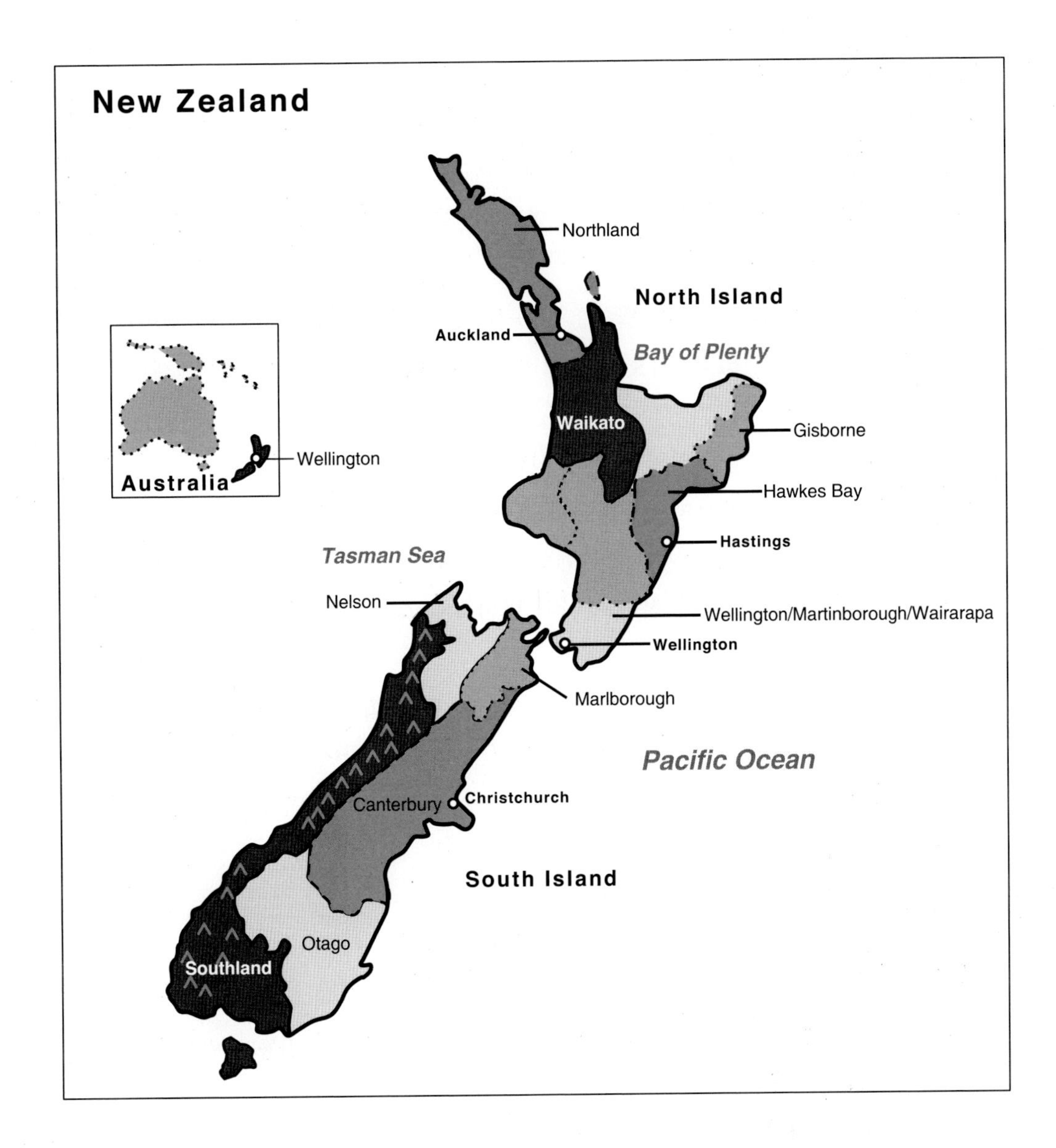

미국

1990년대 샤르도네 거부Anything But Chardonnay 움직임은 소비뇽 블랑이 끼어들기에 아주 좋은 기회를 제공하였다. 무겁고 버터 향이 짙은 샤르도네에 싫증난 미국인들이 소비뇽의 신선하고 생기발랄한 향미에 빠지기 시작한 것이다.

퓌메 블랑Fumé Blanc은 60년대 미국에서 로버트 몬다비Robert Mondavi가 소비뇽 블랑을 오크통에 숙성하여 루아르 지역 푸이 퓌메Pouilly-Fumé의 느낌이 들도록 만든 것이다. 이를 모방한 소비뇽 블랑이 선풍적인 인기를 끌게 되고 소비뇽 블랑과 퓌메 블랑이 동의어로도 쓰이게 되었다.

- 캘리포니아 소비뇽의 향미는 프랑스와 뉴질랜드의 중간쯤 되며 미네랄 향이나 키위 같은 날카로운 향은 없다. 따뜻한 햇볕 속에 살아가는 부드럽고 편안한 캘리포니아 사람들을 닮았다.
- 소노마와 나파의 서늘한 지역 와인은 신선한 풀 향과 잘 익은 멜론향이 적절한 균형을 이룬다. 북쪽 멘도시노Mendocino의 소비뇽은 진한 풀 향을 누그러뜨리기 위해 더운 지역의 멜론 향 나는 소비뇽과 블렌딩하기도 한다. 산타 이네즈Santa Ynez와 몬트레이Monterey는 허브 향이 진하고 산타 바바라Santa Barbara는 멜론 향이 많다. 지도 참조 p.65
- 워싱턴 주의 기후는 화이트보다는 레드 품종에 더 적합하다. 그러나 컬럼비아 밸리Columbia Valley에서는 캘리포니아보다 밝고 레몬, 허브향이 있는 소비뇽이 난다. 미국 소비뇽은 $10 이하도 괜찮은 것이 있고 $12에서 $20 정도면 좋은 와인을 산다. 지도 참조 p.135

그 외 지역

- 남아공의 레드와인은 호평을 받는데 비해, 품질이 더 나은 소비뇽 블랑은 잘 알려지지 않고 있다. 희망봉 근처 스텔렌보쉬Stellenbosch나 콘스탄시아Constantia 같은 바위 언덕에서 주로 자라며 바닷바람에 포도가 천천히 익고 산미도 있다. 남아공 소비뇽은 따뜻한 햇볕과 돌과 바람을 그린 이 지역의 자화상 같다. $8~$10이나 좋은 것은 $15~$25 정도되는데 품질도 루아르와 견줄만하다.
- 1990년대 후반부터 남호주의 아델레이드 힐Adelaide Hills에서 좋은 소비뇽이 생산되

기 시작했다. 이 지역은 남호주의 다른 지역보다 고도가 높아 서늘하지만 햇볕도 충분히 받는다. 포도는 구즈베리보다는 초록색 자두 잼 같은 향미를 낸다. 진하기는 하지만 무겁지 않고 더운 날 부는 시원한 바람 같은 산미도 있다. 호주 소비뇽은 $10이면 살 수 있고 $11~$16 사이는 품질을 보장할 수 있으며 $25 이상은 별로 없다. 지도 참조 p.146

- 칠레의 대표 와인은 레드다. 그러나 전 지역에서 성공적인 것은 아니지만, 최근에는 소비뇽 블랑의 가능성도 보인다. 칠레의 카사블랑카Casablanca 지역은 기온이 찬 해변가여서 오랫동안 포도 재배가 부적합한 곳으로 여겨졌다. 그러나 1990년대에 피노누아나 소비뇽 블랑과 같은 서늘한 날씨에 맞는 품종을 심기 시작하였으며 곧 성공으로 이어졌다.

  안토니오 밸리Antonio Valley 지역은 유망한 곳으로 떠오르게 되었고 카사블랑카 소비뇽은 과일 향은 덜하지만 생생한 산미로 이름을 떨치고 있다. 기본은 $ 8~$15, 좋은 것은 $20~$30 정도로 값이 더 오르기 전에 많이 마셔야 할 것 같다. 지도 참조 p.125
- 이탈리아 북동부의 소비뇽은 깔끔하며 특히 프리울리Friuli의 서늘한 기후에서 섬세한 소비뇽이 생산된다. 지도 참조 p.97
- 오스트리아의 슈티리아Styria 지역에서 나는 부드러운 과일 향의 매끈한 소비뇽 블랑도 한번 맛볼 만하다. $20~$30 정도한다. 지도 참조 p.90

세미용, 소비뇽의 단짝

세미용Sémillon은 매끄러운 질감에 무화과, 생 아몬드 향이 나고 숙성되면 달콤한 향과 볶은 견과류 향이 난다. 산도는 낮은 편이며 무게감이 있어 소비뇽과 섞으면 산뜻한 생동감을 준다. 소비뇽 블랑을 블렌딩할 때 가장 많이 쓰는 품종이 세미용이다.

- 보르도 그라브 지역의 뻬삭 레오냥Pessac-Léognan은 두 품종을 블렌딩하는 모델로 유명하다. 이곳의 소비뇽 블랑과 세미용 블렌딩은 오랫동안 보관할 수 있고 점성이

있으며 꿀 바른 땅콩, 오렌지 설탕 조림 같은 풍미로 멋진 바닷가재 요리와 잘 어울린다. 당연히 값도 비싸 세 자리 숫자까지 치솟는다.

- 소테른Sauternes 지역의 귀부noble rot 와인은 세미용이 주 품종이다.참조 Chapter 19 꿀처럼 달고 신선하며 생기가 있다. 오래되면 캐러멜과 스파이스 향도 더해지며 수십 년도 보관할 수 있는 특이한 화이트와인이다.
- 보르도 섹Bordeaux Sec은 보르도 전 지역에서 나는 소비뇽 블랑과 세미용으로 만든다. 앙트르 되 메르Entre-Deux-Mers는 두 개의 강 사이Between-Two-Seas라는 뜻이며 갸론느 강과 도르돈뉴 강 사이에 위치해 있다. 강에서 잡은 해산물 요리나 찬 샐러드와 마시기에 좋다. 값도 싸서 $15이나 그 이하도 있다.지도 참조 p.105

보르도의 화이트 와인은 거의 소비뇽 블랑으로 만들고 세미용과 블렌딩도 한다. "Bordeaux Sec", "Entre-Deux-Mers", "Graves", 또는 "Pessac-Léognan"으로 라벨에 표기된다.

- 호주는 세미용 단일 품종으로도 와인을 만들고 소비뇽과 블렌딩도 한다. 황금빛의 무화과 향이 넘치며 매끄럽고 달콤하다. 소비뇽을 섞으면 라임 맛이 나는 가벼운 일상 와인이 되며 $16이 넘지 않는다.

테이스팅

소비뇽 블랑은 초록색 과일이나 야채 향이 미네랄 향 뒤에 숨어있든지, 뉴질랜드처럼 전면에 나서든지, 어떤 모양으로도 발산된다. 어떤 스타일을 고를까? 굴 요리와 어울리는 것은? 야외에서 마시고 싶은 것은?

프랑스 vs. 뉴질랜드

- 프랑스 루아르 지역 소비뇽(Sancerre, Pouilly-Fumé)

▪ 뉴질랜드 소비뇽 블랑

루아르와 뉴질랜드 소비뇽은 둘 다 뚜렷한 전형적인 스타일이기 때문에 구별이 쉽다. 잠깐! 맛보기 전에 향을 맡아보자. 둘 중 어느 것이 더 강한가? 뉴질랜드의 밝은 초록 향이 먼저 튀어 오를 것이다. 루아르는 좀 더 절제된 추운 지방에서 겨우 익은 과일같은 느낌이 나며 초크나 조개껍질같은 미네랄 향도 있다.

이제 맛을 보자. 도전적인 뉴질랜드보다 은근한 루아르부터 맛보자. 찬 미네랄 향을 느낄 수 있다. 생굴 한 접시를 옆에 놓으면 어떨까?

오크향

▪ "unnoaked" 미국 소비뇽(Cakebread, Ch. Souverain, Frog's Leap, Matanzas Creek)
▪ 오크 숙성한 미국 소비뇽(Ch. St. Jean, Dry Creek Vineyard, Grgich, Robert Mondavi Winery)

대부분 소비뇽은 신선함을 유지하기 위해 발효나 숙성에 스테인리스스틸 탱크를 사용한다. 맛을 부드럽게 하고 좀 더 풍부하게 하기 위해 부분적으로 오크통을 사용하기도 한다. 나란히 놓고 향을 맡아보자.

오크의 바닐라나 토스트 향이 뚜렷하지 않을 수도 있지만 소비뇽의 예리하고 신선한 향을 부드럽게 감싸주는 것은 느낄 수 있다. 'unoaked'부터 맛보자. 어느 쪽이 더 풍부한가? 더운 때 마시고 싶은 와인은? 추울 때 마시고 싶은 와인은?

남반구 소비뇽

▪ 남아공 스텔렌보쉬 소비뇽(Le Bonheur, Mulderbosch, Thelema)
▪ 칠레 카사블랑카 소비뇽(Casa Marín, Concha y Toro Terrunyo, Morandé)

▪ 호주 소비뇽-세미용 블렌딩(Jacob's Creek, Lindemans, Tyrrell's)

예를 든 와인은 모두 남반구에서 나는 소비뇽이나 소비뇽-세미용 블렌딩이다. 세 곳 모두 오래된 유명한 곳은 아니지만 특징을 갖고 있다.

남아공의 웨스턴 케이프 지역은 바닷바람이 부는 돌 언덕에 포도나무가 뿌리를 내리고, 칠레도 그리 심하지는 않지만 해양성 기후이다.

호주는 서늘한 지역에서 나는 소비뇽도 있지만, 소비뇽-세미용 블렌딩이 더 인기가 있다. 대부분 남동호주의 따뜻한 평원에서 나며 과일 향이 강하고 세미용도 부드러운 질감과 함께 과일 향이 더 강조된다.

과일 향이 약하고 좀 덜 익은 것 같은 느낌이 나는 와인은? 호주 블렌딩에서 소비뇽의 독특한 초록향이 얼마나 부드러워졌는지도 느낄 수 있다. 남아공 와인에서는 돌 언덕의 미네랄 향과 서늘한 포도밭의 산미를 느낄 수 있다. 호주 블렌딩은 모나지 않고, 칠레 소비뇽은 햇볕에 잘 익은 포도와 바닷바람이 주는 상쾌한 산미가 있다.

요점정리

- 소비뇽 블랑은 산도가 높고 초록색 과일, 허브 야채의 향미가 있다.
- 미네랄 향의 상큼한 소비뇽은 프랑스 루아르 밸리나 북부 이탈리아, 뉴질랜드에서 생산된다.
- 풍부하고 원만한 와인은 캘리포니아나 호주, 오스트리아, 칠레에서 찾아보자.
- 프랑스의 루아르 밸리는 거의 100퍼센트 소비뇽 블랑으로 만든다.
- 소비뇽 블랑을 오크통에 숙성 시켜 만든 와인을 미국에서는 퓌메 블랑이라고 한다.

Chapter 6

리슬링
Riesling

리슬링은 섬세하며 오렌지나 라임, 살구, 복숭아 같은 과일 향을 갖고 있다. 흰 꽃 향과 장미 향이 나기도 한다. 산도가 높고 강한 구조로 오래되면 꿀과 견과류 향도 더해지며 무색에 가까운 연두색이나 노란색을 띈다.

특성

리슬링이 스위트 와인이라고 생각하는 사람들이 의외로 많지만 매우 드라이 한 것부터 꿀처럼 단 것까지 종류가 다양하다. 향미도 미네랄의 낮은 음부터 사과, 배, 멜론, 레몬의 높은 음까지 광범위하다. 리슬링의 매력에 한 번 빠지게 되면 식사 때마다 이 투명한 액체를 찾게 되는데 왜 그럴까?

강한 산미　리슬링은 섬세하고 나긋나긋하지만 장거리 마라톤 선수처럼 오랫동안 견딜 수 있는 체질도 갖고 있다. 강한 산미는 리슬링의 가장 큰 장점으로 와인에 단단한 뼈대를 만들어 준다. 리슬링은 산도가 높아 다른 화이트와인보다는 오래 가며 좋은 것은 20~30년도 신선한 활력을 유지한다.

잔당 리슬링은 산도가 높기 때문에 약간의 당분을 와인에 남겨 균형을 맞춘다. 따라서 수확 때 포도의 당도는 그만큼 중요하며 당도를 높이기 위해 발효 때 설탕을 보충하기도 한다. 발효 후 포도주스를 첨가Süssreserve, 쥐스레제르베하기도 하는데 고급품에는 가당이 금지된다.

드라이 리슬링의 잔당은 단 맛을 거의 내지 않고 신 맛을 약간 누그러뜨리는 정도이다. 실제로 완전히 드라이하면 신 맛이 혀를 자극해 음식 없이 마시기가 힘들다.

리슬링은 다른 화이트와인과 달리 레드와인의 영역인 강한 향의 음식과도 잘 어울린다. 오리 고기나 베이컨 말이 같은 음식과 함께 마시면 신 맛이 중화되고 입맛을 자극하여 식욕을 돋군다.

잔당residual sugar은 이스트가 포도의 당분을 먹고 알코올로 발효시킬 때 다 쓰지 못하고 남기는 당분이다.

테루아 리슬링처럼 솔직하게 테루아의 향미를 나타내는 품종도 없다. 포도는 깨끗하고 맑지만 마치 비타민이나 미네랄을 첨가한 것처럼 고스란히 대지의 향을 표현한다.

테루아에 집착하는 와인 애호가들은 알자스나 독일 리슬링을 찾아 헤맨다. 음악광이 녹음의 차이에 몰두하는 것처럼, 모젤 와인에서는 슬레이트나 흙내가 난다고도 하고 석유 냄새는 추운 모젤보다는 따뜻한 알자스 리슬링에 더 흔히 나타난다고도 한다. 물론 주유소에 가는 것을 좋아하느냐 않느냐는 개인차이다.

재배 지역

소비뇽은 서늘한 곳에서 잘 되지만 리슬링은 추운 곳이 아니면 안 된다. 따뜻하면 리슬링의 뼈대를 이루는 산도를 잃게 되고 레몬사탕 같은 맛이 된다. 추운 지방에서는 포도가 서서히 익기 때문에 당도와 함께 산도도 유지할 수 있다.

독일 모젤

독일 와인은 라벨도 고딕Gothic스럽고, 긴 단어에 해독하기 힘든 기호까지 붙어 있어 모두가 외면하려 한다. 그러나 세계 최고의 리슬링을 맛보려면 인내심을 발휘해야 한다. 라벨에는 포도 품종이 표기되고 지역과 함께 포도의 당도도 표기되어 있다.

모젤Mosel은 남서부 독일의 강이며 자아르Saar와 루버Ruwer는 모젤로 흘러 들어가는 지류이다. 포도나무는 강 언덕에서 재배하고 어디에서 생산되든지 간단히 "Mosel"이라고 표기한다.

모젤의 포도밭에 가보면 돌 절벽에 포도나무가 매달려 있는 것 같다. 슬레이트slate, 점판암로 덮힌 가파른 언덕은 미끄러워 오르내리기도 힘들고 포도나무를 지탱하는 막대기도 받쳐주어야 하니 정말 어려움이 많다. 모젤의 포도밭은 평지보다 3배 이상 노력과 돈이 든다. 세계에서 그런 극적인 포도밭은 찾아 볼 수 없을 정도다.

슬레이트는 낮 동안 간직한 태양열을 추운 밤에 서서히 내뿜어 포도나무에 온기를 주고 강은 햇볕을 언덕 위로 반사시켜 온실 효과를 낸다. 또 강의 굴곡이 심하게 꺾여 곳곳에서 따뜻한 남쪽을 향한 포도밭을 조성할 수 있다. 11월 중순이면 첫 서리가 내리는 추운 지역이라 강의 역할이 정말 중요하다.

가파른 절벽에 포도나무가 서있으려면 뿌리를 땅속 깊이 내려야 한다. 이 지역의 리슬링이 특히 강한 미네랄 향을 나타내는 것을 보면 와인의 향미가 뿌리의 깊이와 관계가 있다는 말이 일리가 있는 것 같다.

모젤 외 지역

- 바덴Baden : 독일의 비교적 따뜻한 남쪽에 포도밭이 퍼져 있고 레드와 화이트 여러 가지 품종이 재배된다. 리슬링도 싸고 마실 만하다.
- 프랑켄Franken : 와인 병이 특이한 둥근 모양Bocksbeutel으로 금방 알아볼 수 있다. 독일 중부의 비교적 따뜻한 날씨 덕분에 리슬링은 풍부하며 바로 마시기에 좋다.

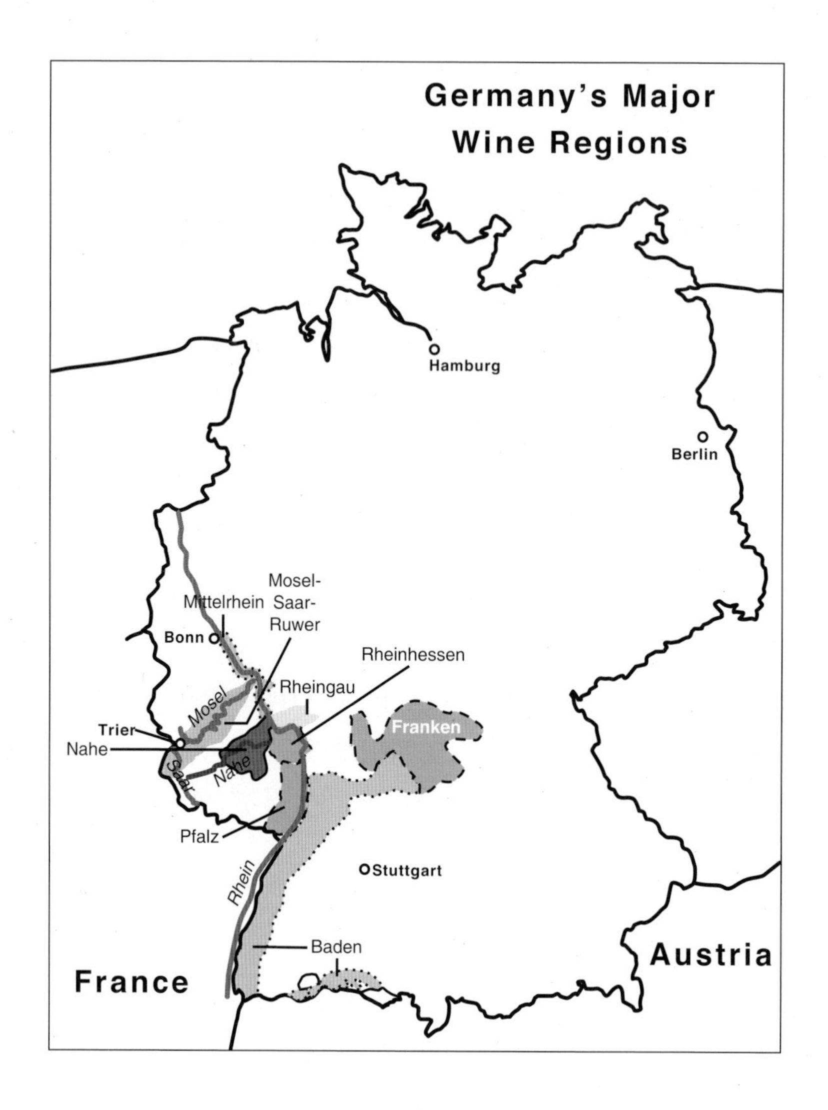

- 미텔라인Mittelrhein : 모젤에서 라인 강을 따라 나헤에 이르는 지역으로 남북으로 이어진 좁고 길게 이어진 가파른 포도밭이다. 추운 날씨로 라슬링도 산도가 높고 청량하다.
- 나헤Nahe : 나헤 강 근처의 넓은 지역으로 품질은 일정하지 않으나 부드러운 흙내가 특징이다.

- 팔츠Pfalz : 목가적인 구릉지이며 온화한 날씨로 리슬링은 완숙하여 모젤보다 산도가 낮다. 당도가 높아 알코올이 강한 드라이 와인을 만들기에 좋다.
- 라인가우Rheingau : 라인 강 북쪽의 언덕 지역이다. 모젤의 리슬링과 비길만하며 금속성 미네랄 향을 띈다. 예리하고 강한 느낌을 주며 따뜻한 팔츠와 찬 모젤의 중간쯤 된다.
- 라인헤센Rheinhessen : 벌크 와인을 주로 만들어 수출한다. 그러나 몇 개의 가파른 좋은 밭에서는 감귤, 복숭아, 훈제 향이 나는 리슬링도 생산한다.
- 뷔르템베르크Württemburg : 편안하며 약간 거친 감은 있지만 맛있는 시골풍 리슬링을 만든다.

독일 등급 = 당도

독일 와인을 고를 때는 프래디카트Prädikat를 읽을 줄 알아야 한다. 포도를 수확할 때의 당도를 나타내며 등급이 높은 와인에만 표기한다. 우선 낮은 등급부터 살펴보자.

- 타펠바인Tafelwein, table wine : 가장 낮은 등급. EU 구역 내 모든 포도를 사용할 수 있으며 재배지 구분이 없다.
- 란트바인Landwein : 19개 재배 지역이 정해져 있다.
- 크발리테츠바인 베쉬팀터 안바우게비테QbA, Qualitätswein bestimmter Anbaugebiete : 13개 정해진 재배 지역의 고급 와인.
- 프래디카츠바인Prädikatswein : 13개 안바우게비테 지역 내의 정해진 40개 베라이히Bereich에서 생산되는 특징 있는 고급 와인으로 당도에 따른 명칭이 표기된다. 2007년까지는 크발리테츠바인 미트 프래디카트QmP, Qualitätswein mit Prädikat로 표기되었다.

수출용 와인은 대부분 제일 높은 등급의 프레디카츠바인이며 당도에 따라 5단계의 프래디카트로 구분한다.

- 카비네트Kabinett : 당도 17~21도이며 드라이하거나 약간 스위트하다.
- 슈패트레제Spätlese : 당도 19~22도이며 늦게 수확한 포도로 스위트하다.
- 아우스레제Auslese : 당도 20~25도이며 완숙한 포도만 골라 수확한다.
- 베렌아우스레제BA, Beerenauslese : 당도 25~35도로 잘 익은 포도만 골라 수확하며 대부분 보트리티스 포도이다.
- 트로켄베렌아우스레제TBA, Trockenbeerenauslese : 당도 35도로 보트리티스 포도를 더 건조시켜 만든다.

일반적으로 카비네트에서 트로켄베렌아우스레제로 갈수록 와인은 달게 된다. 산도가 높으면 당분이 많아도 맛이 중화되어 드라이 하게 느낄 수 있다. 또 당도가 높은 포도라도 당분을 남기지 않고 끝까지 발효시키면 와인은 드라이 하게 된다.

따라서 만드는 방법에 따라 슈페트레제나 아우스레제가 카비네트보다 더 드라이 할 수도 있다. 일반적으로 카비네트와 슈페트레제의 당도는 식사와 함께 마셔도 될 정도이며 아우스레제는 어느 정도 달고 "BA"와 "TBA"는 디저트 와인 급이다.

프레디카트는 수확 시 포도의 당도이며 와인의 당도와 일치하지 않는다. 많은 와인 애호가들이 스위트 와인에 거부감을 갖고 있다. 단 맛을 두려워하지 말자. 신맛 없는 단맛은 활력이 없지만 신맛과 단맛이 합하면 와인에 생동감을 준다. 단맛이 약간 있는 와인은 알코올 도수도 낮고 스파이시한 음식과도 잘 어울린다.

확실한 드라이 와인을 원하면 프래디카트는 무시하고 "trocken(트로켄, dry)"이라고 표기된 와인을 찾으면 된다. 포도의 당도에 상관없이 끝까지 발효시켜 당분을 없앤 와인이다. "halbtrocken(할프 트로켄, half-dry)"은 트로켄처럼 완전 드라이는 아니지만 단맛을 거의 느끼지 못할 정도이다.

2000년부터 드라이 와인에 "Classic(클래식)"과 "Selection(젤렉치온)"이라는 등급이 새로 생겨 기존의 트로켄과 할프 트로켄의 대용으로도 쓰인다. 클래식은 지역만 표기하는 단일 품종의 균형 잡힌 와인이며 젤렉치온은 단일 포도밭 이름이 표기되는 고급 드라이 와인이다.

독일우수와인양조협회VDP라는 전국적인 조직도 있는데 현재 13개 산지에서 200여개의 와이너리가 소속되어 있다(독일 포도량의 3퍼센트 차지). 병목에 독수리표 로고가 붙어 있어 쉽게 식별할 수 있고 독일 최고급 와인이라고 할 수 있다.

때로는 늦어지는 것도 득이 될 때가 있다. 1775년 포도수확 때 일어난 일이다. 라인가우의 쉴로스 요하니스베르크Schloss Johannisberg에서 포도밭을 돌보던 수도사들이 포도를 언제 딸지 수도원장의 지시를 기다리고 있었다. 그러나 수도원장의 출장으로 수확 시기가 늦어졌는데 걱정한 것과는 반대로 와인이 너무 좋았다. 그 이후로 의도적으로 포도 수확 시기를 늦추어 따는 포도를 "Spätlese(late harvest)"라고 하게 되었다.

포도밭 표시 독일 와인에 대해서 한 가지 더 알아야 할 것이 있다. 독일에서는 토질이나 언덕의 높이, 또 알 수 없는 이유로 바로 인접한 밭의 포도 맛도 전혀 다르기 때문에 포도밭 이름을 라벨에 표기한다. 라벨에는 마을 이름 뒤에 형용사형 어미 –er을 붙여 구분이 되게 표기했고, 그 뒤 한 두 단어가 포도밭 이름이다. "Wehlener Sonnenuhr(베르너 존넨누어)"는 "Wehlen" 마을의 "Sonnenuhr" 포도밭이라는 말이다.

모젤만 해도 수백 개의 포도밭이 있다. 각 포도밭에 주인이 여러 명이고 또 각자의 와인을 따로 만들고 프래디카트가 다르고, 스타일이 다른 와인을 만드니 머리가 어지러울 지경이다.

독일 리슬링에 정열을 쏟으면 그만큼 보상도 받는다. 값싸고 신선한 일상 QbA는 $10에서 $15 정도에 살 수 있고 섬세한 과일 향과 강한 미네랄 향이 섞여 있는 좋은 것도 찾을 수 있다. 카비네트는 QbA와 겹치는데 $10~$30 정도이고 슈패트레제는 $12~$40, 또는 $60 이상도 있다.

그 위 등급은 값이 급격히 오른다. 포도가 오래 나무에 매달려 있을수록 수확량은 줄어든다. 새가 쪼아 먹고 바람에 떨어지고 비가 퍼붓기도 하고 우박 때문에 껍질도 터진다. 곰팡이도 문제다. 빈티지에 따라 아우스레제는 $25에서 $80까지 하며 BA와 TBA는 훨씬 더 비싸다.

프랑스 알자스

독일 팔츠 지역에서 라인 강 남쪽을 따라가면 프랑스의 알자스Alsace 지방에 이른다. 원래 독일 영토였던 알자스는 1648년에 프랑스령이 되었고 지난 1백여 년 동안 두 번이나 다시 독일 영토가 되었던 적이 있다. 독일처럼 리슬링을 재배하며 프랑스에서는 라벨에 포도 품종을 표기하는 유일한 지역이기도 하다. 병도 독일 와인 병처럼 목이 가늘고 길다.

그러나 프랑스의 문화와 철학을 담고 있는 알자스 리슬링은 독일 리슬링과 다를 수밖에 없다. 과일 향과 미네랄 향이 강하며, 분명히 더 풍부하고 더 드라이 하고 알코올 도수도 높다. 산도도 높아 셀러에서 수십 년 동안 보존도 가능하다.

그리고 지형도 다르다. 포도밭은 보주Vosges 산맥의 동쪽 편에 길고 좁게 이어진다. 서쪽이 항상 구름으로 덮혀 비가 많은 반면 동쪽은 강수량이 프랑스에서도 가장 적은 편이다. 위도가 높고 춥지만 일년 내내 종일 해를 볼 수 있어 포도는 서서히 익고 향과 산도 풍부하다.

알자스도 부르고뉴의 그랑 크뤼와 같이 그랑 크뤼 포도밭이 있다.참조 Chapter 4 51개의 그랑 크뤼 밭은 수확량을 제한하는 등 엄격한 규제가 적용된다(포도송이가 적을수록 향미가 농축되고 품질이 좋아진다).

알자스도 독일처럼 뛰어난 스위트 리슬링을 만들며 포도의 당도 등급은 덜 복잡하다. "Vendange Tardive(방당주 타르디브)"나 "Selection de Grains Nobles(셀렉시옹 드 그랑 노블)"은 늦게 수확한 포도로 만들고 디저트 와인만큼 달다.

> 그랑 크뤼Grand Cru는 영어로 "great growth"이며 오랫동안 뛰어난 와인을 생산해온 포도밭을 말한다. 알자스 그랑 크뤼는 오랜 논란 끝에 비교적 최근인 1983년에 정해졌다. 1992년 재조정이 있었지만 그래도 불만이 많아 그랑 크뤼가 아닌 밭은 소유주의 이름을 표기하기도 한다. 그랑 크뤼보다 품질이 나을 수도 있다.

알자스 그랑 크뤼 51개를 외우지 않아도 값으로 모든 것을 알 수 있다. 싼 와인은 $12~$15 사이인데 정말 가격에 비해 맛이 있다. 소시지와 양배추 절임같은 지역 음식에도 어울리고 홍어나 아귀 같은 진한 맛의 생선과도 어울린다. 그랑 크뤼로 가면 가격이 $25~$60로 뛰고 강한 과일 향과 미네랄 향이 독특하다. 특별한 날을 위하여 셀러에 넣어 놓고 오래 기다릴수록 좋다.

오스트리아

리슬링이 독일의 모젤 강이나 알자스의 라인 강과 같이 추운 지역의 강변에서 잘 되는 것 같이 오스트리아에도 다뉴브 강이 있고 리슬링을 재배한다.

1985년의 "와인 스캔들" 이후 오스트리아는 불신의 늪에서 벗어나려는 긴 노력 끝에 다시 두각을 나타내게 되었다. 그뤼너 펠트리너Grüner Veltliner는 물론 화이트 리슬링White Riesling도 특유의 향과 섬세함으로 인정받는다. 여름이 무척 덥기 때문에 오스트리아 리슬링은 독일과는 다른 강한 향미가 있고 드라이 하며 견고한 구조감이 있다.

와인 스캔들은 와인에 단맛을 내기 위해 와인업자들이 디에틸렌 글라이콜Diethylene glycol을 첨가하여 값비싼 보트리티스 와인으로 속여 팔아 유죄 판결을 받은 사건이다.

박하우Wachau 비엔나 서쪽 다뉴브 강 반대편으로 모젤 포도밭처럼 언덕에 위치하고 있다. 해를 보는 시간이 길고 강에서 빛과 열이 반사되며 여름이 덥지만 시원한 강바람이 포도나무를 식혀 준다.

오스트리아 박하우 외 지역은 품질 제도나 등급이 독일과 유사하고 박하우 지역은 3단계의 등급이 있다.

- 슈타인페더Steinfeder : 가장 가벼운 와인으로 바로 마시며 비엔나의 와인 바에서 거의 다 소비된다.
- 페더슈필Federspiel : 가볍고 상큼하여 생선 요리나 피크닉 용이다. $12~$25.
- 스마라그드Smaragd : 복숭아 같이 무르익고 살구 향과 언덕의 미네랄 향도 첨가된다. 양고기에도 어울리며 20~30년도 족히 가는 강한 와인이다. $20~$65까지 다양

하다.

> 스마라그드는 박하우의 포도밭에 사는 작은 도마뱀 이름이다. 햇볕에 잘 익은 포도와 햇볕 쬐기를 좋아하는 도마뱀이 잘 어울린다.

박하우에서 동쪽으로 가면 크렘스탈Kremstal에 다다른다. 박하우보다는 따뜻하고 가파르지도 않아 리슬링은 과일 향이 더 많고 부드럽다. 캄프탈Camptal은 바로 이웃이며 맛도 거의 비슷해 같은 지역으로 간주한다. 바인뷔어텔Weinviertel은 북쪽의 체코와 국경 지대이며 찬 기후로 가볍고 산미 있는 리슬링이 난다.

리슬링은 나라마다 이름이 다르며 분명하지 않다. 오스트리아에서는 화이트 리슬링White Riesling이라고 부르기도 하고 미국에서는 요하니스베르크 리슬링Johanisberg Riesling, 호주에서는 라인 리슬링Rhine Riesling이라고도 한다. 그 외 프랑켄 리슬링Franken Riesling, 그레이 리슬링Grey Riesling, 미국의 리슬링 Riesling은 실바네르Sylvaner와 같은 유사 품종으로 만든 것이다.

그 외 지역

- 호주 리슬링은 캥거루가 사는 나라답게 유럽과는 다른 특징이 있다. 가벼우면서도 무르익은 과일 향이 많고 미네랄 향은 적다. 향긋한 라임이나 생강, 잘 익은 와인은 구아바나 패션 프루트passion fruit와 같은 이국적 과일 향을 낸다.

  최고의 호주 리슬링은 바닷바람이 시원한 서호주에서 생산되며 섬세하고 품격이 있다. 남호주의 클레어Clare나 에덴Eden 밸리 같은 와이너리는 1백여년 전 독일 이민자들이 정착한 곳이어서 프랑스보다 덜 드라이하며 감귤 향의 친숙한 독일 스타일이다. $12~$25. 지도 참조 p.146
- 미국 워싱톤 주 샤또 생 미셸Ch. Ste. Michelle은 모젤의 독토어 로젠Dr. Loosen과 합작하여 "Eroica(에로이카)"라는 최고의 리슬링을 생산하고 있다.
- 캘리포니아의 기후는 상큼한 드라이 리슬링을 만들기에는 부적합하다. 대부분 단맛이 있어 칵테일 파티나 브런치에 좋고 값도 싸다.
- 뉴욕 주의 핑거 레이크스Finger Lakes 지역은 아직 와인 산업이 오래되지 않았지만 미국의 작은 모젤로 변하고 있다. 돌밭 언덕에, 춥고 눈도 오는 겨울을 견딜 만큼 햇볕도 충분하여 신선한 과일 향과 미네랄 향도 함유한 리슬링이 난다. $11~$30 정도면 좋은 리슬링을 살 수 있다.
- 아이다호의 생 샤펠Ste. Chapelle은 깔끔하고 레몬 맛이 나는 리슬링을 만들며 곧 애호가들이 달려올 것 같다.

"퍼시픽 림 리슬링Pacific Rim Riesling"은 독일 모젤 지역의 리슬링을 대형 탱크로 수입해서 캘리포니아의 과일 향이 나는 리슬링과 블렌딩한 것이다.

테이스팅

리슬링처럼 여러 가지 스타일을 가진 와인도 없다. 부드럽고 단순한 캘리포니아, 엄숙한 모젤, 풍부하고 진한 알자스, 깃털처럼 가벼운 오스트리아, 생강 맛의 호주 등 누구든지 좋아할 수 있는 스타일을 찾을 수 있고 어떤 음식과도 어울리는 리슬링이 있다.

캘리포니아 vs. 독일

- 독일 QbA 리슬링(Dr. Loosen, Lingenfelder Bird Label, St. Urbans-Hof)
- 캘리포니아 리슬링(Beringer, Fetzer, Turning Leaf)

위의 와인은 어디에서나 구하기 쉽고 값도 싸다. 와인의 차이는 극과 극이다.

향을 맡아보자. 과일 향이 더 짙고 더 따뜻한 곳에서 온 것 같은 와인은? 따뜻할수록 열매가 무르익고 과일 향이 많다. 독일의 리슬링 지역은 캘리포니아보다 춥다.

맛을 보자. 독일 와인을 먼저 맛보면 과일 맛이 날까? 돌 같은 느낌일까? 와인의 산미는? 서늘한 기후를 느낄 수 있는 와인은? 캘리포니아 리슬링은 완숙된 포도의 맛을 느낄 수 있다. 독일 리슬링을 다시 맛보면 처음보다 더 드라이 하다고 느끼게 된다. 보통 단 와인을 마신 다음 드라이 한 와인을 마시면 대비가 되어 더 드라이 하게 느껴진다.

독일 vs. 알자스

- 모젤 카비네트 리슬링(C.von Schbert, Dr. Loosen, Kerpen, Selbach-Oster)
- 알자스 리슬링(Dopff & Irion, Hugel, J.B. Adam, Paul Blanck, Trimbach)

알자스와 독일은 각각 리슬링의 전형적 스타일로 다른 점도 많다. 한 병씩 사서 양쪽에 놓고 향을 맡는다. 풍부하고 햇볕을 가득 담은 와인은? 차고 미네랄 향이 있는 와인은? 맛을 봐도 알자스의 따뜻한 포도밭과 추운 모젤과는 차이가 난다.

알자스

- 기본 알자스 리슬링(앞의 알자스 리슬링 중 하나)
- 그랑 크뤼 알자스 리슬링(Domaine Weinbach Grand Cru Schlossberg, Josmeyer Grand Cru Hengst, Trimbach, Clos Ste-Hune)

알자스 리슬링은 값이 싼 것부터 비싼 것까지 층층이 있다. 일반적인 알자스는 여러 곳 포도밭의 포도를 블렌딩하며, 즉석 파티나 간단한 식사에 쉽게 마실 수 있다. 그랑 크뤼 포도밭이나 좋은 밭에서 생산된 것은 테루아의 향미를 담고 있으며 밭이 작을수록 생산량도 적고 값도 비싸진다.

어느 것이 더 인상적이며 왜 그럴까? 더 부드럽고 과일 향이 많은 것은? 산미가 더 강하고 단단한 것은? 해가 갈수록 더 좋은 향으로 변하는 것은? 추측이 가능하면, 싼 것은 바로 마시고 비싼 것은 셀러에 보관하고 기다리자.

그 외 지역

- 남 호주 리슬링(Yalumba South Australia Y Series, Jacob's Creek Barossa Valley Reserve Riesling, Clare Valley Riesling)
- 그 외 세계 어느 지역 리슬링도 좋다.

호주 리슬링은 드라이하며 라임이나 열대 과일, 생강 맛이 난다. 우선 몇 가지를 비교해 보았으나 호주와 오스트리아를 비교해 보고, 독일과 뉴욕 주도 비교해 보고, 또 당도에 따른 비교도 해보자. 음식과도 함께 마셔보면 새로운 발견을 하게 될 것이다.

요점정리

- 리슬링으로 만든 와인은 세계 어느 지역에서나 라벨에 품종 표기를 한다.
- 리슬링은 스위트 와인(참조 Chapter 19)도 있으나 대부분 드라이 하다.
- "troken" 이란 표기가 있으면 드라이 한 것이다.
- 당도의 등급은 와인의 단맛과 반드시 일치하지 않는다. "Spätlese"는 아주 드라이 할 수도 있고 달수도 있다.
- 리슬링의 높은 산도는 생선, 가금류, 붉은 고기까지 어떤 음식과도 잘 어울린다.

Chapter 7

피노 그리조 / 피노 그리
Pinot Grigio / Pinot Gris

피노 그리조는 소나무, 서양 배, 오렌지 향 등이 나며 숙성되면 아몬드, 꿀 향도 난다. 껍질은 회색이 도는 연빨강색에서 자주색까지 다양하다. 산도는 높지 않고 와인은 보통 무색이며 약간 핑크 색조를 띠기도 한다.

특성

피노 그리조는 부담 없이 마실 수 있는 화이트로 이탈리아인의 사랑을 받아 왔다. 뚜렷한 개성을 나타내기보다 기분 좋은 풍미로 분위기를 편안하게 하고 대화를 방해하지도 않는다. 얼마 전까지만 해도 이탈리아 식당 외에는 거의 찾아 볼 수 없었으나, 최근에는 이국적인 이미지로 와인 상점이나 바에서도 흔히 볼 수 있는 와인이 되었다.

피노 그리조, 피노 그리, 토카이 피노 그리는 다 같은 품종으로 적포도 피노 누아Pinot Noir의 변종이다. 껍질 색깔에 회색gray조가 있어 그리조grigio, 이탈리아나 그리gris, 프랑스라고 나라마다 다르게 부른다.

재배 지역

피노 그리조하면 이탈라아를 떠올리게 되고 이탈리아 식당에서 편안하게 마실 수 있는 와인이다. 소비뇽 블랑의 허브 향과 샤르도네의 과일 향이 어우러진 것 같으나 향미가 그렇게 강하지 않다. 산도도 적당해 생선이나 닭요리, 파스타 등 어느 음식과도 무난히 어울린다.

특별히 공 들이지 않고도 신선하고 부드러운 와인을 만들 수 있어 피노 그리조란 이름만 걸고 돈을 벌려는 와이너리도 널려 있다. 그러면 괜찮은 와인을 어떻게 고를까? 시원한 북쪽, 포도가 자연스럽게 천천히 익을 수 있는 지역을 찾고 품질에 명예를 거는 와이너리를 찾아야 한다. 상표 참조 : Livio Felluga, H. Lentsch, Borgo dei Posseri

이탈리아

이탈리아 전 지역에서 재배하지만 특히 북부 지방에서 잘 된다. 북쪽의 베네토나 트렌티노-알토 아디제, 프리울리 지역은 배수가 잘 되는 언덕 지역으로, 알프스 산맥이 찬바람을 적당히 막아주고 매일 햇볕도 듬뿍 받을 수 있다. 남쪽보다 포도가 서서히 익고 산도를 갖추며 향미도 좋다.

북부 이탈리아 와인 전문가들도 트렌티노와 베네토의 피노 그리조를 구별하기 어렵지만 지도를 잘 살펴보면 지역 이름이 라벨에 표기되는 이유를 알 수 있다.

베네토Veneto 넓고 비옥한 포 밸리Po Valley에서 대량 생산된다. 따뜻한 평지에서 재배되어 그다지 인상적인 와인은 없으나 파티용으로 적당한 $15 이내의 피노 그리조를 살 수 있다.

트렌티노-알토 아디제 Trentino-Alto Adige 트렌티노는 아디제Adige 강변의 따뜻한 평지로 베네토 와인과 맛이 비슷하다. 북쪽 알토 아디제는 수드 티롤Süd-Tirol이라고도 부

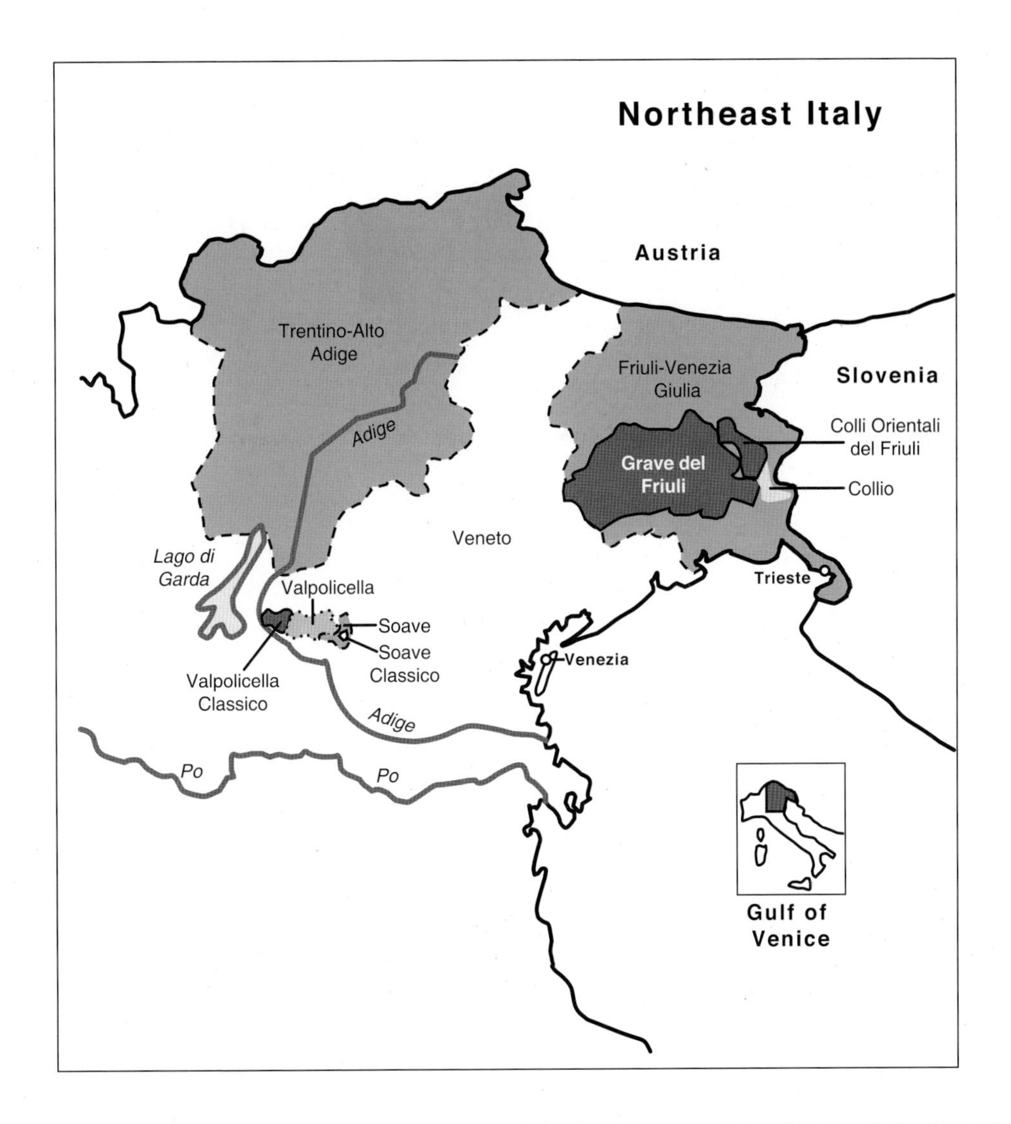

르는데, 지도로 보았을 때보다 더 오스트리아와 가깝다. 포도밭은 강둑을 따라 양쪽 산기슭까지 펼쳐져 있고 포도는 산미가 많다. 베네토와는 달리 풍부한 산미와 견고한 미네랄, 우아한 과일 향이 어우러진 피노 그리조의 본고장이다. 값에도 차이가 나며 $30까지 호가한다.

프리울리Friuli 이 지역은 공식적으로 프리울리 베네치아 줄리아Friuli-Venezia Giulia 라고 부른다. 북쪽은 알프스 산맥, 남쪽은 베니스 만과 면해 있다. 알프스의 찬바람이 높은 지역의 포도밭을 서늘하게 식혀 다른 곳보다 산도도 높고 꽃 향기와 허브 향, 과일 향을 띈다. 오크 숙성을 하면 스파이스 향과 유질감도 느낄 수 있다. 알토 아디제와 프리울리는 1919년까지는 오스트리아-헝가리 제국에 속하였기 때문에 남쪽보다 훨씬 더 산도가 높은 화이트 와인을 선호한다. 프리울리는 최고의 피노 그리조를 생산하며 $12~$20 정도 하지만 $40이 넘는 것도 있다.

콜리오Collio는 언덕을 뜻한다. 콜리오와 콜리 오리엔탈리 델 프리울리Collio and Colli Orientali del Friuli는 프리울리 안에 있는 지역으로 향기롭고 산미 있는 와인으로 유명하다.

남부 이탈리아 피노 그리조는 햇볕과 열을 한껏 흡수하여 잘 익은 복숭아 같이 달콤한 와인이 되는데 $10 정도 한다. 산도가 약간 떨어져 상쾌한 감은 없지만 냉장고에 넣어 차게 식히면 바닷가 피크닉에서 즐길 수 있다. 이탈리아 사람들은 대부분 신선한 피노 그리조를 좋아해 와인에 다른 향미를 보태지 않는 스테인리스스틸 탱크 사용을 선호한다.

프랑스 알자스

알자스의 피노 그리는 풍부하고 진한 맛 때문에 세계 최고로 꼽힌다. 이 지역은 보주 Vosges 산맥이 비와 구름을 막아주고, 포도가 따뜻한 햇볕을 스펀지처럼 빨아들여 황금색 건포도 같이 응집된 향을 낸다. 일상 와인은 $10~$15이다. 좋은 와인은 매끄러운 질감에 꿀과 배향, 아몬드 향이 나고 오크 숙성을 하지 않은 샤르도네와 비슷하며 가격도 비슷하다.

부르고뉴에서는 적포도 피노 누아와 잎 모양이 같고 포도 색깔도 비슷하여 최근까지도 구분할 수 없어 자연스레 섞여 있는 곳도 있었다. 같은 밭에서 수확하여 와인을 만들면 피노 누아의 부드러움에 약간의 바디 감을 보탠다.

알자스의 고급 피노 그리는 땅의 미네랄 향을 고스란히 나타낸다. S로 시작하는 3개의 단어(스파이시spicy, 스토니stony, 스모키smoky)로 표현하기도 한다. 알자스 그랑 크뤼 포도밭에서 재배하는 품종 4개(뮈스카, 리슬링, 게뷔르츠 트라미너, 피노 그리)중 하나이다.

이탈리아의 가볍고 신선한 드라이 피노 그리조에 비해 알자스 피노 그리는 더 풍부하며 구조가 강하다. 드라이 와인에도 잔당을 남기기도 하며, 화이트 와인이지만 색깔이 짙고 실크처럼 부드럽다. 이탈리아의 파티용과는 차이가 난다. 가격은 $20~$50 정도이다.

알자스에서는 피노 그리를 토카이 피노 그리Tokay Pinot Gris라고 불렀다. 그러나 헝가리 토카이Tokaji와 혼동할 수 있다는 이유로 EU가 2007년부터 알자스에서는 쓰지 못하게 했다.

피노 블랑Pinot Blanc은 피노 비앙코Pinot Bianco의 프랑스 이름이다. 피노 그리 / 그리조와는 사촌간이며, 어머니는 같은 피노 누아이다. 좋은 피노 블랑은 피노 그리처럼 풍부하고 무게가 있으나 향은 덜하다. 다른 품종과 혼합하기에 좋고 라벨에는 표기되지 않지만 일상 와인은 $10 정도에 살 수 있다.

미국

미국 오리건Oregon의 피노 그리는 1967년 윌러멧 밸리Willamette Valley의 아이리 빈야즈Eyrie Vineyards에서 처음 심었다. 지금은 양적으로나 질적으로나 피노 누아 다음으로 널리 재배되고 있다.

오리건의 피노 그리는 알자스보다는 가볍고 알코올 도수가 낮으며 이탈리아보다는 풍부하고 유질감이 있다. 신선하며 미네랄 향이 섞인 것도 있고 스파이시하며 오렌지 껍질, 소나무, 서양 배 향의 전형적 스타일도 있다.

지역도 다르지만 와인의 양조 방법도 많은 차이를 나타낸다. 알자스 스타일로 만들기 위해서는 수확량을 줄이고 완숙된 포도를 수확해야 한다. 때로는 스테인리스스틸 탱크대신 오크통을 사용하여 토스트나 스파이스, 바닐라 향도 첨가하며, 2차 발효를 시켜 와인을 풍부하고 부드럽게 만들기도 한다.

라벨만 보면 어떻게 만든 와인인지 알 수 없고 대개 값으로 알 수 있다. 가벼운 일상 와인은 $10에서 $3~$4 더 주면 산다. 연어에 맞는 피노 그리는 $20~$30 정도이고 비싼 것은 두 배 또는 세 배도 된다.

뉴질랜드는 피노 그리조 재배 지역이 1998년부터 10년 사이에 16배나 늘었다.

그 외 지역

이탈리아의 북동쪽 끝에 있는 콜리오Collio 포도밭을 거닐다 보면 국경선을 넘어 슬로베니아로 갈 수도 있다. 1919년 이전에는 이 지역의 포도밭이 서로 구분되지도 않았고 지금도 정치적인 국경선만 있다고 볼 수 있다.

슬로베니아 슬로베니아Slovenia의 와인 산업은 공산화 이후 거의 황폐화 되었으며 1991년에야 포도밭을 재건할 수 있었다. 지금은 미네랄 향과 밝은 산도, 풍부한 배와 헤이즐넛 향의 피노 그리조를 만들고 품질도 북부 이탈리아 와인과 견줄 만하다. 가격은 $12~$30 정도이며 이탈리아 콜리오의 피노 그리조는 슬로베니아의 포도밭에서 나는 것이다.

오스트리아 이탈리아에서 북쪽으로 산을 넘으면 오스트리아의 남동쪽 낮은 구릉 지대인 슈티리아Styria에 이르게 된다. 피노 그리조는 그라우부르군더Grauburgunder라고 불리며 따뜻한 햇볕으로 와인이 크고 풍부하며 충분한 산미도 갖추고 있다.

피노 그리조의 사촌인 피노 비앙코는 바이스 부르군더Weissburgunder라고 불린다. 알코올 도수가 14도나 되어 버섯 크림소스를 듬뿍 친 생선 요리에도 어울리고 양고기에도 맞는 강한 와인이다. $15~$30 정도로 식사 반주로 안성맞춤이다.

독일 이름 그라우부르군더Grauburgunder, 피노 그리조와 바이스부르군더Weissburgunder, 피노 비앙코는 어머니 포도 인 피노 누아 지역, 프랑스 부르고뉴Bourgogne와 발음이 비슷하다. 그러나 요즘은 부르고뉴에서 피노 그리나 비앙코는 샤르도네에 밀려 거의 찾아 볼 수 없다.

테이스팅

그리와 그리조는 둘 다 장점이 많고 차이가 있다면 시간과 장소다. 몇 가지 다른 점을 찾아보자.

그리 vs. 그리조

- 이탈리아 피노 그리조(Lagaria, Pighin, Livon, Zenato)
- 알자스 기본 피노 그리(Rene Barth Trimbach, Willm)

알자스와 이탈리아는 둘 다 최고의 포도로 만들지만 와인은 사뭇 다르다. 이탈리아는 갓 딴 포도의 신선하고 밝은 향이 나며 알자스는 따뜻하고 매끈하며 서양 배 향이 난다. 마치 사과와 애플파이처럼 다르다. 두 잔을 나란히 놓고 향만 맡아도 그리조인지 그리인지 알 수 있다.

미국식 그리

- 캘리포니아 피노 그리조(Forest Glen, La Famiglia di Robert Mondavi, Meridian)
- 캘리포니아 피노 그리(Navarro Vineyards, Joseph Swan Vineyards)

모두 $30 이하로 같은 나라에서 같은 포도로 만들었지만 와이너리에 따라 다른 이름을 쓴다. 피노 그리와 피노 그리조의 차이는 무엇인가?

이탈리아식 피노 그리조는 금요일 오후 시원한 얼음물을 마시는 것같은 가벼운 과일 향이다. 알자스식 피노 그리는 비단같은 질감에 풍부한 복숭아 향이 넘친다. 캘리포니아의 피노 그리도 그리조보다 더 풍부한 감을 주는지? 여름날 저녁에 마시기 좋은 와인은? 버섯 크림소스 스파게티와 어울리는 와인은 어느 쪽일까?

오리건 블랑 vs. 그리

- 오리건 피노 블랑(Adelsheim Vineyard, Erath, Foris, Yamhill)
- 오리건 피노 그리(Chehalem, Cristom, Firesteed, King Estate, Sokol Blosser)

오리건의 자랑인 피노 누아 가족 중에서 피노 블랑과 피노 그리를 맛보자. 두 개 중 조금 약한 블랑부터 시작하자. 향을 맡고, 맛보고, 입 속에서 굴려도 보자. 샘플 두 개만으로는 차이를 거의 느끼지 못하나 어쨌든 두 종류의 포도 맛과 친숙해지면서 둘 다 맛있는 와인이란 것은 알 수 있다.

요점정리

- 피노 그리조와 피노 그리는 같은 포도 품종이다.
- 맑고 밝은 와인을 원하면 이탈리아의 베네토 북쪽, 트렌티노, 특히 프리울리 지방이 좋다.
- 풍부하고 원만한 와인은 알자스 피노 그리를 꼽는다.
- 미국 최고의 피노 산지는 피노 블랑, 피노 그리, 피노 누아 모두 오리건 주이다.
- 피노 비앙코는 피노 그리와 다른 품종이며 풍부하고 부드러운 질감에 파인애플 향이 난다.

Chapter 8

카베르네 소비뇽과 프랑
Cabernet Sauvignon / Franc

카베르네 소비뇽은 블랙 커런트나 자두같은 검은 과일 향과 허브, 삼나무 향이 난다. 향신료, 미네랄 향과 흙내도 있다. 숙성되면 동물 향이나 초콜렛 향이 나기도 한다. 타닌이 강하고 와인은 짙은 적색이다.

특성

카베르네 소비뇽은 포도 품종 중 단연 왕좌를 차지한다. 섹시한 검은 과일 향을 듬뿍 지니고 있지만 타닌이란 강한 호위병이 늘 지키고 있다. 혼자서도 널리 사랑 받고, 다른 품종과 혼합해도 빛이 난다. 모두가 좋아하고 탐내는 품종이다.

카베르네는 어디에서 자랐나, 얼마나 익었느냐에 따라 맛이 달라진다. 피망이나 아스파라거스같은 야채 냄새가 나기도 하고, 숲속의 기분 좋은 소나무 향이 나기도 한다. 그러나 중심에는 언제나 변하지 않는 카베르네 소비뇽의 향미가 있다. 카베르네의 향미는 블랙 커런트다. 잘 모르면 블랙커런트 잼을 사서 향을 맡아보자. 물론 설탕을 넣어 만들었지만 본래의 쌉쌀한 향미는 상상할 수 있다.

타닌tannin 카베르네는 다른 품종에 비해 포도 알이 작고 껍질이 두꺼우며 과육에 비해 씨가 많은 편이다. 타닌은 주로 씨와 껍질에 있고 와인에 단단한 뼈대를 만들어 장기 숙성과 보관을 가능케 한다. 타닌은 입을 마르게도 하지만, 단백질과 잘 결합하여 스테이크를 먹을 때는 육질을 부드럽게 만든다.

블렌딩blending 이름난 셰프 뒤에는 항상 솜씨 좋은 숨은 요리사가 도운다. 카베르네는 훌륭한 포도지만 다른 포도의 도움도 필요하다. 카베르네의 문제점이라면 타닌이 과일 향보다 짙어 너무 근엄한 스타일이 되는 것인데 메를로Merlot를 혼합하면 부드럽게 만들 수 있고 과일 향도 보충할 수 있다.

물론 카베르네 프랑Carbernet Franc이나 쁘띠 베르도Petit Verdot, 시라Syrah, 말벡Malbec, 까르메네르Carmenere와 같은 품종들도 혼합한다. 블렌딩의 변수는 많지만 어떤 블렌딩을 하더라도 카베르네의 매력적인 향과 타닌은 그대로 유지된다.

재배 지역

프랑스 보르도

보르도Bordeaux는 프랑스 대서양 연안과 연결된 도시이며 그 주변의 와인 생산지를 말한다. 다른 프랑스 와인처럼 보들레Bordelais, 보르도 사람들도 라벨에 품종을 표기하지 않는다. 보르도라고 하면 주품종이 카베르네 소비뇽이란 것을 모두 알고 어떤 와인인지도 알기 때문이다.

한 병에 수천 달러를 호가하는 와인도 있고, 또 와인 애호가가 몇 년산 무슨 와인을 광적으로 찾는다는 기사를 본 적도 있을 것이다. 이런 와인은 대개 보르도 산이다. 보르도 와인이 모두 좋다는 것이 아니라 몇몇 뛰어난 와인이 보르도의 명성을 지키고 있다는 뜻이다.

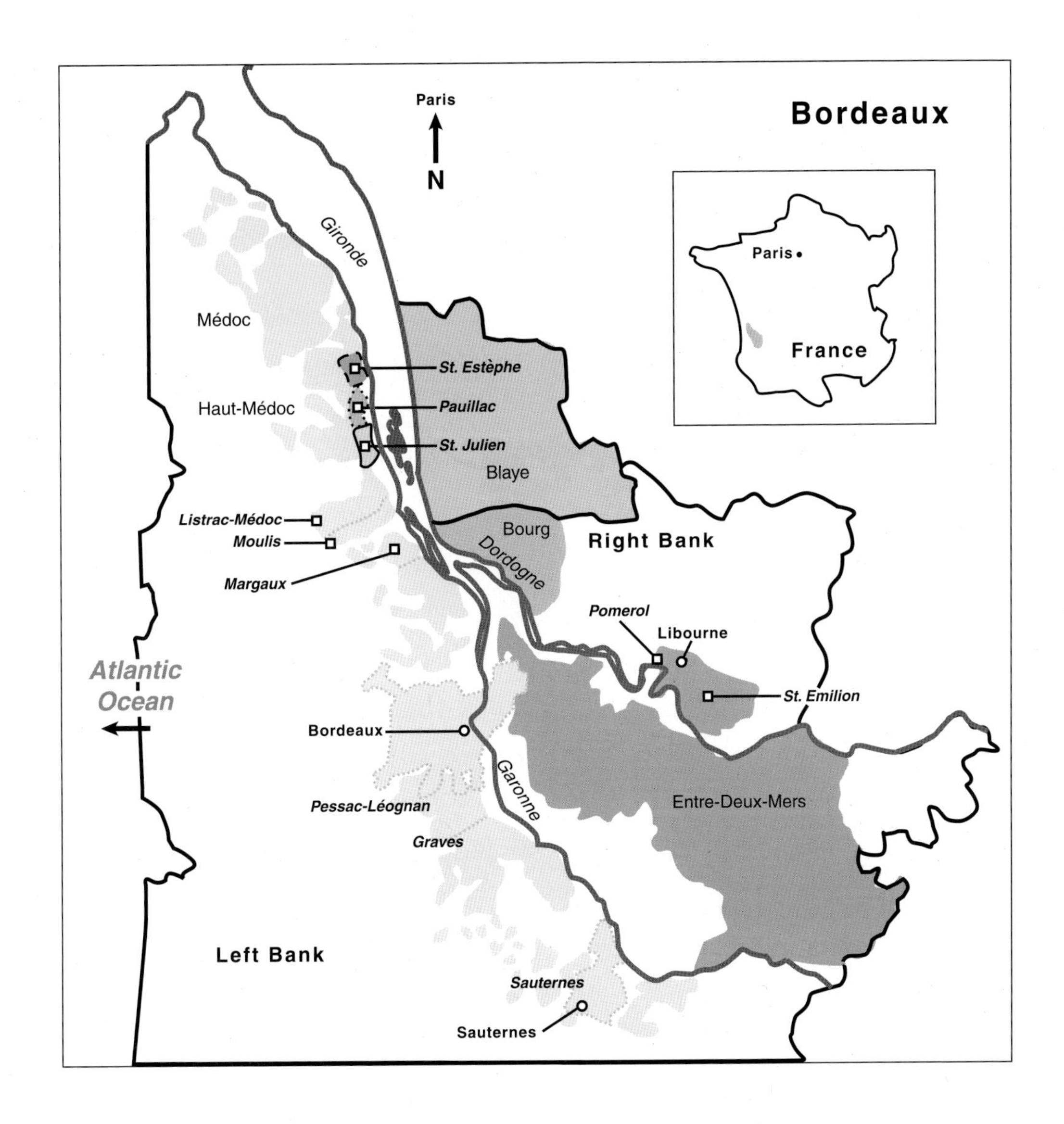

보르도는 지롱드 강을 따라 좌안Left bank과 우안Right bank으로 자연히 갈라진다. 우안은 진흙 토양이며 메를로가 잘 되고, 좌안은 자갈밭으로 따뜻하고 배수도 잘 되어 카베르네가 잘 된다. 장기 보관할 수 있는 유명한 카베르네 산지는 보르도 좌안이며 이 지역 와인은 수년이 지나야 타닌이 부드러워진다. 좌안인지 우안인지는 라벨에 표기되지 않으니 좌안의 묵직한 와인을 원하면 아펠라시옹을 익혀야 한다.

라벨에 "Bordeaux(보르도)"나 "Bordeaux Súperieur(보르도 쉬페리외르)"라고 표기된 것은 보르도 전 지역을 포함한다. 지역이 더 작게 세분될수록 개성 있는 와인이 생산되는 곳이다. 보르도 좌안은 북쪽부터 메독, 오 메독, 그라브로 크게 3개 지역으로 나눈다.

메독Médoc 메독 지역 전체를 뜻한다. 그러나 AOC에서는 메독을 남북으로 나누어 북부 메독Bas-Médoc을 메독이라 하고 남부 메독을 오 메독Haut-Médoc이라고 한다. 오 메독에는 다음 6개의 더 작은 AOC가 있다.

- 생테스테프St.-Estèphe : 자갈과 점토가 섞인 서늘한 토양에 북쪽이라 다른 곳보다 와인의 산도가 높다. 2등급 샤토인 코스 데스투르넬Ch. Cos d'Estournel과 몽로즈Ch. Montrose가 있으며 와인은 근엄하고 타닌이 강하다.
- 뽀이약Pauillac : 1등급 샤토 3개, 라피트Ch. Lafite, 라투르Ch. Latour, 무통 로칠드Ch. Mouton Rothschild가 옹기종기 모여 있는 자갈 토양의 이상적 산지이다. 크고, 깊이 있고, 타닌이 가득 찬 풀 바디 와인으로 수십 년 병 속에서 숙성되며 환상적인 맛으로 발전한다.
- 생줄리앙St. Julien : 2등급 샤토 5개와 3등급 샤토가 2개 있다. 작은 자갈과 충적토로 전통적인 카베르네의 섬세함이 있다. 우아하고 친근감이 가는 와인이지만 활력은 떨어진다.
- 리스트락 메독Listrac-Médoc : 점토와 석회석의 무거운 토양으로 밀도가 높고 강직하며 흙내와 검은 과일 향이 섞인 와인이 생산된다.
- 물리스Moulis : 자갈, 석회석, 모래 등의 다양한 토양으로 곳에 따라 와인의 성격이 다르다. 대개 강하지만 매끄럽고 즙 많은 과일 향의 와인이 난다.
- 마고Margaux : 석회석이 섞인 자갈과 점토, 모래 토양 등이 있지만, 1등급 샤토 마고Ch. Margaux는 역시 배수가 잘 되는 자갈 토양이다. 장미 향과 연한 과일 향은 바로 마고의 향이며 짙은 루비 색의 비단 같은 질감을 가진 와인이다

5개 1등급 샤또 : "Château Lafite Rothschild(라피트 로칠드)", "Château Margaux(마고)", "Château Latour(라투르)", "Château Haut-Brion(오브리옹)", "Château Mouton Rotschild(무통 로칠드)"

그라브Graves　메독보다 좀더 덥고 강우량이 많다. 토양은 다양하지만 이름처럼 자갈gravel이 모래와 섞여 있다. 와인은 부드럽고 풍부하며 주로 레드와인을 만들지만 1960년대까지는 화이트와인의 생산량이 더 많았다. 1987년에 독립 AOC가 된 뻬삭 레오냥Pessac-Léognan에서 고품질의 레드와인이 난다. 이 지역의 샤또 오브리옹Ch. Haut-Brion은 오 메독 지역이 아니지만 1855년 등급 분류에서 1등급에 포함되었다.

영국왕 찰스 2세(1660~1685)의 셀러 기록에 "Hobriono" 와인 169병을 만찬에 사용했다는 기록이 있으며, 궁정 대신 사무엘 페피Samuel Pepys의 1663년 4월 10일 일기에서도 놀랄 만한 프랑스 와인 "Ho Bryan"을 마셨다는 기록이 있다. 1787년 미국 공사였던 토마스 제퍼슨Thomas Jefferson도 이 와인을 극찬했다.

보르도 등급

보르도 와인 중 라벨에 "Premier Cru(프르미에 크뤼, 1등급)"나 "Deuxième Cru(되지엠므 크뤼, 2등급)"라고 표기된 와인이 있다. 크뤼를 이해하려면 역사적인 배경도 참고가 된다.

보르도는 항구 도시로 일찍부터 와인 수출(다른 지역이 수출을 한 지 오십 년밖에 안 된 데 비해)을 시작했다. 많은 와인을 취급하기 위해 등급 분류가 필요 했고, 1855년 파리 박람회 때 수세기에 걸친 평판과 가격을 토대로 61개 "그랑 크뤼 클라세Grand Cru Classé" 와이너리를 선정했다.

등급classification은 행정구역인 지롱드Gironde를 중심으로 61개 샤또를 1등급부터 5등급까지 분류했다. 최고 5개 샤또가 1등급을 받고 다음 2등급 14개, 3등급 14개, 4등급 10개, 5등급 18개로 분류했다. 참조 부록 C

화이트와인에서 소테른Sauternes 지역의 샤또 디켐Ch. d'Yquem은 스위트 와인으로 특 1등급을 받았다. 그라브는 AOC 제도가 시행되고 나서 1953년에, 생테밀리옹St-Emilion은 1955년에야 등급 체계가 정해졌다.

1855년 이래 이 등급은 변화가 없다. 1973년 무통 로칠드Mouton Rothschild가 2등급에서 1등급으로 바뀐 것 외에는 가격도 최고 수준을 계속 유지하고 있다. 그러나 그때 등급을 받지 못한 와이너리 중에서도 나중에 더 좋은 와인을 생산하게 되고 고가에 팔리기도 해 꼭 등급으로 와인의 품질을 가늠 할 수는 없다.

1등급은 "Premier Cru(1 Cru)"라고 라벨에 표기하지만 2등급부터 5등급까지는 "Grand Cru Classé"라고만 라벨에 표기한다. 보르도는 "Premier Cru"가 "Grand Cru Classé" 중에서도 서열이 가장 높은 것이지만, 부르고뉴는 "Grand Cru"가 제일 높으며 다음 등급이 "Premier Cru"다.

보르도 유명 샤또 와인은 웬만한 부자가 아니면 근처에 갈 수도 없다. 그러나 그렇게 비싸지 않아도 보르도 카베르네의 맛을 충분히 느낄 수 있는 와인이 있다. 고가의 와인은 대부분 타닌이 부드러워질 때까지 수년을 셀러에 보관해야 제 맛이 난다. 오늘 저녁 당장 마시려면 부담 없이 친근하게 다가오는 보르도 와인을 찾아야 한다.

- 등급 이후 생기거나 월등히 나아진 샤또들이 있다. 와인 상점에 가서 물어보면 유명한 상표는 비싸게 팔고 숨겨둔 보물을 추천해 줄 것이다.
- "Médoc(메독)"이나 "Haut-Médoc(오 메독)"으로 표기된 것이나 더 작은 AOC인 "Listrac(리스트락)"이나 "Moulis(물리스)" 등은 덜 비싸다.
- 유명 샤또의 세컨드second 와인은 1등급 포도를 선별한 후 남은 포도로 만들기 때문에 1등급만큼 비싸지 않으면서도 샤또의 스타일을 느껴볼 수 있다.

위의 와인에서 고르면 선택의 폭도 넓고 가격은 $12, $15, $30 정도로 바로 마셔도 좋고 또 몇 년 동안 셀러에 보관해도 된다.

미국

캘리포니아는 카베르네 소비뇽 재배 지역이 2만5천 에이커로 다른 품종보다 월등히 넓다. 포도 주스 같은 $8 정도의 와인에서 과일 향과 미네랄 향이 보석 같이 박힌 수백 달러 와인까지 선택의 범위도 크다.

보르도 카베르네처럼 단단하고 타닌도 강하며 복합성과 절제미(미국 다른 레드에 비해)도 어느 정도 갖추었다. 주로 나파와 소노마에서 생산되며 샌프란시스코 남쪽 산타 크루즈 마운틴Santa Cruz Mountain도 오래 동안 좋은 캡Cab, 카베르네 소비뇽의 약자을 생산해 왔다.

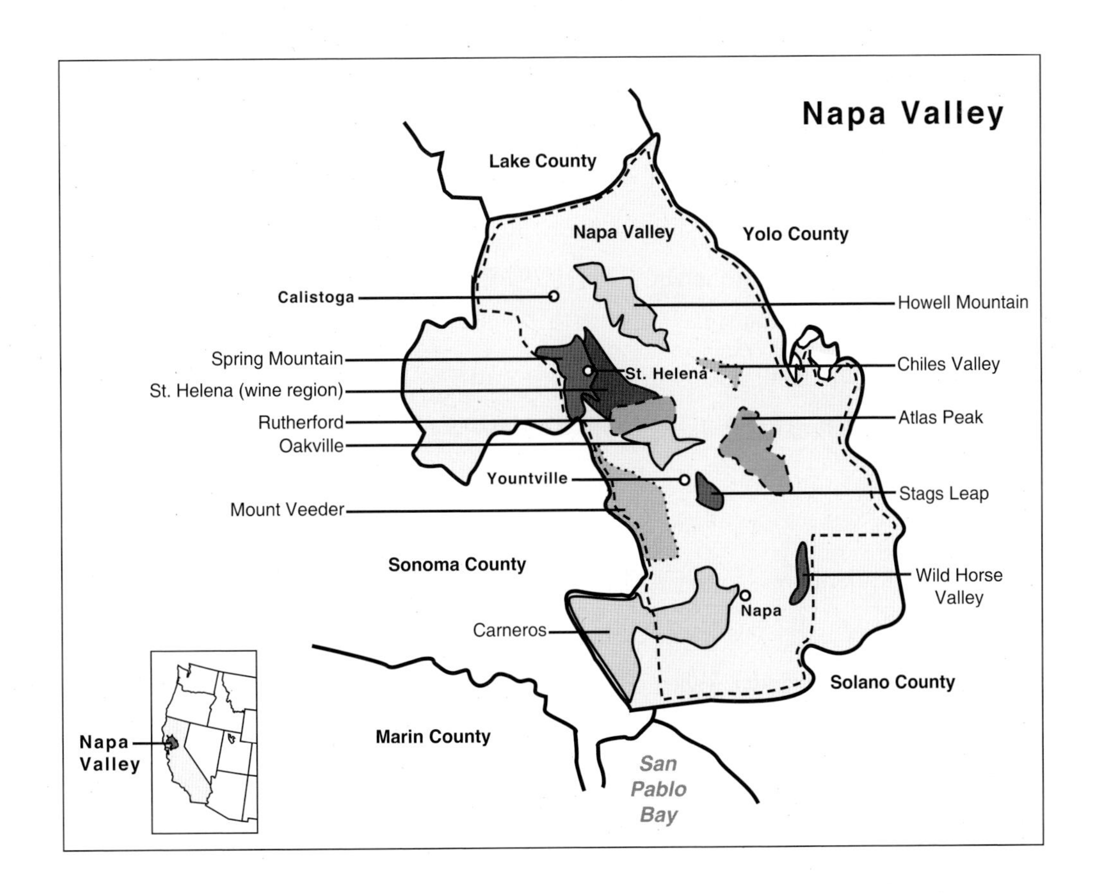

나파 나파 밸리Napa Valley는 남쪽으로는 산 파블로San Pablo만, 서쪽은 마야카마스Mayacamas 산맥과 만나는 긴 지역이다. AVAAmerican Viticultural Area로 지역이 구분되었으며 카베르네 소비뇽의 스타일도 지역에 따라 다르다. 역시 산 쪽의 바위와 돌이 많은 곳이 비옥한 평지보다 수확량이 적고 향미 있는 포도가 난다.

- 다이아몬드 마운틴Diamond Mountain : 마야카마스의 돌산 지역으로 타닌이 많고 오래가는 카베르네 소비뇽을 만든다.
- 하우엘 마운틴Howell Mountain : 나파 AVA 중에서 가장 높은 곳이다. 화산토에 여름과 겨울의 기온차가 심하며 카베르네는 돌 틈에서 강하게 자란다.
- 마운트 비더Mount Veeder : 120~815미터의 고지로 뜨거운 햇볕과 시원한 바람에 포도가 잘 익고 타닌도 많다.
- 오크빌Oakville : 산기슭의 평지로 보르도 스타일의 우아한 붉은 과일 향의 카베르네를 생산한다.
- 러더포드Rutherford : 오크빌의 북쪽으로 약간 더 더운 곳이다. 검은 과일 향의 진한 와인으로 독특한 흙내가 난다.
- 스프링 마운틴Spring Mountain : 세인트 헬레나St. Helena 서쪽 마야카마스의 봉우리로 강한 카베르네가 난다.
- 스태그스 립 디스트릭트Stags Leap District : 따뜻한 햇볕이 암벽에 반사되고 저녁에는 대서양의 찬바람이 산 파블로 만을 거쳐 불어온다. 풍부한 과일 향의 단단한 와인을 만든다.

소노마 소노마Sonoma는 카베르네보다 샤르도네가 더 유명하다. 그러나 안개가 끼지 않는 따뜻한 지역은 카베르네도 잘 된다.

- 알렉산더 밸리Alexander Valley : 추운 지역인데 의외로 따뜻한 자갈밭 지역이 있어 맛이 풍부하고 모나지 않은 카베르네가 생산된다.
- 나이츠 밸리Knights Valley : 소노마에서 가장 따뜻한 지역이다. 목장의 소고기와 잘 어울리는 풍부하고 진한 색깔의 카베르네를 생산한다.

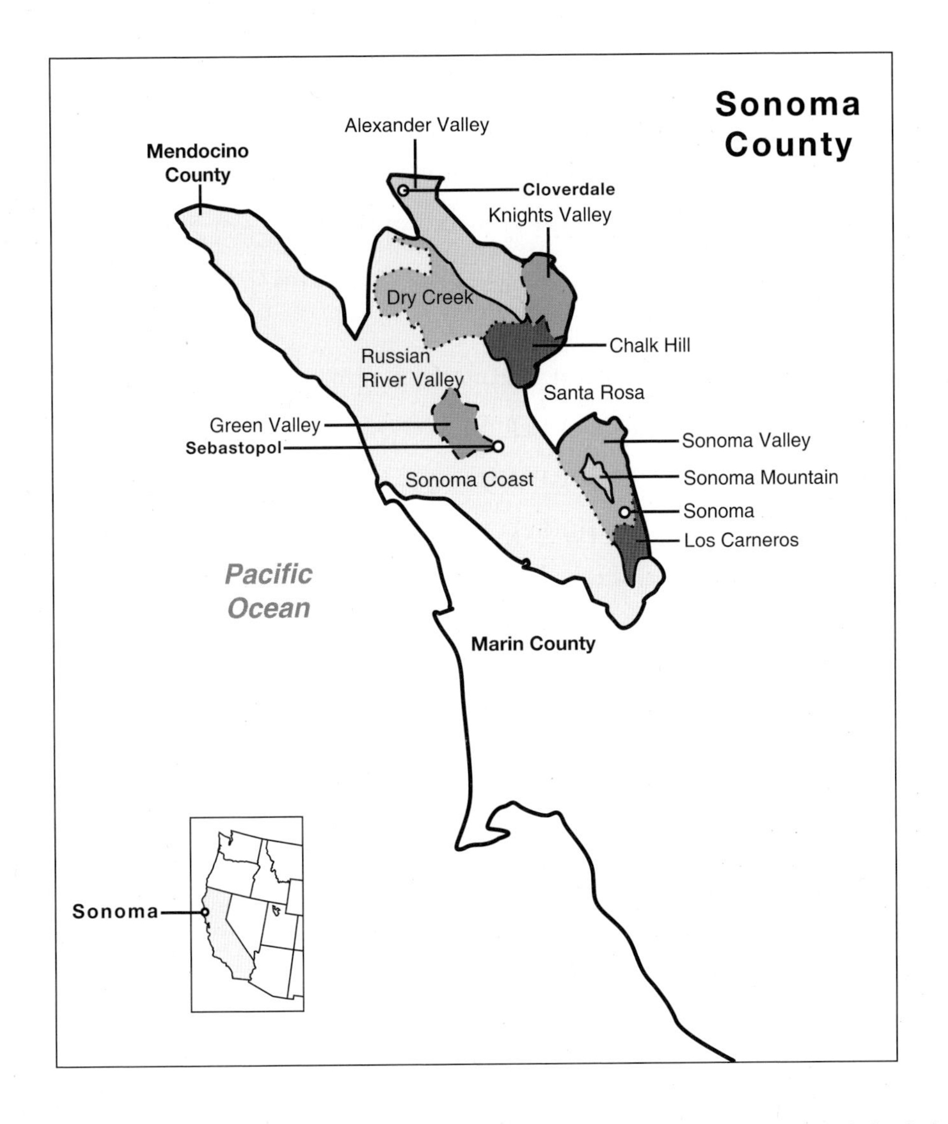

- 소노마 마운틴Sonoma Mountain : 서늘한 지역이면서도 고도가 높아 안개가 끼지 않고 포도가 햇볕을 충분히 볼 수 있다.

캘리포니아 캡은 $10 이내는 대부분 잼이나 야채 냄새가 나고 $12~$25는 믿을 수 있으며 비쌀수록 만족도가 높다.

호주

호주 카베르네는 쉬라즈(Shiraz)에 가려 있지만 다양한 스타일이 있고 품질도 좋다. 남동호주의 따뜻한 평지에서는 포도 주스 같은 일상 와인이, 서호주의 거친 땅에서는 숲 향기 가득한 깔끔한 카베르네가 난다. 최고는 남호주 쿠나와라에서 생산된다.

남호주 쿠나와라Coonawarra 지역은 평평하고 특별할 것이 없어 보이지만 땅을 조금만 파보면 녹슨 것같이 붉은 흙이 나온다. 테라 로사terra rossa는 철분이 풍부한 흙으로 쿠나와라 카베르네의 특징인 금속 향을 낸다. 같은 땅에 심은 쉬라즈에도 가끔 이 향이 스며들지만 카베르네가 가장 잘 나타낸다.

맥러렌 베일McLaren Vale에서는 진하고 거의 잼 같은 와인이 나며, 바로사 밸리Barossa Valley의 와인은 크고 풍부하다.

서호주Western Australia 내륙 지방은 너무 더워 카베르네에 맞지 않지만 인도양 쪽 마가렛 리버Margaret River를 따라가면 좋은 카베르네를 만날 수 있다. 대양의 시원한 바람이 뜨거운 포도밭을 식혀주어 포도가 서서히 익고, 블랙 커런트와 수풀 향을 갖춘 카베르네가 된다. 풍부한 남호주 와인에 비하면, 이런 보르도 식 절제미는 뭔가 모자라는 것 같기도 하지만 멋진 카베르네이다. $20 정도면 좋은 와인을 살 수 있다. 지도 참조 p.146

그 외 지역

이탈리아 프랑스를 제외하면 유럽의 다른 지역에서는 카베르네가 별로 눈에 띄지 않는다. 스페인에서 약간 만들고 그외 이탈리아에서 조금 찾을 수 있다.

피렌체Firenze 서쪽의 카르미냐노Carmignano 지방에서는 타닉(타닌의 형용사)하고 맛있는 품종으로 카베르네를 옛날부터 재배해 왔다. 그러나 눈에 띄게 된 것은 1960년 대에 토스카나의 해변 볼게리Bolgheri 지역에서 "사시카이아Sassicaia"라는 수퍼 투스칸 와인이 출시되고 난 후이다.

카베르네를 섞어 만든 수퍼 투스칸Super-Tuscan 와인이 인기를 얻게 되자 카베르네와 토착 품종 산조베제Sagiovese 블렌딩이 유행하게 되었다. 단순한 것은 $10에서부터 $20, $30, 이름난 수퍼 투스칸은 $100 이상 수백 달러까지 호가한다.

수퍼 투스칸 와인은 토스카나 지방 토착 품종보다 카베르네 같은 외국 품종을 사용하여 와인을 만든 것이다. 정부 공인을 받지 못하여 "vino da tavola(table wine)"로 분류될 수밖에 없어 "Super-Tuscan"이란 명칭을 새로 만들어 쓰게 되었다. 그러나 이런 블렌딩이 점차 인기를 얻게 되자 수퍼 투스칸 와인도 IGT나 혹은 DOC 등 공인 등급 체계 속에 들어가게 되었다.

칠레 칠레의 산티아고 근처 마이포 밸리Maipo Valley에서는 1800년대부터 카베르네 소비뇽을 심어왔다. 마이포 강을 따라 언덕과 계곡, 대양의 바람과 강 등 환경이 좋아 카베르네가 서서히 익으며 풍부한 과일 향을 축적한다. 산티아고 근처에도 오래된 포도밭이 많고 안데스 산맥 기슭 돌밭 근처 지역에서는 더 촘촘하고 민트 향이 나는 카베르네가 생산된다. 지도 참조 p.125

카베르네 프랑

카베르네 프랑은 레드 베리와 블랙 베리, 민트, 허브, 인동 넝쿨, 제비꽃 향이 난다. 산도와 타닌은 강하지만 섬세한 질감이며 색깔은 적당히 진하다.

카베르네 프랑Cabernet Franc은 카베르네 소비뇽의 아버지라고 밝혀졌지만 그만한 존경을 받지는 못하는 것 같다. 둘 다 검은 과일 향과 강한 타닌을 지니는 등 비슷하나 프랑의 향미가 약간 더 가볍고 나무와 허브 향이 많다. 카베르네 프랑이 유명한 지역은 몇 곳 없지만 카베르네 소비뇽보다 싸면서 품질이 좋은 와인을 찾을 수 있다.

대부분의 포도 품종은 돌연변이나, 포도밭에서 두 가지 이상 품종이 우연히 교배되어 생긴 것이다. 캘리포니아 대학교 데이비스의 DNA 분석 결과 카베르네 소비뇽의 경우는 적포도 카베르네 프랑과 청포도 소비뇽 블랑의 교배로 생겼다고 한다.

프랑스 루아르

대서양에서 내륙으로 들어가 루아르 밸리를 따라가면 라벨에는 표기되지 않지만 카베르네 프랑으로 만든 와인을 제법 만날 수 있다. 지도 참조 p.73

- 앙주Anjou
- 부르괴이Bourgeuil
- 시농Chinon
- 소뮈르Saumur

루아르 밸리의 서늘한 지역에서는 포도가 무르익지 않기 때문에 색깔과 맛이 연하고 약간 덜 익은 듯하다. 와인이 좋을 때는 숲 속에서 산딸기를 줍는 기분이며 안 좋을 때는 풋 냄새가 난다.

시농에서 가장 좋은 카베르네 프랑이 생산 된다. 색깔은 진하지만 가볍고 신선한 산미가 느껴지고 차가운 햄이나 치즈에 꼭 맞다. 가벼운 것은 $11에서 시작하여 $30~$40의 조밀한 와인도 있다.

카베르네 프랑은 블렌딩에도 중요한 역할을 한다. 특히 보르도 우안 생테밀리옹St-Emillion의 특1등급인 샤또 슈발 블랑Ch. Cheval-Blanc은 카베르네 프랑 위주로 블렌딩을 한다. 색깔과 타닌은 카베르네 소비뇽보다 연하고, 은은한 과일 향이 와인을 부드럽게 감싸며 우아한 아로마와 단단한 구조로 기억에 남는 와인이다. 샤또 오존Ch. Ausone은 메를로와 카베르네 프랑을 각각 50퍼센트 정도 블렌딩한다.

그 외 지역

미국　카베르네 프랑은 나파 밸리의 시원한 지역에서 찾을 수 있으며 검은 열매의 풍부함과 허브의 산미를 갖고 있다. $20~$50 정도 한다.

롱 아일랜드Long Island는 평지이며 온화하고 대서양의 영향을 받는 기후 조건이 보르도와 비슷하다. 카베르네 프랑도 검은 과일과 허브 향, 산미를 갖춘 균형 잡힌 좋은 와인이 된다.

이탈리아　카베르네 프랑은 프리울리Friuli 지역에서 잘 자란다. 검은 과일 향과 검은 후추 향이 나며 타닌도 강해 스테이크와 바로 어울린다. 이탈리아의 카베르네 프랑은 보르도의 토착 품종인 까르메네르Carmenere라는 말도 있지만, 검증되지 않아 아직도 카베르네 프랑으로 부르고 있으며 품종은 라벨에 표기된다.

테이스팅

이제 카베르네를 한 병 사보자. 타닌과 블랙 커런트, 삼나무 향의 보르도인가? 풍부하고 입에 가득 차는 나파 캡인가? 여름이면 경쾌한 느낌의 루아르 카베르네 프랑이 더 나을 것이다. 다른 지역에서 자란 카베르네가 어떻게 다른지 알아볼 수 있다.

보르도 vs. 캘리포니아

- 보르도 좌안 카베르네
- 캘리포니아 캡

두 잔을 비교해보면 색깔이 옅은 것이 보르도이다. 캘리포니아는 햇볕에 잘 익은 검은 과일 향이고 보르도는 과일 향보다는 허브 향이 강하며 서늘한 보르도의 자갈밭을 연상할 수 있다. 닭 가슴살과 잘 어울리는 것은? 바베큐와 더 어울리는 것은? 둘 다 잘 어울릴 수 있으니 개인의 취향에 따르자.

호주의 극과 극

- 서호주 마가렛 리버 카베르네 소비뇽(Cape Mentelle, Leeuwin Estate, Moss Wood)
- 남호주 쿠나와라 카베르네 소비뇽(Lindemans, Penley, Wynns Coonawarra Estate)

마가렛 리버는 서호주의 끝으로 바닷바람이 불어 시원하고 쿠나와라는 남호주의 덥고 건조한 평지로 토양에 철 성분이 녹아 있다. 마가렛 리버 와인을 먼저 맛보면 드라이하며 군살이 없고 입맛을 돋우는 허브 향이 있다. 쿠나와라 와인은 촘촘한 과일 향이 있고 허브 향 대신 미네랄 향이 있다. 둘 다 타닌을 느낄 수 있지만 쿠나와라는 과일 향이 타닌을 상쇄한다. 마가렛 리버는 약한 과일 향에서 서늘한 기온을 느낄 수 있다. 쿠나와라의 카베르네에서 테라로사의 흙내를 느낄 수 있을까?

카베르네 프랑

- 시농 프랑(Baudry, Breton, Couly-Dutheil, Charles Joguet, Olga Raffault)
- 캘리포니아 프랑(Lang & Reed, Peju Province, Reverie, von Strasser)
- 롱 아일랜드 프랑(Pellegrini, Schneider Vineyards, Wölffer)

가장 서늘한 지역에서 만든 것은? 다른 것보다 덜 익은 포도로 만든 것 같은 것은? 과일 향이 덜하고 스파이시하며 산미가 있는 것은? 시농이다. 시농은 블랙 커런트 향에도 모가 난다.

캘리포니아는 햇볕에 익어 부드럽지만 그래도 카베르네 프랑의 특징인 숲속의 향을 낸다. 그러나 포도가 과숙하는 더운 여름과, 대서양 바람이 만드는 산미를 롱아일랜드 카베르네 프랑에서 느낄 수 있을지 궁금하다.

카베르네 소비뇽 한 병이 남아 있으면 프랑과 비교해 보자. 더 가벼운 질감과 더 검은 과일 향, 수풀 향을 느낄 수 있으면 카베르네 프랑이다. 풍부하고 타닌이 많으면 카베르네 소비뇽이다.

요점정리

- 카베르네 소비뇽을 주 품종으로 쓰는 지역은 보르도의 좌안(Left bank)이다.
- 미국에서는 나파 밸리와 소노마 일부 지역에서 생산한다.
- 일반적으로 비쌀수록 타닌이 강하며 장기 보관이 가능하다.
- 타닌은 육류나 강한 치즈의 단백질과 결합하여 음식 맛을 부드럽게 해준다.
- 카베르네 프랑은 카베르네 소비뇽과 인척관계이며 색깔이 좀 더 짙고 허브나 수풀 향이 많다.

Chapter 9

메를로
Merlot

자두류의 붉은 과일 향과 장미꽃 향이 나며 숙성되면 커피나 버섯 향도 난다. 매끄러운 질감으로 타닌이 가볍게 느껴지고 산도도 낮다. 와인 색깔은 짙은 석류 빛이다.

특성

메를로는 타닌과 산도가 강하지 않고 부드러워 누구나 부담 없이 마시기 좋은 레드와인이다. 샤르도네처럼 세계 어디에서나 쉽게 재배되고 수요도 많으며 사랑 받기도 쉽고 버림 받기도 쉬운 와인이다.

미국에서는 1980년대에야 알려지기 시작했으나 많이 심어 생산량이 늘어나면서 급속히 대중화 되었다. 너무 싸고 흔하여 ABC(샤르도네 거부 클럽) 동조자들이 메를로도 피하게 되고 메를로를 좋아한다고 하면 어쩐지 세련되지 못한 느낌도 들게 되었다.

좋은 메를로를 만들기는 쉽지 않다. 완벽한 메를로는 8월의 잘 익은 자두같이 넉넉하며 신선한 산도와 부드러운 타닌이 입을 감싼다. 오크와도 잘 맞아 오크의 바닐라, 스파이스 향이 깊이를 더해주고 오크의 타닌이 약한 구조도 보강한다. 보르도 좌안Left bank

의 카베르네가 주를 이루는 근엄한 레드에 비하면, 우안Right bank의 메를로는 정겨운 면이 있어 호감을 준다.

재배 지역

메를로는 비교적 빨리 익는 품종이라 카베르네 소비뇽보다는 서늘한 지역이 좋다. 너무 더우면 포도가 더 빨리 익어 와인은 포도 젤리 주스같이 되고 산미가 없어진다. 포도의 타닌과 다른 성분은 성숙하지 못한 채 당도만 올라가기 때문에 와인은 야채 뿌리를 삶은 것같이 덜큰하고 덜 익은 냄새가 나게 된다.

프랑스 보르도

메를로의 중요한 역할에 대해서는 보르도 좌안의 카베르네 소비뇽과의 블렌딩에서 이미 배웠다. 참조 Chapter 8 카베르네와 메를로의 블렌딩이 유행을 타고 있기도 하나 실지로도 현재 보르도에는 메를로 재배 지역이 제일 넓다. 지롱드 강 우안은 좌안보다 기온은 높지만, 진흙 토양이 좌안의 자갈밭보다 축축하고 서늘하여 포도를 서서히 익게 도와주며 조생종인 메를로를 재배하기에 알맞다.

그러나 자갈과 모래땅도 있어 카베르네 소비뇽과 프랑도 재배한다. 블렌딩을 할 때 카베르네는 메를로에게 필요한 타닌과 산미를 준다. 좌안에서 카베르네가 메를로의 도움을 받는 것처럼 우안에서는 메를로가 카베르네 소비뇽과 프랑의 도움을 받는다.

물론 보르도 와인 라벨에는 "Merlot(메를로)"라든가 "Right bank(우안)"라는 표기는 없으니 다음 지역을 익혀야 한다. 지도 참조 p.105

포므롤Pomerol　포므롤 지역은 모래와 진흙 토양으로 카베르네 소비뇽은 잘 자라지 못한다. 그러나 자갈이 섞여 있는 곳도 있고 지하 토양의 철 성분으로 미네랄 향이 나는 곳도 있다. 자갈밭에 비해 진흙 토양이 좋지 않을 것이라고 생각하지만 포도 품종에 따라 적응력이 다르고 진흙을 구성하는 요소도 다르다.

"Pétrus(페트뤼스)"는 메를로 100퍼센트로 만드는 보르도에서 가장 비싸고 귀한 와인이다. 좌안의 일등급 5대 샤또보다 높은 등급이라고 볼 수 있다. 포도밭은 진흙땅이지만 물기를 스펀지처럼 빨아들여 천천히 뿌리로 내려주는 이상적 토양이며 하층토는 배수가 잘 된다. 포도가 완숙하면 반나절 만에 수확을 끝내고, 발효는 오크통도 스테인리스스틸통도 아닌 평범한 시멘트 발효조를 사용하는 등 와인에 맞는 적절한 방법을 택한다.

반면에 페트루스 바로 옆의 게라지 와인Garage Wine인 "Le Pin(르 팽)"은 작은 자갈과 모래가 섞인 토양으로 진흙은 10퍼센트 정도이다. 밭도 5에이커밖에 안되며 2차 발효도 100퍼센트 새 오크통을 사용하는 정성을 들인다. 같은 포므롤의 메를로 와인이라도 성격이 다르다.

게라지 와인은 작은 포도밭에서 소량 생산하는 고품질의 와인을 말한다. 1982년 산 "Le Pin"이 1997년에 $4,000에 팔렸다.

생테밀리옹St-Emilion　이 지역은 고색창연한 도시 자체도 아름답지만 메를로의 우아한 향도 최고이다. 등급제도가 있으나 십 년에 한번 씩 조정하며, 좌안의 메독과는 등급체계가 다르다.

"Premier Grand Cru Classé(프르미에르 그랑 크뤼 클라세)" 18개 샤또 중 A급 4개, 즉 샤또 오존Ch. Ausone과 샤또 슈발 블랑Ch. Cheval Blanc, 샤또 앙젤루스Ch.Angelus, 샤또 파비Ch. Pavie만 메독 1등급과 같은 수준이다. 나머지 14개 샤또는 메독 2등급에서 5등급에 속한다.

다음 등급인 생테밀리옹 "Grand Cru Classé(그랑 크뤼 클라세)"는 대부분 메독의 "Cru Bourgeois(크뤼 부르주아)" 수준이거나 그보다 못하다. "Grand Cru(그랑 크뤼)"라고만 표기된 와인은 "St-Emilion(생테밀리옹)" 광역 지방 와인과 별 차이가 없는 평범한 와인이다. 참조 Chapter 8

포므롤과 생떼밀리옹 지역은 포도밭이 좌안보다 훨씬 더 잘게 나누어져 있다. $30 이하로 살 수 있는 와인도 많고 좌안에 필적할 만한 수백 달러 하는 와인도 있다. 일상 마시는 맛있는 메를로는 다음의 덜 알려진 작은 AOC에서 찾을 수 있다.

- 꼬뜨 드 부르그, 블라유, 카스티용(Côtes de Bourg, Côtes de Blaye, Côte de Castillon)
- 프롱삭, 까농 프롱삭(Fronsac, Canon-Fronsac)
- 라랑드 드 포므롤(Lalande-de-Pomerol)

랑그독 바베큐 파티용 와인으로는 랑그독Languedoc 와인이 적당하다. 메를로는 따뜻한 남프랑스 랑그독의 낮은 언덕에서 쉽게 자란다. 풋내 나는 레드부터 잼처럼 달콤한 레드까지 종류도 많다. $10 정도도 품질은 믿을 만하다.

미국

- 워싱턴 주 컬럼비아 밸리Columbia Valley는 캐스캐이드Cascade의 동쪽과, 남으로는 오리건까지 넓게 펼쳐 있어 몇 개의 AVA로 지역을 나누었다. 여름이 건조하고 근처 강에서 관개도 할 수 있어 환경이 좋다. 검은 체리와 초콜렛 향이 나는 우아한 메를로를 생산한다.

  그러나 특정 AVA 지역에서 나는 와인이 컬럼비아 밸리 전체 AVA 와인보다 꼭 더 낫다고는 할 수 없다. 와인 메이커는 얼마든지 다른 지역의 포도를 사서 균형을 맞추고 블렌딩 할 수 있기 때문에 어느 곳의 향미를 선택하느냐에 따라 와인은 달라진다. "샤또 생 미셸Ch. Ste. Michelle"과 "컬럼비아 크레스트Columbia Crest" 메를로는 컬럼비아 밸리 블렌딩의 수준급 와인이다. $10에서 $18 정도이며 $35 이상의 와인도 있다. 지도 참조 p.135
- 캘리포니아 메를로는 자두 주스만큼 흔하고 값도 $2.99부터 $100 이상까지 다양하다. 1980년대 메를로의 인기가 상승하면서 목초지로 남겨 두어야 할 곳까지 메를로를 심고 수확량이 늘어나 오래된 야채 수프같은 와인도 있다. 어떻게 좋은 것을 골라

낼까? 더운 센트럴 밸리는 피하고 시원하고 높은 지역에서 찾아보자.

- 나파의 메를로는 카베르네 소비뇽의 명성에 가려 빛을 못 보지만 응축된 메를로가 난다. 소노마의 따뜻한 곳은 나파보다 약간 가볍지만 크고 풍부하다.
- 절제된 메를로를 찾으려면 카네로스Caneros나 러시안 리버 밸리Russian River Valley로 가야한다. 따뜻할수록 농밀한 와인이 되기 때문에 더 농염한 것을 원하면 하우엘 마운틴Howell Mountain, 러더포드Rutherford, 알렉산더 밸리Alexander Valley에서 찾아보자. 파티용의 저렴한 것도 많지만 좋은 것은 $20 이상 한다. 지도 참조 p.111

이탈리아

빨간 스파게티와 함께 새콤한 키안티를 마시는 나라에서 부드러운 메를로를 찾는 게 낯설지만 의외로 좋은 메를로가 있다. 두 가지 종류로 가볍고 산미 있는 메를로와 나파식의 풍부한 메를로이다.

- 베네토Veneto, 트렌티노Trentino, 프리울리Friuli 같은 북쪽 지역에서는 메를로를 오랫동안 재배해왔다. 기온은 서늘하지만 햇볕이 좋아 포도가 잘 익으며 구조가 단단하고 입맛을 돋우는 산미도 있다. 포도 품종을 라벨에 표기하므로 고르기가 쉽고 식전주 타입은 $10 내외이며 구조가 강한 것은 $20~$30 정도다.
- 토스카나에서는 메를로를 재배한 지는 오래되지 않았지만 수퍼 투스칸Super Tuscan 와인으로 가능성이 열렸다고 볼 수 있다. 보르도식으로 메를로와 카베르네를 블렌딩하여 타닌과 산도를 조절하기도 한다. 여름이 건조한 키안티 지역이나 태양이 눈부시게 내려쬐는 토스카나 해안 지역에서는 잘 익은 메를로 단일 품종만으로도 와인을 만든다. $45에서 세 자리 숫자까지 오를 수 있다.

이탈리아에서 알프스를 넘어 스위스로 건너가면 언어도 달라지지만 메를로도 달라진다. 티치노Ticino 지역에서는 주로 메를로를 재배하는데 날씨도 춥기 때문에 토스카나의 풍성한 스타일보다는 북부 이탈리아의 단단하고 우아한 스타일에 가깝다. "Merlot del Ticino"라고 라벨에 표기된다.

칠레

산티아고 남쪽 센트럴 밸리의 메를로는 산맥과 바다를 끼고 풍부한 햇볕 속에서 자란다. 쿠리코Curicó, 마울레Maule, 라펠Rapel 지역 메를로는 쉽게 마실 수 있는 자두 맛으로 \$6~\$13 정도이다.

더 단단한 구조를 갖춘 메를로는 카차포알Cachapoal과 콜차과Colchaqua의 언덕 지역에서 난다. "Casa Lapostolle(카사 라포스토예)"와 "Clos Apalta(클로 아팔타)"가 만든 포므롤Pomerol식 메를로가 유명하다. \$10 이하는 가볍고 단순하며 그 이상의 가격이면 스모키하고 응축된 것이다. \$20 이상이면 우아하고 구조감이 좋다.

칠레에서 메를로라고 부르는 품종이 실은 보르도의 까르메네르Carmener 품종이라는 것이 최근에 알려졌다. 두 품종을 구분하려는 노력도 하고 있지만 정확히 가리기가 힘들다. 어쨌든 "Carmener"라고 라벨에 표기된 것도 있고 메를로와 섞여 그냥 "Merlot"라고 하기도 한다.

차이를 살펴보면 원만하고 풍부하며 자두 향도 비슷하지만 까르미네르가 약간 더 스모키하고 타닉하며 향신료 향이 있다고 할 수 있다. "Grand Vidure(그랑 비두레)"라고 표기된 와인은 옛날 보르도 지역의 까르메네르의 이름을 사용한 것이다.

포도밭의 포도 품종을 알 수 없다니 이해가 안 될 수도 있지만 그런 일이 종종 있다. 잎의 모양이 다르거나 포도 색깔이 확실히 다르면 문제가 생기지 않지만 구별이 안 되는 경우도 있다. 포도나무는 옛날부터 이곳저곳으로 옮겨 다녔고 정착한 곳에서는 나름대로의 새로운 이름으로 불렸다.

까르메네르의 경우는 칠레에서는 모두가 메를로라 불러왔으나 보르도의 전문가가 문제를 제기해 조사가 시작됐다. 아직도 계속되고 있지만 실제로 메를로가 아닌 까르메네르라고 판정이 난 곳도 몇 곳 있기는 하다.

Huasco
Santiago
La Serena
Elqui Valley
Ovalle
Limari Valley
Choapa
Chile
Aconcagua Valley
Casablanca Valley
Casablanca
San Antonio Valley
SANTIAGO
San Antonio
Maipo Valley
Rapel
Marchigue
Cachapoal Valley
Colchagua Valley
Rapel
Valley
Santa Cruz
Curico Valley
Maule Valley
Itata Valley
Bio Bio Valley
Traigue
Malleco Valley
Temuco

테이스팅

미국

- 소노마 밸리 메를로(Gallo of Sonoma, Clos du Bois, Simi)
- 나파 밸리 메를로(Cosentino, Duckhorn, Swanson)
- 컬럼비아밸리 메를로(Ch. Ste. Michelle, Seven Hills, Woodward Canyon)

소노마는 마야카마스 산맥의 서쪽이며 산 파블로 만과 대양의 시원한 바람이 통하는 지역이라는 것을 기억해 두자. 나파 지역은 높은 지역을 제외하면 뜨거운 열을 식힐 수 있는 곳이 거의 없다. 높은 지역은 돌이 많아 뿌리를 깊게 내린다. 컬럼비아 밸리는 북부 캘리포니아보다 해를 보는 시간이 더 길어 당도가 높지만, 밤에는 기온이 떨어져 포도가 서서히 익을 시간을 좀 더 번다.

이런 지도를 염두에 두면 바닷바람에 식은 포도와, 더운 계곡을 기어 오른 포도나무와, 낮에는 햇볕을 오래 받고 밤에는 서늘한 기운을 받는 곳의 포도를 구별할 수 있을 것이다.

보르도 좌안 vs. 우안

- 좌안 메를로(Ch. Coufran Haut-Médoc, Ch. Greysac Médoc, Mouton Cadet Médoc Reserve)
- 우안 메를로(Côtes de Castillon, Côtes de Bourg, Ch. La Rivière)

보르도의 비싼 와인을 살 능력이 있으면 물론 사도 좋지만 위의 와인도 오래 보관이 가능하고 바로 마셔도 괜찮은 좋은 와인이다.

우안의 메를로 주 블렌딩 와인과 좌안의 카베르네 주 블렌딩 와인 두 병을 놓고 비교해보자. 연필 심 냄새와 약한 후추 향은 자갈밭의 카베르네에서 난다. 메를로는 과일 향이 더 많고 부드럽다. 하나는 블랙 커런트나 자두 같은 검은 과일 향이 더 진하다. 맛을 보면 타닉한 카베르네로 만든 와인과 즙 많은 메를로로 만든 와인의 차이를 느낄 수 있다.

이탈리아

- 북부 이탈리아, 프리울리 메를로(San Leonardo, Sartori, Keber, Marco Felluga)
- 토스카나 메를로(Castello di Ama, Avignonesi, Ornellaia, Tua Rita, Querciabella)

분명한 차이를 느낄 수 있다. 북쪽 시원한 지역의 약간 모나고 섬세한 느낌의 메를로는 토스카나의 원만한 메를로와는 다를 것이다.

요점정리

- 보르도 우안의 생테밀리옹이나 포므롤 지역의 메를로가 좋다.
- 칠레의 까르메네르는 메를로와 비슷해 구별이 어렵지만 구조가 좀 더 강하고 스파이시하다.

Chapter 10

피노 누아
Pinot Noir

피노 누아는 체리, 딸기 향과 달콤한 향신료, 허브 향 등이 난다. 오래되면 기분 좋은 가죽 향, 흙내와 송로버섯 향도 난다. 매끈한 질감과 적당한 타닌과 산도를 지닌 루비색 와인이다.

특성

진하고 풍만한 레드가 최근 유행이긴 하지만 피노 누아는 전혀 무겁지 않고 섬세함과 우아함으로 미를 찾는다. 껍질이 카베르네의 1/3 정도로 얇고 색소도 약해 와인을 만들면 짙은 레드가 아닌 투명한 레드가 된다. 딸기류 베리 향과 버섯, 퀴퀴한 동물 향 까지 향도 복합적이며 전혀 타닉하지 않다. 알코올 도수가 높아도 산도와 균형이 맞으며 생선이나 스테이크나 어떤 음식과도 잘 어울린다. 채식주의자도 편하게 마실 수 있는 와인이다.

피노 누아의 헛간barnyard 냄새라는 말이 있다. 레드와인에서 가끔 나는 땅 냄새, 동물 냄새 등을 말하는데, 강도와 맛에 따라서 긍정적일 수도 있고 부정적일 수도 있다.

재배 지역

피노가 자랄 수 있는 지역은 프랑스의 부르고뉴와 독일 일부 지역 정도로 매우 제한적이다. 다른 품종들은 기후나 토양이 다른 곳에서 자라도 어느 정도의 와인을 만들 수 있는데 반해 피노는 매우 까다롭다. 조금 추우면 덜 익은 자두 같은 풋내가 나며 조금만 더워도 녹은 사탕처럼 산도가 사라지고 미묘한 맛이 없어진다. 비가 많으면 썩기도 잘한다.

포도나무는 적어도 십년이 지나야 좋은 열매를 맺는다. 부르고뉴 지역은 4세기경부터 피노를 재배한 흔적이 있으며 14세기에는 포도밭을 관리한 수도원의 기록도 남아 있다. 지금은 샹파뉴 지방에서 샴페인의 주품종으로 더 많이 재배하지만, 전형적 레드와인을 만드는 피노 누아의 생산지는 부르고뉴이다.

프랑스 부르고뉴

부르고뉴Bourgogne는 수세기 동안 피노 누아의 성지로 알려져 왔고 꼬뜨 도르Côte d'Or, 황금의 언덕라고도 부른다. 배수가 잘 되는 낮은 구릉지대로, 대개 동쪽을 향하고 있어 해를 보는 시간은 길지만 오후의 뜨거운 햇볕은 피할 수 있다. 춥거나 비가 많이 오는 등 날씨는 고르지 않지만, 기후가 좋은 해는 세계 어느 지역의 피노 누아도 부르고뉴 같은 매력을 발산하지 못한다.

부르고뉴의 레드 와인은 모두 피노 누아로 만들기 때문에 라벨에 품종이 표기되지 않는다. 프랑스의 부르고뉴 지역에서 생산된 와인 외에는 라벨에 "Bourgogne"나 "Burgundy"라는 명칭을 쓸 수 없다.

와인 애호가들을 사로잡는 피노의 복합적인 향미는 부르고뉴의 테루아와 피노 누아 품종의 만남에서만 태어날 수 있다. 토양은 백악질, 석회질로 쥬라기 시대(1억9천5백만 년 전)에는 바다였던 지역이며 땅속에는 칼슘 함량도 많다.

부르고뉴는 마을, 심지어 포도밭 단위로도 토양에 차이가 있기 때문에 잘게 나누어 구분한다. 부르고뉴 와인은 수년을 마셔도 마을 단위로 구별하기가 어렵고 또 항상 예외도 있다. 테루아의 차이를 알기 위해 부르고뉴 와인을 평생 마신다고 해도 충분히 변명이 된다.

꼬뜨 도르는 2개 지역으로 나누고 각 지역은 테루아에 따라 작은 마을village, 빌라주 단위로 나눈다. 라벨에는 마을 이름만 표기되어 있어 어떤 지역에 어떤 마을이 있는지 대강 알아야 부르고뉴 와인을 구별 할 수 있다.

꼬뜨 드 뉘Côte de Nuits　꼬뜨 도르의 북쪽 지역이며, 주로 피노 누아만 재배하고 샤르도네도 약간 재배한다. 마을 이름을 북쪽에서부터 살펴보자.

- 마르사네Marsannay : 과일 향이 많고 가볍다.
- 픽생Fixin : 바디가 강하여 장기 숙성에 좋고 과일 향은 약하다.
- 즈브레 샹베르탱Gevrey-Chambertin : 색깔이 진하고 풍부한 완벽한 와인으로 활력이 있으며 오래 되면 감초 향이 난다.
- 모레 생드니Morey-St.-Denis : 우아하고 깊이 있다. 생기있는 타닌으로 흙내도 난다.
- 샹볼 뮈지니Chambolle-Musigny : 섬세한 과일향과 부드러운 타닌으로 여성스러우며 벨벳같은 촉감이다. 깊고 육감적이다.
- 부조Vougeot : 우아하기보다 힘이 있다. 색깔이 진하고 오래되면 버섯 향이 난다.
- 본 로마네Vosne-Romanée : 깊이있고 조밀한 향이며 완벽하고 고결하다.
- 플라제 에셰조Flagey-Echézeaux : 섬세하고 화려한 체리, 딸기 향의 와인이다.
- 뉘 생조르주Nuits-St.Georges : 색깔이 진하고 구조가 탄탄하며 타닌이 가장 강하다.

꼬뜨 드 본Côte de Beaune　꼬뜨 도르의 남쪽 지역이며 피노 누아보다 샤르도네를 더 많이 재배한다.

- 페르낭 베르즐레스Pernand-Vergelesses : 단단하며 부싯돌 냄새가 난다.
- 샤비니 레 본Savigny-lès-Beaune : 부드럽고 여성적이다.
- 포마르Pommard : 샤비니와 비슷하나 깊이가 약하다. 타닌이 거친 편이다.

- 생로맹St-Romain : 처음에는 거친 느낌이나 숙성되면 부드러워진다.
- 라두아 세리니Ladoix-Serrigny : 과일향이 풍부하며 코르통과 비슷하다.
- 쇼레 레 본Chorey-lés-Beaune : 샤비니와 비슷하며 무뚝뚝한 편이다.
- 생토뱅St-Aubin : 부드럽고 풍부하며 산도도 적당하다.
- 볼네Volnay : 섬세하며 과일 향이 많다. 타닌이 부드럽다.
- 알록스 코르통Aloxe-Corton : 구조가 단단하고 남성적이면서도 부드럽다. 섬세함과 무게감을 겸비한 화려한 와인이다. 장기숙성이 가능하다.
- 몽텔리Monthélie : 볼네와 비슷하나 여성적이며 가볍다.
- 옥세 뒤레스Auxey-Duresses : 근엄하며 미디엄 바디로 몽텔리와 비슷하다.

꼬뜨 샬로네즈Côte Chalonnaise 꼬뜨 도르와 남쪽의 마코네를 잇는 지역이며 레드 와인이 약간 생산된다.

- 메르퀴레Mercurey : 색깔이 진하고 견고한 풀바디의 와인이다.
- 지브리Givrey : 구조는 강하나 깊이가 얕다.
- 륄리Rully : 가볍고 신선하여 햇와인으로 마시면 좋다.

마을 이름과 익숙해지기 위해서는 부르고뉴의 빌라주들을 북쪽에서 남쪽으로 차례로 잘게 써서 수첩에 넣고 다니며 필요할 때 찾아보며 익혀야 한다.

부르고뉴 등급

마을Village, 빌라주 와인 위의 등급classification은 "Premier Cru(프르미에 크뤼)"이며 라벨에 "1er Cru"라고도 표기한다. 프르미에 크뤼는 570개이며 포도밭 이름과 마을 이름도 함께 표기한다. 가장 높은 "Grand Cru(그랑 크뤼)" 포도밭은 33개가 있다. 그러나 그랑 크뤼의 경우 포도밭 이름만 표기하고 마을 명칭은 표기하지 않는다. 그랑 크뤼는 너무 유명하여 "Grand Cru"라고 라벨에 표기하지 않는 경우도 있으나 최소 $100 이상이기 때문에

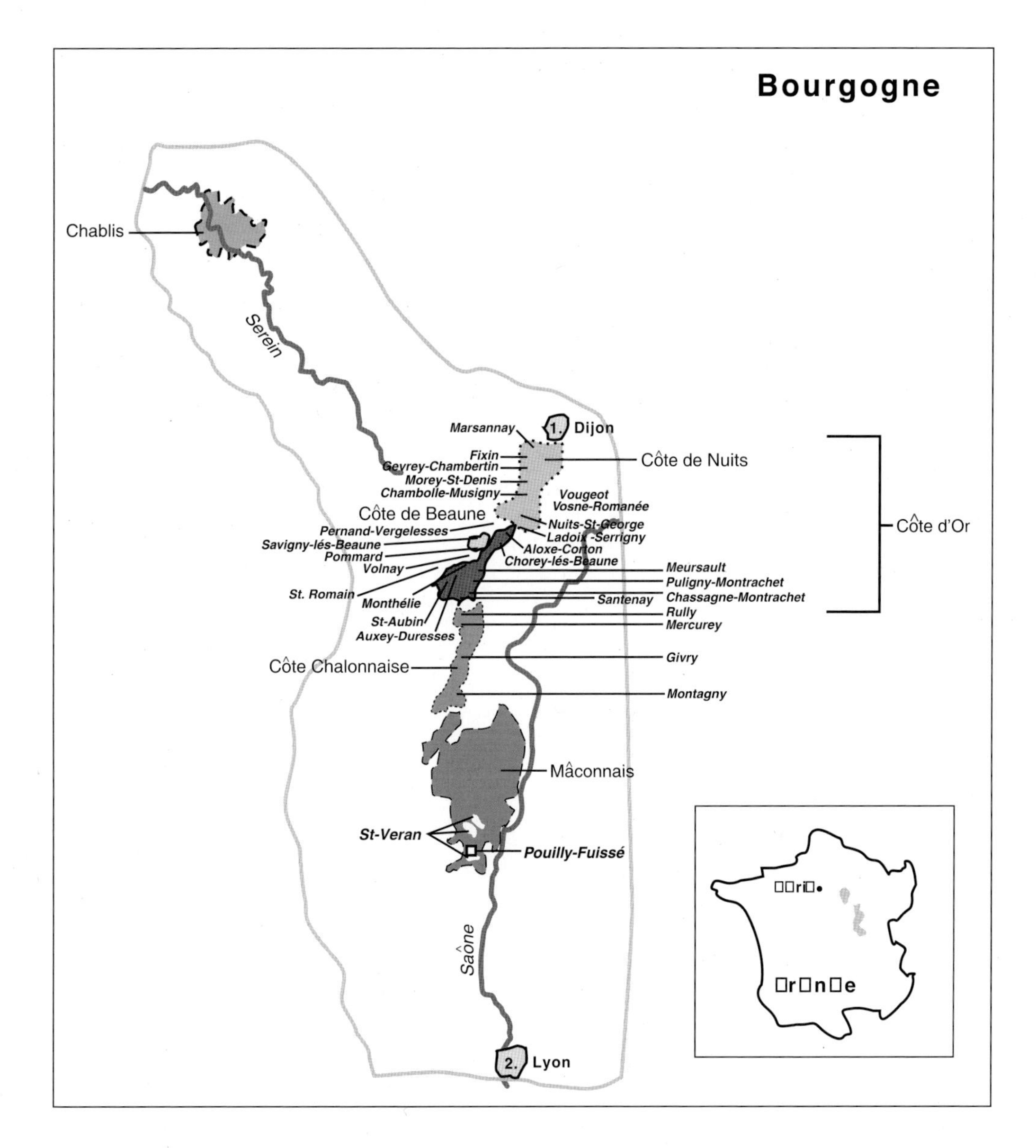

가격만으로도 알 수 있다.

라벨에 "Bourgogne"라고 표기된 것은 부르고뉴 전 지역에서 생산되는 가볍고 생생한 과일 향의 일상 와인으로 \$10~\$25 정도이다. "Bourgogne Rouge(부르고뉴 루즈)"는 피노 누아로 만든 레드와인이며 "Bourgogne Blanc(부르고뉴 블랑)"은 샤르도네로 만든 화이트 와인이다. 가볍고 단순하며 $10~$20 정도이며, 프랑스에서는 잔으로도 판다.

그보다 위 등급으로 "Haute-Côtes de Nuits(오트 꼬뜨 드 뉘)"와 "Haute-Côtes de Beaune(오트 꼬뜨 드 본)"이라고 표기된 지역 와인이 있으며, $15~$30 정도이다. 빌라주 와인들도 비슷한 가격이거나 $30~$40 정도면 좋은 것을 산다.

부르고뉴의 피노 누아는 타닌이 많은 카베르네에 비해 순하게 보이지만, 섬세한 외관 속에 상당한 타닌과 산도를 감추고 있다. 빌라주 와인이라도 한 5년 정도는 보관할 수 있고 시간이 지나면서 견과류나 향신료의 복합적인 향으로 발전한다. 그랑 크뤼는 10년 이상 보관할 수 있으며 말린 체리 향, 눅눅한 숲 속의 향, 은은한 송로버섯 향 등 매혹적인 향으로 변신한다. 부르고뉴를 익기 전에 마시는 것은 덜 익은 배를 먹는 것과 같다. 마실 수는 있지만 익을 때까지 기다리면 환상적이다.

부르고뉴의 "Premier Cru(프르미에 크뤼)"는 보르도와는 달리 "Grand Cru(그랑 크뤼)"보다 낮은 등급이다.

미국

오리건 오리건Oregon은 1970년대 후반부터 피노 누아를 심기 시작했으며 몇몇 지역에서 좋은 피노 누아 와인을 생산한다. 라벨에 지역과 품종을 표기하므로 부르고뉴보다는 훨씬 알기 쉽다.

- 윌러멧 밸리Willamette Valley는 오리건 주의 북서쪽에 위치하며 북쪽으로 컬럼비아 강을 경계로 하고 나머지 3면은 산으로 둘러싸여 있다. 오리건에서는 이 지역이 가장 시원한 지역으로 피노 누아가 서서히 익으며 향을 모은다. 부르고뉴보다 과일 향이 더하고 흙내가 덜 하지만 섬세함과 향미에 있어서는 부르고뉴와 비슷하다. 태평양 연안의 연어와도 잘 어울린다
- 엄프쿠아 밸리Umpqua Valley의 피노 누아는 과일 향과 질감이 더 무거워 칠면조나 오리고기 등과 잘 어울린다. 어느 지역이든 $15 정도면 좋은 오리건 피노 누아를 살

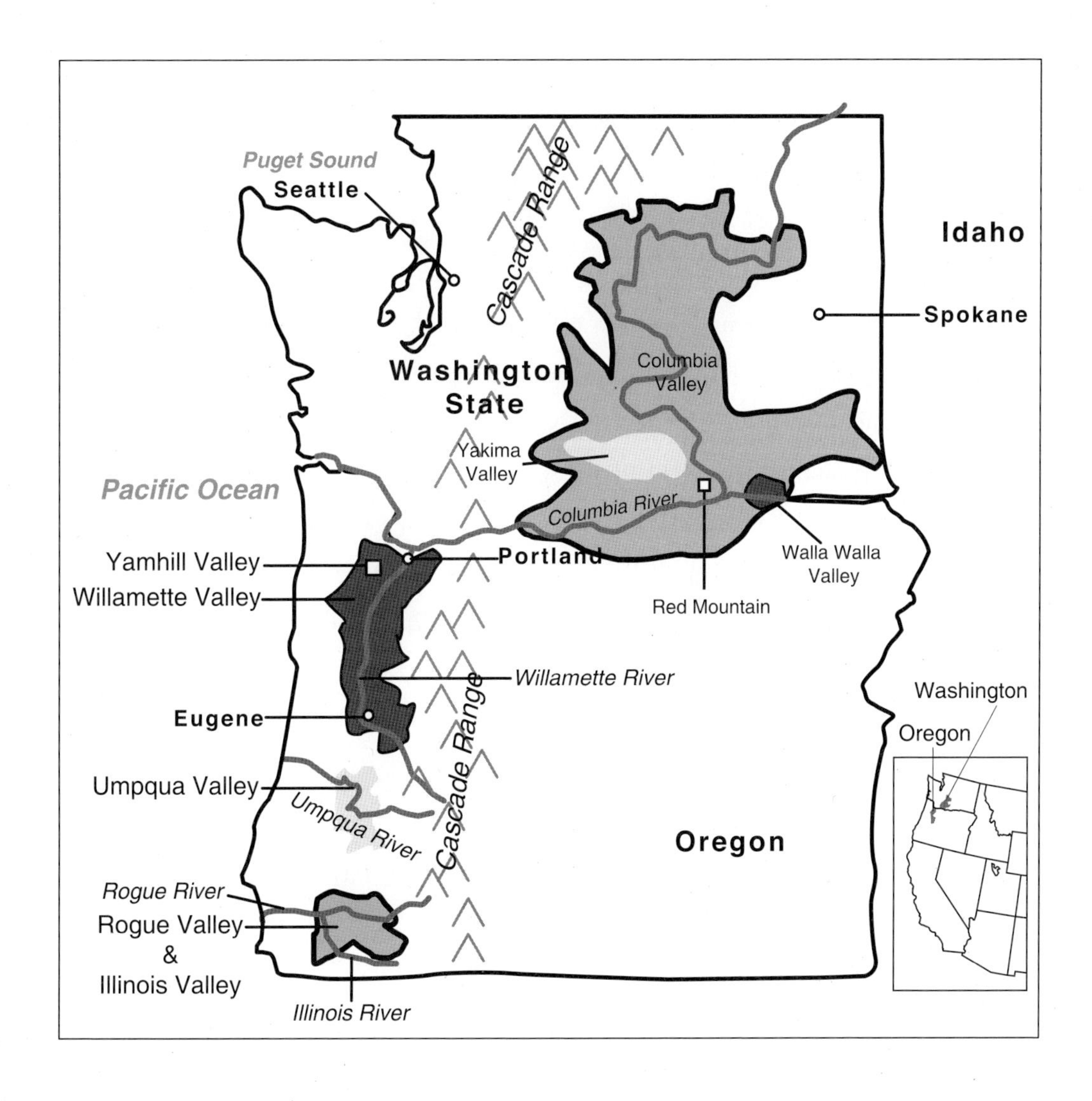

수 있고 $75까지도 있다. 대부분은 $20~$30 수준인데, 부르고뉴에 비하면 정말 좋은 가격이다.

캘리포니아

▪ 소노마 코스트Sonoma Coast : 피노 누아 포도밭은 해변에서 가까운 곳으로 우아하

고 구조감이 좋은 피노를 만든다.

- 러시안 리버 밸리Russian River Valley : 추운 지역이지만 아주 춥지는 않아 포도가 천천히 익으면서 스파이시한 체리 향을 저장할 수 있다.
- 카네로스Carneros : 산 파블로 만에서 생긴 안개가 포도밭을 덮어 해를 가려주고 안개가 끼지 않을 때는 찬바람이 포도를 식혀준다.
- 북부 센트럴 코스트Central Coast : 피노 누아가 잘 자라는 곳은 산타 크루즈Santa Cruz Mountains나 산타 루치아Santa Lucia Range 동쪽편, 또는 더 내륙의 가빌란Gavilan Ranges 등 언덕 지역이다.
- 산타 바바라Santa Barbara, 산타 이네즈Santa Ynez, 산타 마리아Santa Maria : 로스앤젤레스에서 2시간 정도 북쪽이다. 남쪽이기 때문에 따뜻하다고 생각하지만, 바다 바람과 안개가 많는 곳은 추울 수 있고 러시안 리버 밸리보다 오히려 더 춥기도 하다. 캘리포니아에서 가장 응집되고 향미도 좋으면서 가볍고 산미도 있는 피노 누아가 생산된다. 지도 참조 p.65

뉴질랜드

뉴질랜드에서는 레드 품종으로는 카베르네 소비뇽을 맨 처음 재배하기 시작했으며, 피노 누아는 1990년대부터 점점 퍼져 1997년에 남북 섬 포도밭 전 면적의 최대를 차지하게 되었다. 부르고뉴와는 다른 피노 누아로 검은 라즈베리향과 감초향이 나며 색깔도 진하고 풍부하다. 다음 지역이 뉴질랜드 피노의 특징을 잘 나타낸다.

- 와이라라파Wairarapa
- 마틴보로Martinborough
- 캔터베리Canterbury
- 센트럴 오타고Central Otago

지역마다의 특징도 있지만 와인 메이커에 따른 차이도 있으니 여러 스타일을 개척해

보자. 남반구에서는 뉴질랜드 피노가 제일 좋다.지도 참조 p.75

호주

호주도 피노 누아를 재배하지만 캘리포니아와 같은 문제점을 갖고 있다. 날씨가 너무 더운 것이다. 그러나 몇몇 서늘한 지역에서는 괜찮은 피노가 생산된다. 태즈메이니아Tasmania나 빅토리아의 야라 밸리Yarra Vally는 특히 서늘하여 피노에 알맞다. 최근에는 테즈메이니아의 아주 추운 지역에도 재배하고 있으며 규모는 작지만 앞으로 관심을 가져볼 만하다. 남호주의 아델레이드 힐스Adelaide Hills와 에덴 밸리Eden Valley도 눈여겨 보자.지도 참조 p.146

독일

슈패트부르군더Spätburgunder는 영어로 "Late Burgundy"이다. 독일에서는 포도가 익을 수 있는 기간이 짧기 때문에 부르고뉴 보다 항상 늦게 수확하게 되어 이런 이름이 붙은 것 같다. 그러나 팔츠Pfalz같이 따뜻한 지역에서는 가벼운 버섯 향과 체리 향이 나는 피노 와인이 생산되고 지난 몇 해는 계속해서 날씨가 더워 검은 체리의 풍부한 향을 표현할 수도 있었다. 이렇게 지구 온난화가 계속 되면 독일에서도 더 많은 피노 누아를 기대할 수 있다.

이탈리아의 라벨에 "Pinot Nero(피노 네로)"라고 표기된 것은 "피노 누아"의 이탈리아 이름이다.

테이스팅

피노 누아 애호가들은 비싼 프랑스의 부르고뉴 산 외에는 좋은 피노가 없다고 생각한다. 다른 곳에서도 마실 만한 피노가 만들어진다는 것에 대해 바커스(술의 신)에게 감사하자. 가벼운 여름 음료부터 겨울철 스튜와도 마실 수 있는 피노까지 힘과 우아함을 겸비한 피노 누아가 있다.

지방 vs. 마을 vs. 포도밭

부르고뉴에서는 지역을 왜 그렇게 세분했을까? 어렵긴 하지만 시음을 해보면 이유가 있음을 알 수 있다. 기본 부르고뉴 와인인 빌라주, 프르미에 크뤼, 그랑 크뤼 와인을 놓고 비교해보자. 세 가지를 다 구할 수 있을지 얼마나 지출할 수 있는지도 문제다.

셋을 나란히 놓고 보면 우선 색깔이 다르다. 부르고뉴가 가장 연하며 향도 다르다. 더 풍부한가? 미네랄 향이 더 많은가? 맛은 어느 쪽이 가장 단순한가? 테루아의 향미가 빼곡히 채워진 것은? 어느 와인을 가장 오래 보관할 수 있을까? 멋진 저녁 식사에 곁들이고 싶은 와인은?

"Romanée-Conti(로마네 콩티)"를 살 수 있으면 사라. 그러나 보통 사람이 살 수 있는 가격대의 피노를 찾아보자.(Tollot-Beaut, Jadot, Domaine Bouchard Père et Fils, J. M. Boillot, Antonin Rodet)

프랑스 vs. 미국

- 미국 오리건 피노 누아(Domaine Drouhin)
- 프랑스 피노 누아(Joseph Drouhin)

재미있는 비교다. 조제프 드루앵은 부르고뉴 본Beaune의 이름난 생산자인데, 1987년에 오리건 윌러멧 밸리에 땅을 사서 그 딸이 와인을 만들기 시작했다. 두 와인은 같은 프랑스식인데 지역이 전혀 다르다. 색깔로 구별이 가능할까? 해를 더 많이 본 미국 포도로 만든 와인은 맛도 확실히 다를 것이다. 프랑스와 캘리포니아는 어떤 와인으로 비교해 보아도 각 나라의 독특한 향미를 느낄 수 있어 흥미 있다.

미국 북부 vs. 남부

- 오리건 피노 누아(Domaine Serene, Rex Hill, Benton-Lane)
- 소노마 카운티 피노 누아(Flowers, Merry Edwards, Siduri)
- 산타 바바라 카운티 피노 누아(Au Bon Climat, Miner, Sanford, Taz, Testarossa)

위의 와인들은 모두 좋기도 하고 가격도 $30 내외라 큰돈을 쓰지 않아도 된다. 어떤 와인을 고르더라도 가격대가 비슷한 것을 사야 섬세함에 있어 전혀 서로 다른 것을 비교하는 우를 범하지 않는다.

더 가벼운 것은? 허브 향이 더 많은 것은? 더 스파이시한 것은? 향미가 맛에도 나타날까? 아마 찾기가 쉽지 않을 것이다. 그래도 미국에 좋은 피노가 많다는 것은 알 수 있다.

남반구

- 호주 피노(Coldstream Hills, Nepenthe, Ninth Island, Dromana, Yarra Yering)
- 뉴질랜드 피노(Brancott, Craggy Range, Felton Road, Matua Valley, Saint Clair)

두 나라 다 피노를 재배한 지 오래되지 않았지만 많은 발전을 했다. 뉴질랜드는 촘촘한 검은 과일 향을 내고, 호주는 부르고뉴 식을 고집하지만 향이 그렇게 복합적이지 않다. 두 지역의 차이가 분명히 나타날지 의문이다.

요점정리

- 피노 누아는 재배하기가 까다롭기 때문에 비쌀 수밖에 없다.
- 프랑스 부르고뉴 지역의 레드는 모두 피노 누아로 만든다.(보졸레 지역은 제외)
- 미국 피노 누아의 최고 품질은 오리건 주에서 생산된다.
- 피노 누아는 고기, 생선 요리 양쪽 다 잘 어울린다.

Chapter 11

시라/쉬라즈
Syrah/Shiraz

시라는 자두와 블랙베리, 오디 등의 검붉은 과일 향과 후추, 계피 같은 스파이스 향이 나며 오크통 숙성으로 훈제 향, 코코넛 향도 난다. 금속성의 미네랄 향도 있다. 산도는 적당하며 짙은 보라색이다.

특성

시라Syrah는 원산지 프랑스에서 불리는 이름이며 쉬라즈Shiraz는 1800년대에 시라가 호주로 건너가서 붙은 이름이다. 옛날에는 프랑스의 론Rhône 밸리 외에는 거의 찾아볼 수 없었으나, 요즈음은 호주에서 가장 많이 재배되는 품종이며 세계적으로도 곳곳에 재배되고 있다.

껍질이 두껍고 타닌이 강하며 토양이 척박하고 건조한 기후에서 잘 자란다. 카베르네 소비뇽보다는 부드러우며 과일향이 많고 메를로보다는 단단한 구조이다. 스타일도 바베큐에 맞는 와인부터 고급 식탁에 어울리는 와인까지 여러 가지이다.

재배 지역

프랑스 북부 론

리옹Lyon에서 남쪽으로 론 강 줄기를 따라가면 산업 지역이 사라지면서 포도나무로 덮힌 가파른 언덕이 나타난다. 이곳이 바로 옛날부터 가장 고결한 시라의 산지로 숭배하던 북부 론 지역이다.

리옹부터 탱 레르미타주Tain L'Hermitage에 이르는 북부 론의 레드와인은 시라 단일 품종이며 라벨에 품종 표기는 없다.

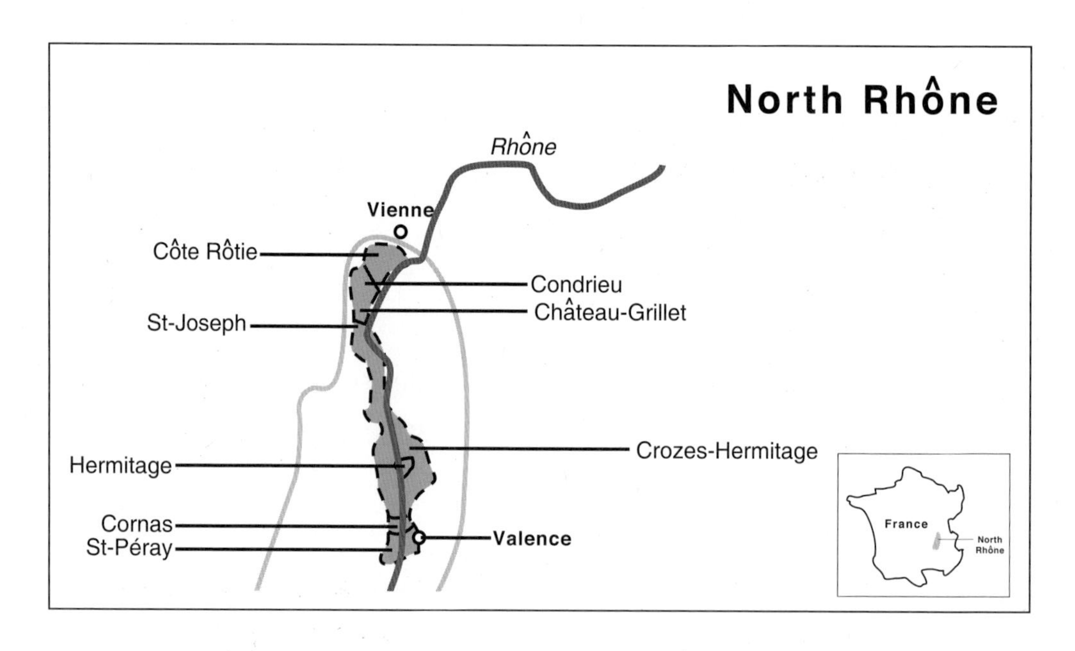

꼬뜨 로티Côte Rôtie　프랑스에서 시라가 재배되는 최북단 지역이다. 강 서쪽의 언덕은 햇볕을 오랜 시간 볼 수 있으며 돌밭이라 포도나무는 뿌리를 깊숙이 내려야 한다. 포도는 서서히 익으며 절제되고 섬세한 과일 향과 깊은 흙속의 미네랄 향을 나타낸다. 와인은 너무 강해 적어도 5년이 지나야 제 맛이 나고 백 년도 견딜 수 있는 저력을 갖고 있다.

가파른 언덕에서 포도나무를 재배하려면 그만큼 많은 노력과 돈이 필요하고 열정도 바쳐야하니 와인 값이 쌀 리가 없다. 최소 $35부터 치솟는다. 화이트 품종인 비오니에 Viognier를 약간 섞기도 하며 시라의 단단한 타닌에 꽃향기를 더해준다.

시라와 비오니에 블렌딩은 프랑스 론 지방의 오래된 전통이다. 비오니에처럼 향기로운 백포도와 검은 적포도의 블렌딩이 이상하게 보일 수도 있지만, 무거운 쉬라즈에 비오니에가 섬세함과 경쾌함을 살짝 가미한다. 잘 익고 달콤한 과일 향의 호수 위에 백합을 띄운 것 같은 느낌을 준다. 정말 좋은 짝짓기이다.

생 조제프St-Joseph 론강 서쪽 꼬뜨 로티에서 남쪽으로 내려오면 언덕이 낮아지며 생 조제프 지역이 나타난다. 넓고 따뜻하며 완만한 지대라 와인도 부드럽고 풍만하다. 꼬뜨 로티가 익기를 기다릴 동안 마시기에 딱 좋다.

물론 경사진 언덕의 화강암 토양에서는 좋은 와인이 난다. 비싼 것은 흙내와 스파이스 향의 복합적인 와인이며, 일상 와인은 $15~$20로 부드럽고 맛있는 붉은 베리류 향을 지니고 있다.

에르미타주Hermitage 생 조제프에서 강을 건너면 언덕에 하얀 교회당이 서있는 기념비적인 풍경을 볼 수 있다. 이곳은 13세기에 은둔자들의 거처였으며 에르미타주라는 이름도 외딴집이라는 뜻이다.

다른 유명 지역들과 마찬가지로 언덕의 높이에 따라 포도도 다르다. 꼭대기의 돌덩어리 사이에서 자란 포도는 돌에서 향을 바로 빨아들인 것처럼 근엄하고 타닌이 많다. 흙이 섞여 있는 언덕 중간은 약간 더 풍부하고 미네랄과 후추 향도 나는 와인이 되며, 아래쪽은 흙으로 덮여 부드러운 와인이 된다.

같은 지역이라도 이렇게 다르기 때문에 포도밭 별로 따로 만들어 밭 이름을 붙이기도 하고, 섞어서 에르미타주의 대표적 성격을 지닌 와인을 만들기도 한다. 둘 다 좋으나 단일 포도밭이 더 비싸고($80 이상) 오래 보관하면 땅콩 비스켓 같은 향이 나며 미묘해진다.

후추 향peppery은 피망에서 매운 고추까지 다양한 향을 포함한다. 론 시라에서 나는 스파이스 향은 바로 갈아 신선한 검은 후추 향에 가깝다.

크로즈 에르미타주 Crozes-Hermitage 에르미타주의 남쪽에 넓게 퍼진 지역이다. 언덕도 약간 있고 평지도 있어 와인의 스타일이 다르다. 물론 생산량이 많은 평지보다 언덕 쪽이 더 단단하고 흥미로운 와인이 되지만 지역을 세분하지 않았기 때문에 알 수가 없다. 보통 $12 정도 이상이면 괜찮다. 이곳 와인은 바로 마시기도 좋고 스파이시하며 힘도 있어 작은 에르미타주라고 생각하면 된다.

코르나스Cornas 생 조제프의 남쪽으로 남부 론의 따뜻함과 북부론의 서늘함을 갖춘 돌 언덕 지역이다. 그을린 금속 맛의 미네랄 향이 나며 론 시라의 전형적인 맛을 지닌 와인이다. 전통적 스타일은 셀러에 10년은 묵혀야 제 맛이 난다. 현대적 스타일은 기다리지 않아도 되고 언제나 마실 수 있다.

론강 남쪽 남으로 갈수록 점점 블렌딩의 비율이 많아지며 타닌과 검은 베리류 향이 농밀해지고 색깔이 진해진다.참조 Chapter 14 랑그독Languedoc에서는 시라가 지중해 연안을 따라 넓은 지역에서 재배되고 "Vin de Pays d'Oc(뱅 드 페이 독)"이라는 큰 아펠라시옹으로 라벨에 표기된다. 단순한 일상 와인으로 보편화되었으며 $8~$12 정도 한다.

호주

쉬라즈Shiraz는 호주에 심은 최초의 유럽 품종으로 19세기 프랑스 이주민들이 론 지방의 시라를 잊지 못해 심기 시작했다. 론 시라가 모델이 되었으며 50여 년 전까지 만해도 쉬라즈를 에르미타주라고 불렀다. 지금은 호주 특유의 지형과 기후를 표현하는 호주 스타일의 쉬라즈가 자리를 잡고 인기를 끌고 있다.

호주의 포도 재배 지역에서는 쉬라즈는 어디에서나 찾을 수 있으며 스타일도 다양하여 얼마든지 마음에 드는 것을 고를 수 있다. 대부분 뜨거운 햇볕에 익은 검은 자두 향과 근처에 자라는 유칼립투스eucalyptus 나무의 수액을 그대로 빨아들인 것같은 민트 향이 깔린다. 색깔은 더 짙은 잉크색이며 농도가 진한 걸쭉한 와인이다.

호주 와인에 대한 정보는 www.winecompanion.com과 www.wineaustralia.com을 찾으면 된다.

남호주 남호주 쉬라즈는 체리와 코코넛을 넣은 초콜렛 바 맛을 연상하면 된다. 이주민들이 목축과 농사를 짓기 위해 정착한 기름진 구릉지가 지금은 거의 모두 쉬라즈 포도밭으로 변했으며 채소밭이나 가축들은 가끔 보인다.

이곳 쉬라즈는 따뜻한 기후 때문에 검은 감초처럼 색깔이 진하다. 자두와 블랙베리 주스같은 검은 과일 향이 나며 미국 오크통을 사용하여 바닐라 향이 강하다. 같은 지역이라도 조금씩 맛이 달라 호주 정부는 지역별 구분GIs, Geographical Indicators을 정했다. 처음에는 구분이 쉽지 않지만 차츰 알 수 있다.

- 맥러렌 베일McLaren Vale : 요즈음 유행하는 풍성하고 꽉 찬 느낌의 쉬라즈이며 전형적 체리 향미와 함께 가끔 스파이스 향과 타닌이 더해진다.
- 바로사 밸리Barossa Valley : 호주에서 수령이 가장 오래된 쉬라즈 포도밭이다. 농염하게 잘 익고 스파이시하며 잼 같은 과일 향이 난다. 펜폴즈Penfolds의 "Grange(그레인지)"는 호주 최고의 쉬라즈이다
- 클레어 밸리/아델레이드 힐스Clare Valley/Adelaide Hills : 이 두 지역은 약간 높고 시원하여 좀 더 섬세한 쉬라즈를 생산한다. 검은 과일 향으로 산미가 있고 알코올이 조금 약하다.

1980년대에는 쉬라즈가 공급 과다로 너무 흔하고 값이 싸서 식용 포도로 많이 썼다. 쉬라즈 양산을 막기 위해 정부가 비용을 부담하며 포도나무를 뽑게 했기 때문에 지금은 수령이 오래된 나무가 귀하다.

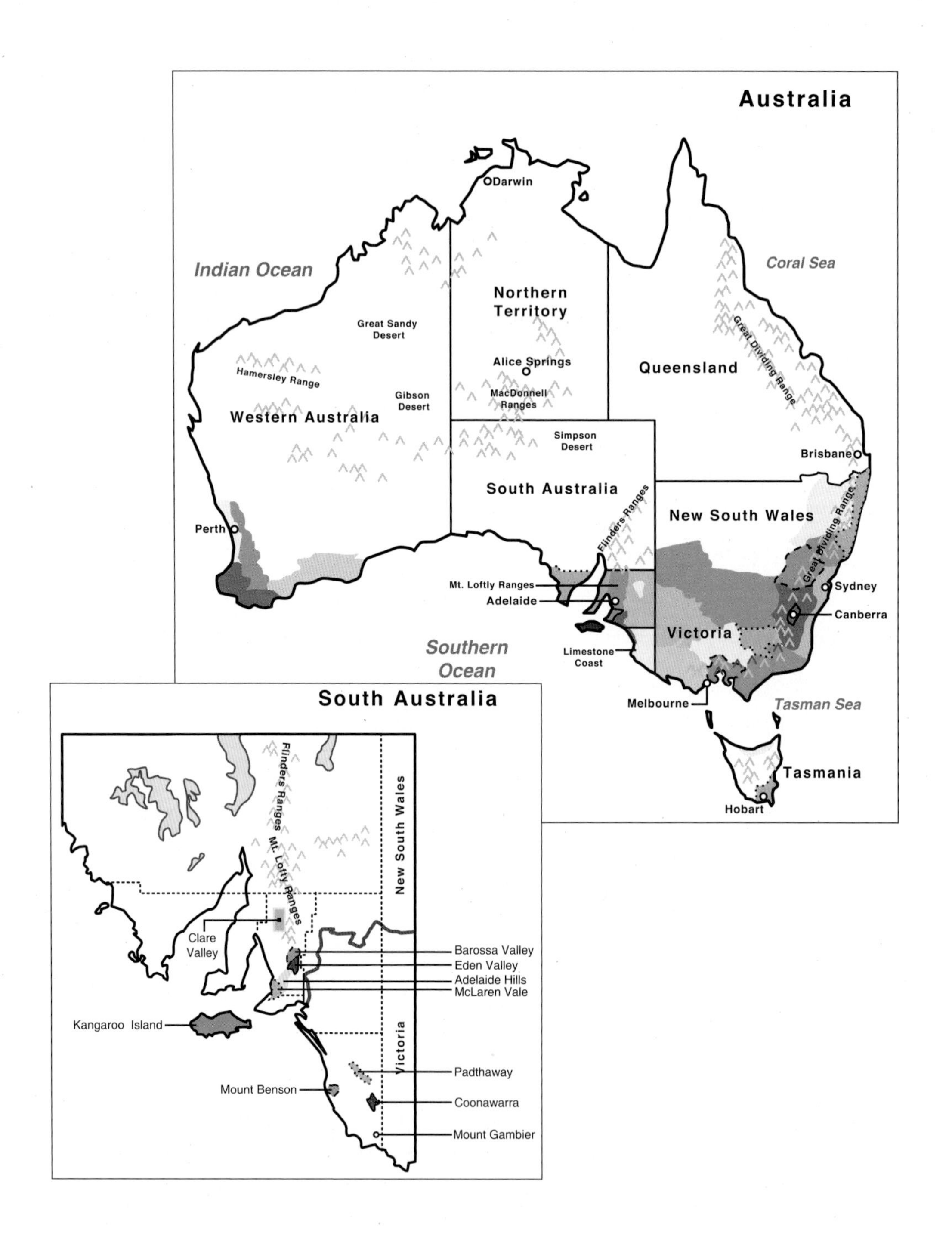
Australia
Indian Ocean
Coral Sea
Darwin
Northern Territory
Great Sandy Desert
Hamersley Range
Alice Springs
Queensland
Great Dividing Range
Gibson Desert
MacDonnell Ranges
Western Australia
Simpson Desert
Brisbane
South Australia
Flinders Ranges
New South Wales
Perth
Mt. Loftly Ranges
Adelaide
Sydney
Canberra
Victoria
Southern Ocean
Limestone Coast
Melbourne
Tasman Sea
Tasmania
Hobart
South Australia
Flinders Ranges
Mt. Lofty Ranges
New South Wales
Clare Valley
Barossa Valley
Eden Valley
Adelaide Hills
McLaren Vale
Kangaroo Island
Victoria
Padthaway
Mount Benson
Coonawarra
Mount Gambier

그 외 지역 남호주 외에도 호주 전역에 재배 지역이 퍼져 있다.

- 빅토리아Victoria : 남호주의 동쪽이지만 훨씬 시원하여 쉬라즈도 군살이 없고 스파이시하며 타닌도 많다. 남호주와 프랑스의 중간쯤 된다.
- 서호주Western Australia : 대륙의 서쪽 끝으로 서늘하다. 쉬라즈도 깔끔하며 후추 향과 검은 과일 향이 난다. 호주 쉬라즈보다 론 시라에 더 가깝다.
- 뉴사우스웨일스New South Wales : 시드니 북쪽 헌터 밸리Hunter Valley가 유명하다. 덥고 습기 찬 지역이라 쉬라즈에서 흙내가 많이 풍긴다. 타닌이 많아 몇 년 보관하면 더 좋아진다.
- 남동호주Southeastern Australia : 따뜻한 평지라 생산량이 많다. 오씨Aussie, 호주 사람들이 즐기는 단순한 음료로 갈증을 해소해 주고 값도 싸다. "Southeastern Australia"라고 라벨에 표기된 것은 $12를 넘지 않고 좋은 것은 $15~$20 정도하며 아주 좋은 것은 $60 이상 $100도 한다.

미국

캘리포니아 미국에서는 부르고뉴나 보르도 지역과 비슷한 와인을 만들기 위해 오랫동안 노력을 해왔다. 마침내 캘리포니아에서 남부 론의 지중해성 기후와 비슷한 지역을 찾게 되고 1980년대에는 론 품종을 재배하는 론 레인저Rhône Ranger들이 늘어났다. 결과는 예상외로 좋아 지금은 캘리포니아의 긴 해안 지역에 고루 시라가 재배되고 있다. 물론 시원한 쪽이 구조가 더 단단하고 스파이시하다. 지도 참조 p.65

- 산타 바바라 카운티Santa Barbara County : 검은 과일과 검은 올리브 향이며 타닌이 강한 맛있는 시라다.
- 산타 이네즈 밸리Santa Ynex Valley : 달콤하며 스파이스 향과 흙내가 난다.
- 산타 마리아 밸리Santa Maria Valley : 론 지방의 미네랄 향과 캘리포니아의 과일 향을 합한 것 같으며 스파이스 향도 스친다.
- 나파 밸리Napa Valley : 좋은 포도밭은 모두 카베르네 소비뇽에 내주고 시라는 더운

쪽에만 약간 심는다. 잘 익고 두툼한 와인이 된다.

- 소노마Sonoma : 시원한 지역에서 가까스로 익은 것 같은 과일 향과 후추 향을 지닌 절제된 시라를 만든다.
- 멘도시노Mendocino : 소노마 북쪽으로 캘리포니아 시라와 비슷한 스타일이다. 스파이시하고 붉은 체리 향에 산도도 높다.

어느 지역이라도 $6~$12이면 가볍고 스파이시한 체리 베리류의 풍미가 있으며 로스트 치킨과 어울린다. 몇 달러를 주면 더 응축되고 향도 복합적이라 스테이크와 어울린다. $20~$50이면 맛좋은 과일 향에 미네랄과 흙내가 나며 테루아가 표현되는 와인을 살 수 있다.

캘리포니아 와인이 "Shiraz"라고 표기되어 있으면 풍부하고 무르익은 달콤한 바닐라 향의 호주 스타일이다. 반면에 "Syrah"라고 표기되어 있으면 서늘한 지역의 스파이시한 론 스타일이다.

워싱턴 주 컬럼비아 밸리Columbia Valley는 시라가 빛나는 지역이다. 따뜻한 햇볕 속에서 부드럽고 잘 익은 시라가 생산된다. 초콜렛 향과 적당한 산도와 타닌을 지닌 가장 섹시한, 북부 론을 닮은 시라이다.

1985년에 시라를 처음 심기 시작했지만 지금은 카베르네와 메를로 다음으로 재배 면적이 넓다. 메를로처럼 시라도 따뜻할수록 조밀해지는데 월라월라Walla Walla의 시라는 우아하기도 하다. $18 이하는 거의 없고 좋은 것은 $30, 단일 포도밭은 그 이상도 한다. 지도 참조 p.135

쁘띠 시라Petite Sirah는 프랑스에서는 사라진 옛날 프랑스 품종으로 캘리포니아의 따뜻한 기후에 자리를 잡아 재배되고 있다. 론 시라와는 아무 관계도 없고 글자 그대로 "작은" 시라도 아니다. 강한 검은 과일 향에 시라보다 타닌도 많아 겨울철 스튜나 가금류 요리에 잘 맞다.

테이스팅

시라는 가볍게 마시는 스타일도 있고 스테이크에 맞는 강한 스타일도 있다. 메를로보다는 타닌이 많지만 부드럽기도 하다. 화려한 초콜렛 향이나 과일 주스같이 풍부한 향미도 갖고 있다. 이렇게 다양한 스타일 중 어떤 와인을 골라야 할까?

프랑스 언덕 vs. 평지

- 크로즈 에르미타주 시라(Delas Frères, Dard & Ribo, Yann Chave)
- 꼬뜨 로티 시라(E. Guigal, Eric Texier, René Rostaing)

꼬뜨 로티는 꽤 비싸고 크로즈 에르미타주도 만만치는 않으니 돈을 좀 쓰고 싶을 때는 이런 비교를 해보는 것도 좋다. 양고기 요리도 주문해야 하는데 든든한 음식과 함께 마시면 시라가 제 값을 더 발휘한다.

크로즈부터 시작하면 꼬뜨 로티보다 과일 향이 많고 타닌은 덜하다. 꼬뜨 로티의 가파른 돌 언덕을 상상만 해도 단단한 구조감을 느낄 수 있고, 녹슨 것 같은 미네랄 향과 흙내도 맡을 수 있을 것이다. 크로즈는 부드럽고 풍부하다. 로스트 치킨과 어울리는 와인은? 스테이크나 튀김과 어울리는 와인은?

호주 여행

- 서호주 쉬라즈(Cape Mentelle, Howard Park, Vasse Felix)
- 빅토리아 쉬라즈(Jasper Hill, Rufus Stone, Taltarni)
- 맥러렌 베일 쉬라즈(Coriole, d'Arenberg, Rosemount Estate)
- 바로사 쉬라즈(Barossa Valley Estates, Elderton, Peter Lehmann, Wolf Blass)

서호주의 시원한 마가렛 리버부터 따뜻한 남호주의 바로사 밸리까지 호주 시라의 순례 여행이다. 차례로 놓고 보면 점점 색깔이 진해지고 향도 점점 풍부해지는 것을 느낄 수 있다. 어떤 음식과 함께 마시면 좋을까도 생각해 보자. 알코올 도수가 16도까지도 오르니 빵이나 크래커도 준비해야 한다.

미국 서부 해안

- 워싱톤 시라(Betz, Cayuse, Columbia Crest, K Vintners, McCrea)
- 멘도시노 시라(Bonterra, Fife, McDowell, Patianna)
- 산타 바바라 시라(Babcock, Fess Parker, Lincourt, Qupé, Taz)

미국의 서부 해안도 프랑스의 론 밸리처럼 여러 가지 스타일의 시라를 만든다. 어떤 와인을 선택할까? 가볍고 스파이시하며 산도가 있으면 식사와 함께 마시기 좋다. 조밀한 과일 향의 타닉한 미국식 레드는? 멘도시노 와인은 산미가 있어 가장 가볍고 밝다. 더 진하고 햇볕에 농익은 것 같은 와인은? 산미가 덜하고 벨벳 같은 느낌이 나는 와인은? 벽난로 앞에서 마시고 싶은 와인은? 화창한 일요일 오후에 마시고 싶은 와인은?

모두 일상 와인으로 너무 풍부하지도 가볍지도 않고 스파이시하며 과일 향이 있는 친근한 와인이다.

시라 vs. 쁘띠 시라

- 드라이 크릭 밸리 쁘띠 시라(Rosenblum Cellars)
- 소노마 카운티 시라(Rosenblum Cellars)

또는

- 나파 밸리 쁘띠 시라(Stags' Leap Winery)
- 나파 밸리 시라(Jade Mountain)

첫 번째 테이스팅은 같은 와이너리에서 만든 시라와 쁘띠 시라를 맛보기 위한 것이고 두 번째는 다른 곳에서 만든 두 품종의 차이를 느껴 보기 위한 것이다. 쁘띠 시라의 강한 검은 과일 향과 단단한 타닌을 느낄 수 있을 것이다.

요점정리

- 시라와 쉬라즈는 같은 포도이다. 쁘띠 시라는 다른 품종이고 타닌이 더 많고 검다.
- 프랑스 시라는 북부 론이 유명하며 라벨에는 마을(village)이 표기된다.
- 쉬라즈는 호주에서 재배하는 시라 품종이며, "Shiraz"라고 표기된 것은 주로 호주 스타일의 과일 향과 오크통의 바닐라 향이 풍부한 와인이다.

Chapter 12

진펀델
Zinfandel

진펀델은 블랙베리와 자두 향이 가득하고 스파이시하다. 알코올 도수도 높고(14~16도) 타닌도 강하며 포도 색깔은 진하다. 연한 핑크 와인도 만들고 묵직한 포트 같이 진한 레드와인도 만든다.

특성

진펀델은 캘리포니아의 특산품으로 세계적으로 재배되는 품종은 아니다. 진펀델도 역시 유럽에서 이주해 온 비티스 비니스페라 종이지만 왜 미국에서만 번성하게 되었는지는 흥미 있는 이야깃거리다.우선 레드 진펀델 한 잔을 마셔보자.

진펀델은 미국 동부 해안 지역의 식용 포도로 인기가 있었으나 그 후 알이 크고 즙이 많은 콩코드Concord에 자리를 뺏기면서 종적을 감추었다. 1880년대가 되어서야 캘리포니아에서 와인용으로 다시 발굴하여 해안 지방에 심기 시작하였다.(Charles Sullivan, 「Zinfandel: A History of a Grape and its Wine」, University of California Press, 2003)

1960년대에 이탈리아의 아풀리아Apulia에서 한 미국인이 진펀델과 비슷한 프리미티보Primitivo라는 품종을 발견했으며 와인도 비슷하다는 것을 알게 되었다. 최근의 DNA 검사로 프리미티보와 진펀델이 같은 품종이라는 것이 확인되었다. 그러나 진펀델의 기원은 아직도 풀리지 않았으며 크로아티아에서 왔다는 설이 그중 가장 유력하다.

진펀델은 크로아티아Croatia의 달마시안Dalmatian 해변에 서식하는 플라박 말리Plavac Mali와 비슷하나 다른 품종이다. "플라박 말리"의 아버지 포도와는 같은 품종인 것으로 나타났다.

핑크 와인pink wine　진펀델 포도 자체는 짙은 검은색인데 이상하게도 미국에서는 핑크색 화이트 진펀델이 가장 널리 알려져 있다. 지금은 진펀델 팬 클럽도 있고 수백 달러하는 진펀델도 있지만 30여년 전에는 이를 상상도 못했다.

1970년대 캘리포니아에서는 진펀델 포도가 너무 흔해 식용으로는 헐값으로 팔기도 힘들었다. 고육지책으로 셔터홈Sutter Home 와이너리에서 프리 런 주스free run, 자체 무게에 눌려 나오는 즙로 연한 핑크색의 와인을 만들어 화이트 진펀델로 팔기 시작했다. 곧 여러 와이너리에서 비슷한 종류를 생산하게 되었으며 1987년에는 미국에서 가장 인기 있는 와인이 되었다.

요즘 같이 중후한 레드와인 시대에 화이트 진은 좋은 평가를 받지 못하기도 한다. 어떤 것은 정말 가볍고 사탕 맛에 수박 풍선껌 같은 향이다. 대부분 알코올 도수가 낮고 잔당을 남겨 만든 달콤한 딸기 향의 와인으로, 초보자가 입문하기에 좋으며 가족 모임에서 누구나 부담 없이 마실 수 있는 와인이다.

진펀델로 만든 스위트 와인은 음식의 단맛과 어울리며 매운 맛을 감싸주어 스파이시한 중국 음식이나 타이 음식과 어울린다. 드라이 한 진펀델은 차게 식혀 식전 주로 마셔도 괜찮다. 가격도 정말 싸서 $10이 넘는 화이트 진은 거의 없다.

진한 레드　레드 진펀델은 풍부하고 검은 과일 향이 친숙한 느낌을 준다. $3 정도하는 파티 와인도 있고 햄버그와 같이 마실 와인, 섬세한 향미의 타닉한 $60 정도 와인까지 스타일도 여러 가지다.

진펀델 특유의 개성은 어떤 스타일에도 나타난다. 바이올렛 같이 다소곳한 와인도 아니고 세련된 보르도나 바롤로도 아니다. 혈통 있는 강아지처럼 화려하고 놀랄 정도로 친근미가 있으며 부산스럽기도 하다. 생생한 주스 같은 맛있는 와인이다.

올드 바인 진펀델의 라벨에 "Old Vine"이라고 표기된 것이 있으나 법적으로는 아무런 의미가 없다. 포도나무가 60살이 되면 수확량이 줄어들고 80살이 되면 열매가 거의 열리지 않는다. 그러나 깊은 뿌리에서 빨아올린 영양분으로 힘겹게 만들기 때문에 송이 수도 적고 포도알도 매우 농축된다. 오래된 포도나무라고 모두 라벨에 표기하지는 않으며 품질이 꼭 좋은 것도 아니다. 어린 나무에서도 재배만 잘 하면 좋은 열매를 얻을 수 있다.

샌프란시스코에서 매년 1월 ZAP(Zinfandel Advocates & Producers Association)이라는 축제가 열린다. www.zinfandel.org.

재배 지역

미국

지금은 프랑스나 호주 등 진펀델을 재배하는 곳이 몇 곳 있지만 캘리포니아만큼 다양하고 넓은 지역은 없다. 지도 참조 p.65

센트럴 밸리 Central valley 센트럴 밸리는 캘리포니아 와인의 보고이다. 평지로 땅은 기름지고 날씨도 더워 포도는 물론 감자나 마늘, 상추, 과일 등 생산량이 엄청나다. 진펀델은 대부분 화이트 진펀델같이 소비량이 많은 일상 와인 용으로 재배한다.

로디Lodi 로디 지역은 평평한 센트럴 밸리와 비슷하다. 그러나 이곳의 지형이 이상하게 대양의 시원한 바람을 끌어들여 포도가 서서히 익고 달콤한 과일 맛과 함께 복합적인 향을 갖게 한다. 로디 진은 $10~$20 사이이며 좋은 것은 $30 가량이다.

시에라 풋 힐스 Sierra Foothills 로디에서 동쪽으로 들어가면 진의 천국인 시에라 풋힐스에 이른다. 골드러시Gold Rush 때부터 심은 오래된 포도나무들이 따뜻하고 낮은 언덕에서 잘 자란다. 풍부한 과일 향에 후추 향이 가미되고 로디 진보다는 좀 더 비싸 $20~$30을 호가한다.

파소 로블스 Paso Robles 샌 루이스 오비스포San Luis Obispo County의 파소 로블스 지역은 덥지만 산타 루치아Santa Lucia Range의 언덕 지역은 해안의 바람이 불어 서늘하다. 도톰하고 풍부한 자두 향으로 달콤한 체리 향을 감싸는 정말 진한 진펀델이다.

샌프란시스코 만 San Francisco Bay 샌프란시스코 주변은 초기 이민들이 심은 오래된 포도나무들이 많아 검고 잼 같이 농축된 진을 생산한다. 콘트라 코스타 카운티Contra Costa County의 "Old Vine"이 유명하다, 그러나 역시 나파나 소노마 멘도시노 같은 곳에서 더 좋은 와인이 생산된다.

어떤 진을 살까 망설일 때는 R을 기억하자. "Rabbit Ridge", "Rafanelli", "Ravenswood", "Renwood", "Ridge", "Rosenblum" 등이 유명하다.

나파Napa 나파는 카베르네 소비뇽이 질적으로나 양적으로나 우세하고 포도 값도 진펀델의 두 배나 된다. 그러나 실제로 진펀델의 값이나 맛이 결코 싼 것은 아니다($70도 있다). 나파 캡과 마찬가지로 나파 진도 맛이 풍부하고 타닌이 많고 인상적이며 오래 견딘다. 특히 하우엘 마운틴Howell Mountain, 다이아몬드 마운틴Diamond Mountain, 마운트 비더Mt. Veeder 등 높은 산 지역의 와인이 더 좋다. 지도 참조 p.109

소노마Sonoma 소노마는 고급 진펀델 산지이고 나파보다 생산량도 두 배나 된다. 이탈리아 이민들이 심은 오래된 진펀델이 많아 좋은 포도가 생산된다.지도 참조 p.111

- 드라이 크릭 밸리Dry Creek Valley의 따뜻한 기후와 불그스럼한 땅은 연기와 검은 과일, 검은 후추향의 부드럽고 풍만한 진펀델을 만든다. 진펀델의 최고봉으로 숭앙받는다.
- 러시안 리버 밸리Russian River Valley도 만만하지 않은 진을 생산한다. 날씨도 시원하여 생동감 있고 스파이시한 진펀델이 생산된다.
- 알렉산더 밸리Alexander Valley에서는 초콜렛 향의 진펀델이 눈에 띈다. 좋은 소노마 진은 $20~$40 정도이다.

멘도시노Mendocino 지난 20여 년 동안 "강한 것이 더 좋다bigger-is-better"는 추세에 밀려 멘도시노 와인은 외면을 받아왔다. 서늘한 북쪽 지역이라 진펀델은 단 맛이 덜하고 스파이시해 진하지 않은 붉은 고기류와도 어울리고, 강한 레드를 원하지 않을 때 언제든지 마실 수 있는 와인이다.

이탈리아

이탈리아의 프리미티보Primitivo가 DNA는 진펀델과 같은 품종이지만 맛이 같지는 않다. 검은 과일 향에 스파이시하지만 미국과는 사뭇 다르다. 이탈리아의 장화 굽 왼쪽, 더운 곳에서 자란다는 지역적 차이도 있지만 와인을 만드는 기술적 차이가 더 크다고 볼 수 있다.

이탈리아 사람들의 영혼이 깃든 프리미티보는 진펀델과 다를 수밖에 없다. 이탈리아식 소시지와 맞는 와인은 검은 과일즙 같은 진펀델, 프리미티보이다. 값도 $20 내외면 충분하다.

테이스팅

진펀델은 모두 같은 맛이며 레드 진펀델은 모두 검다고 생각하기 쉬운데 검은 데도 차이가 있다. 화이트 진펀델은 각자가 골라 시음해보자.

지역 한계선

- 북쪽 멘도시노 진펀델(Bonterra, Carol Shelton, Edmeades, Fife, Lolonis)
- 남쪽 파소 로블스 진펀델(EOS, Eberle, Rabbit Ridge, Peachy Canyon, Wild Horse)

파소 로블스 진은 더 진하다. 잔을 돌려 유리를 타고 내려오는 와인의 눈물이 더 두텁다.

향 : 한 편은 스파이시하며 시원한 곳에서 자란 것 같은 느낌이고 다른 편은 오랜 시간 햇볕을 받은 잼 같은 과일 향을 느낄 것이다.

맛 : 추수감사절 터키와 어울리는 와인은? 티 본 스테이크와 어울리는 와인은?

나파 vs. 소노마

- 소노마 진펀델(Bella, Ridge, Dashe, Murphy-Goode, Roshambo)
- 나파 진펀델(Ch. Potelle, D-Cubed, Green & Red, Howell Mountain Vineyards)

지리적 영향을 고려해 보면 높은 지역의 포도밭은 가파르고 흙이 거의 없어 포도나무가 뿌리를 깊게 내려야 한다. 햇볕은 듬뿍 받지만(태양은 당분이다) 시원한 산바람이 포도를 서서히 익게 하여 열매는 절제된 풍미를 갖는다.

반대로 요람과 같은 계곡은 언덕에서 흙이 흘러 내린다. 소노마의 드라이 크릭 같은 곳은 붉은 흙에 무기질이 가득하며 햇볕도 충분하다.

어느 쪽이 더 타닉하며 돌 같이 단단한 와인이 될까? 부드럽고 미네랄을 함축한 너그러운 와인은? 와인의 향미는 땅을 그대로 표현한다. 각각을 맛보고 어떤 땅인지를 상상해 보자.

진펀델 vs. 프리미티보

- 이탈리아 프리미티보(A-Mano, Rivera, Milleuna, Palama)
- 캘리포니아 진펀델(Angeline, Rosenblum, Screw Kappa Napa, Sobon Estate)

두 개는 보기에도 비슷하고 향도 구분하기가 힘들다. 그러나 맛을 보면 한쪽은 뜨거운 햇볕에 익은 것 같으며 이탈리아라는 느낌이 올 수 있다. 모두 의견이 일치하는 것은 아니며 항상 갑론을박이 있다.

요점정리

- 레드 진펀델과 화이트 진펀델은 같은 포도 품종으로 만든 와인이다.
- 이탈리아의 프리미티보와 캘리포니아의 진펀델은 같은 품종으로 밝혀졌지만 맛은 차이가 있다.
- 장기 보관할 수 있는 진펀델은 나파나 소노마의 언덕 지역에서 생산된다.
- $3.99 정도의 진펀델이라도 나쁘지는 않다.

Part 3 지역 토착 품종

Part 2에서는 세계적으로 잘 알려진
포도 품종에 대해서만 알아보았다.
그러나 가요 톱 10도 계속 듣다 보면 곧 싫증이 나고
채널을 바꿔 다른 노래도 듣고 싶다. 와인도 마찬가지로
새롭고 이국적인 와인을 찾아 여행을 떠나고 싶어진다.

향기로운 슈냉, 스파이시한 게뷔르츠,
감미로운 비오니에는 프랑스의 매력적인 화이트 품종이다.
남부 론, 랑그독, 스페인, 포르투갈, 이탈리아의
숨은 보석도 찾아보고 남미로도 가보자.

Chapter 13

프랑스 화이트 품종

꽃, 과일, 달콤한 향신료, 꿀 …. 투명한 액체에서 이렇게 여러 가지 향이 날 수 있을까? 이번 장에서 소개하는 화이트는 한 모금 마실 때마다 이런 매혹적인 향기를 선사하며 꽃밭으로 과수원으로 우리를 인도한다.

이국적인 풍미를 가진 몇 가지 와인은 아시아 음식의 소스 맛과도 잘 어울린다. 냉장고에 항상 준비해두면 식전주로, 또는 저녁 반주로도 안성맞춤이다.

슈냉 블랑

슈냉 블랑Chenin Blanc은 산도가 높고 꽃향기와 멜론, 오렌지 등 가벼운 과일 향이 난다. 독특한 라놀린Lanolin 냄새나 건초, 밀납 냄새도 나며 묘한 매력이 있는 와인이다.

날씨가 좋은 해는 잔당을 남겨 약간 단 드미 섹demi sec 와인도 만들지만 일반적으로 산미가 강하고 드라이하다. 대부분 음료수 대신으로 마시지만 프랑스의 한 지역에서는 슈냉 블랑으로 향기로운 고급 와인을 만든다.

프랑스 루아르

루아르 밸리의 서쪽 끝은 해양성 기후이며 슈냉 블랑의 본고장이다(소비뇽 블랑 지역은 동쪽 끝이다). 이곳 슈냉 블랑은 사과 꽃, 스파이스, 넛트 향과 미네랄 향도 듬뿍 들었다. 물론 라벨에 품종 표기가 없기 때문에 다음 지역을 익혀야 한다. 지도 p.73 참조

- 앙주Anjou
- 소뮈르Saumur
- 사브니에르Savennières
- 부브레Vouvray

소뮈르와 앙주의 슈냉 블랑은 깔끔하며 가볍고, 부브레와 사브니에르는 산미가 있고 퀸스quince향이 난다. 호두과자 맛이 나는 장기 보관할 수 있는 와인($80 이상)도 있다. 부브레 무쉐Vouvray Mousseux는 슈냉으로 만든 스파클링 와인이며 샴페인만큼 복합적이진 않지만 가격에 비해 품질이 좋다. 참고 Chapter 18

사브니에르는 특히 프랑스에서 가장 작은AOC 중 하나인 "사브니에르 쿨레 드 세랑Savennières-Coulee de Serrant"이 유명하다. 소유주인 니콜라 졸리Nicolas Joly는 유기농법으로 와인을 만든다. 참조 Chapter 2 루아르의 슈냉 블랑으로는 스파클링 와인이나 스위트 와인도 만든다. 상표 참조 : Chidaine, Closel, Laureau, Huet, Joly

남아공South Africa

남아공에서는 어디에서나 슈냉 블랑을 재배하고 스타일도 여러 가지다. 그러나 대부분 국내에서 소비되기 때문에 외국에서 거의 찾아 볼 수 없다. 남아공어로 포도를 뜻하는 "Steen"으로 표기되거나 "Chenin Blanc"으로 표기한다. $10 이하 와인은 단순한 식전주용으로 부드럽고 설탕에 졸인 사과 향이다. $10 이상은 루아르의 풍부한 스타일과 견줄만하다. 상표 참조 : Rudera, Raats Family, Man Vintners

미국

슈냉 블랑은 남미나 호주, 미국에서도 찾아 볼 수 있지만 대부분은 브랜디를 만드는 데 사용하거나 포도 주스 수준의 값싼 와인용이다. 그러나 캘리포니아의 몇 지역에서 밝은 산미의 뛰어난 여름용 와인을 만든다. 나파의 샤플렛Chappellet 와이너리에서는 오래된 포도나무에서 수확한 포도로 꽃과 꿀 향이 나는 와인을 만든다.상표 참조 : Dry Creek Vineyards, Pine Ridge

게뷔르츠 트라미너

게뷔르츠Gewürz는 스파이스를 뜻하고 트라미너Traminer는 게뷔르츠 트라미너Gewürztraminer가 속한 포도종이다. 과일 향, 특히 리치 향이 분명하고 짙은 장미향과 계피, 후추 등 이국적 스파이스 향이 가득 차 그냥 지나칠 수 없는 향이다. 와인은 옅은 황금색에서 시간이 갈수록 점점 더 진해지며 산도가 받쳐 주면 오래 보관할 수도 있다.

프랑스 알자스

포도이름은 독일어이지만, 알자스는 프랑스이니 ü에 움라우트를 붙이지 않아도 된다. 보주산맥의 시원한 바람과 따뜻한 능선의 햇볕을 한껏 받고 포도는 당분을 충분히 저장하며 자란다.

알자스의 게뷔르츠 트라미너는 드라이하지만 감미로움이 감도는 풍부하고 강한 화이트이다. 이 지역의 소세지-양배추 요리와도 잘 어울리고 스파이시한 타이 음식에도 잘 맞다. 또 와인의 매끄러운 질감이 얼얼한 매운맛을 감싸주기도 한다.상표 참조 : Kuentz-Bas, Trimbach, Weinbach, Zind-Humbrecht)

미국

알자스의 게뷔르츠가 너무 강하다면 캘리포니아나 워싱턴으로 고개를 돌려보자. 드물기는 하지만 가벼운 식전주 스타일로 소시지나 햄, 아시아 음식과도 잘 어울린다. 보통 $50을 넘는 알자스 와인보다 훨씬 싸기도 하다.

> 화이트와인에 타닌이 있는 경우는 매우 드물지만 게뷔르츠에는 타닌이 있다. 타닌의 쓴맛을 감추기 위해 잔당을 남기기도 한다.

뮈스카

꽃을 살까 와인을 살까 망설일 때는 뮈스카Muscat 한 병을 사면 꽃과 와인이 둘 다 들어 있다. 어디에서나 만날 수 있는 이 와인은 예쁜 꽃 향이며 달콤한 연초록 포도 맛이다. 게뷔르츠보다는 섬세하고 스파이스 향은 없다. 값도 $10 정도이며 갑자기 찾아온 손님이나 일요일 브런치에 딱 맞는 사랑스런 와인이다.

뮈스카에는 비슷한 종류가 많으며 특별히 구분하지 않고 뮈스카Muscat, 모스카토Moscato, 모스카텔Moscatel, 뮈스카텔러Muskateller 등으로 나라마다 다르게 부른다. 주요 품종은 뮈스카 블랑 아 쁘띠 그랭Muscat Blanc a Petit Grains과 뮈스카 알렉산드리아Muscat d'Alexandria이다. 전자는 가볍고 후자는 달면서 사향 냄새가 난다.

프랑스 알자스

뛰어난 뮈스카를 생산하는 곳은 알자스다. 뮈스카는 대부분 스위트 와인이다. 만약 드라이 뮈스카를 발견하면 바로 사자. 알자스의 드라이 뮈스카는 흔하지도 않지만 천상의 느낌을 주는 오렌지 꽃향기가 스며 있고 바위처럼 단단하다. 생선이나 야채 요리에 곁들이면 좋다. 가격은 $20~$80 정도로 비싼 편이다. 상표 참조 : Boxer, Deiss, Dirler, Schlumberger, Zind-Humbrecht

이탈리아

뮈스카 와인으로는 달콤한 스파클링 와인인 피에몬테의 모스카토 다스티Moscato d'Asti가 유명하다. 모스카토는 고대 로마제국의 시칠리아 섬에서 전 유럽에 전파되어 다양하게 변화 되었다. 북동 이탈리아의 모스카토는 알프스의 들꽃들이 모여 있는 듯한 연초록빛의 와인이며, 시칠리아의 모스카토 디 노토Moscato di Noto는 디저트 와인의 절정이다. 상표참조 : Planeta, Braida, H. Lentsch

그리스

그리스는 모스코필레로Moschofilero가 특이하다. 뮈스카와는 다른 품종이지만 꽃향기는 뮈스카와 비슷하며 좋은 것은 스파이스 향이 게뷔르츠 트라미너를 연상시키기도 한다. 이 포도는 지난 세기부터 인기를 얻기 시작했다. 주로 펠로폰네스Peloponnese의 높고 시원한 만티니아Mantinia 지역에서 재배하고 드라이 와인을 만들며 $15~$30 정도한다. 상표 참조 : Tselepos, Spiropoulos, Nasiakos

비오니에

비오니에Viognier는 황금빛으로 복숭아, 살구향이 가득 차고 산도는 낮다. 크림과 꿀향에 단단한 미네랄 향을 더하면 최고품이 된다. 스위트 와인을 만들기도 좋고 드라이 와인으로 만들면 알코올 도수가 보통 14도가 된다. 산도는 약하지만 강한 과일 향과 균형이 맞아 알코올이 높아도 잘 느껴지지 않는다.

어린 나무에서 수확한 포도로 만든 공기같이 가벼운 와인도 있지만, 대부분은 겨울용 화이트로 송아지 스튜나 새우 리조또와 어울린다. 최고품은 프랑스 론 지방 꽁드리외의 마을의 비오니에다.

프랑스 꽁드리외

최고의 비오니에를 맛보고 싶으면 프랑스의 꽁드리외Condrieu 와인을 사자. 생각하는 이상으로 비싸 지갑이 두툼한지도 확인해 봐야 한다. 꽁드리외는 100퍼센트 비오니에로 만들고 라벨에 품종 표기는 하지 않는다. 비오니에는 너무 풍만한 것이 문제다. 산도가 완전히 없어질 때까지 햇볕을 듬뿍 받아들여 당분을 만들며 넘치는 향미를 발산한다. 지도 참조 p.173

프랑스 북부 론의 이 작은 지역은 가파른 돌밭으로 포도나무가 겨우 뿌리를 내린다. 가파른 화강암 언덕에서 포도를 재배하는 것도 보통 어려운 일이 아니며("지옥의 문" 이라는 포도밭 이름도 있다) 수확량도 적고 일정하지 않아 최소 한 병에 $25 이상이다. 복숭아와 꿀을 좋아하면 비오니에를 사랑하게 되고 바다가재 요리와 함께 마시면 특별한 날의 추억을 만들 수 있다. 상표 참조 : Cuilleron, Guigal, Vernay, Villard

샤또 그리에Ch. Grillet는 꽁드리외의 작은 AOC(9에이커)로 와이너리도 하나밖에 없다. 주변이 가파른 언덕으로 둘러싸여 있고 넛트 향의 절제된 향미의 비오니에로 숭앙 받는다. $100 이상이며 수십 년도 보관이 가능하다.

꽁드리외가 너무 비싸거나 좀 가벼운 향미를 원하면 랑그독Languedoc으로 내려 가보자. 지중해 해변에 펼쳐 있는 이 지역은 지난 십여 년 간 비오니에가 유행하면서 재배 면적이 크게 늘었다. 나무가 어려서인지 단위 수확량이 많아서 인지는 모르지만 매우 가볍고 연한 복숭아와 꽃향기가 난다. 식전주나 여름용으로 좋고 라벨에 품종표기까지 해놓아 찾기도 쉽다. $15 이하이다.

미국

샤르도네가 아니면 무엇이라도 좋다(Anything But Chardonnay)라는 1990년대 분위기로 비오니에도 주목을 받았으나 품종이 낯설고 와인도 신통치 못했기 때문에 곧 시들해졌다. 그러나 지금은 캘리포니아에서 좋은 비오니에가 생산된다.

센트럴 코스트는 꽁드리외보다 햇볕이 강하여 포도가 더 크며 복숭아와 꿀 향도 더 풍부하다. 알코올 도수도 14도 이상으로 높다. 와인의 강한 과일 향은 달콤한 태평양 연안 지역 음식과도 썩 잘 어울린다. 식전주로는 $10~$25, 풍부한 향미의 비오니에는 $40 이상한다. 상표 참조 : Alban, Calera, Peay, Qupé

요점정리

- 같은 품종으로 만든 싼 와인을 사려면 덜 알려진 미국 와인이 적당한 가격이다.
- 특별한 때에는 알자스, 루아르, 꽁드리외의 비오니에가 비싸지만 기억에 남는다.
- 슈냉 블랑은 루아르 밸리의 앙주, 소뮈르, 사브니에르와 부브레 지역이 좋다.
- 꽁드리외 지역의 화이트는 모두 비오니에로 만든다.

Chapter 14

론 지역 품종

지금까지 공부한 와인은 대부분 단일 품종으로 만든 와인이거나, 블렌딩을 해도 다른 품종을 조금만 섞어 품종 특성이 그대로 나타나는 버라이어탈varietal 와인이었다. 단일 품종 와인은 부르고뉴를 제외하면 신세계에서 많이 만든다. 와인의 역사가 짧아 지역에 맞는 품종을 한 품종씩 선택하여 재배하고 시험해 보며 와인을 만들기 때문이다.

구세계에서는 오랫동안 블렌딩의 기술이 축적되어 어떤 품종은 산도, 어떤 품종은 색깔 등을 서로 보완한다. 블렌딩은 그림의 색채 배합처럼 빨간색을 한 겹 칠한 것과, 여러 가지 색을 혼합하여 만든 빨간색이 깊이의 차이가 있는 것과 같다. 또 포도는 익는 시기도 다르고 기후에도 다르게 반응하기 때문에, 블렌딩은 한 품종이 잘 안 되면 다른 품종을 섞어 보완할 수 있는 이점이 있다.

프랑스의 보르도는 블렌딩을 하는 대표적인 지역으로 카베르네 소비뇽과 메를로를 주로 섞으며 다음이 론 지역이다. 북부 론에서는 레드는 시라 단일 품종으로 만들며 화이트는 비오니에 단일 품종으로 만든다. 그러나 남쪽으로 내려갈수록 이 두 가지를 중심으로 여러 가지를 혼합한다. 론 강을 따라 지중해 연안 지역까지 내려가 보자.

마르산과 루산

북부 론 꽁드리외에는 비오니에가 있는 반면 남쪽으로 내려가면 마르산Marsanne과 루산Roussanne이라는 화이트 품종 두 가지가 비오니에를 대신한다. 마르산이 더 흔하고 흰 복숭아, 멜론, 카모마일 향이 나며 루산은 밀짚, 꿀, 퀸스 향이다. 숙성되면 간간한 버터나 스파이스 향도 난다. 라벨에 마르산이나 루산이라고 표기되지 않으니 다음 지역에서 찾아야 한다.

프랑스

- 꼬뜨 뒤 론Côtes du Rhône
- 크로즈 에르미타주Crozes-Hermitage
- 에르미타주Hermitage
- 생 조제프St. Joseph
- 생 페레St. Péray

이 지역 중에서 생 페레는 오직 화이트와인만 생산한다. 다른 곳은 레드가 더 많다. 꼬뜨 뒤 론과 생 페레 와인은 복숭아와 꽃 향의 연하고 가벼운 화이트로 식전 주나 여름용으로 좋다. 크로즈 에르미타주와 생 조제프는 그 지역의 레드와인과 마찬가지로 풍부하고 스타일도 여러 가지이다. 단순한 것은 가벼운 꿀이나 무화과 향이 나고 $20 이상이면 향미가 더 진하다.

가장 숭앙받는 것은 ($35부터 끝없이 솟는 가격) 가파르고 돌 많은 에르미타주에서 나는 와인이다. 알코올 도수도 높고 진하며 무거운 질감과 강한 향미도 있어 닭이나 송아지 요리 등에 어울린다. 셀러에서 10년 이상도 보관이 가능하다.

1787년에 당시 와인 애호가이며 수집가이기도 했던 미국 외교관 토마스 제퍼슨Thomas Jefferson은 화이트 에르미타주를 세계 최고의 화이트 와인이라고 칭송했다. 이때부터 론 화이트의 가치를 새로이 발견하게 되었고 지금까지 그 명성이 계속되고 있다. 론 밸리의 화이트와인은 전체 생산량의 5퍼센트밖에 안 된다.

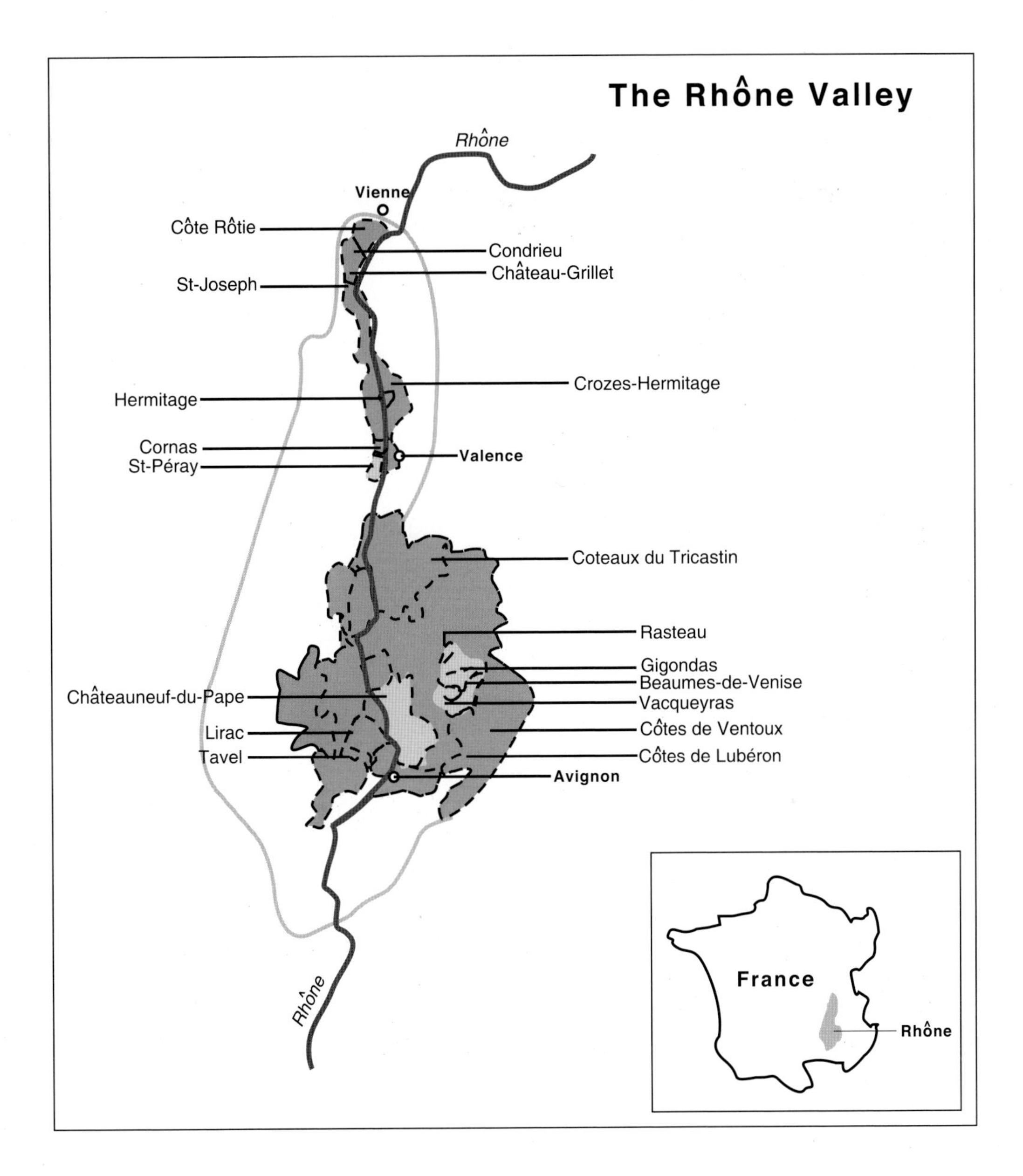

화이트 에르미타주를 마시려면 바로 마시든지 아니면 7~8년 후에 마셔야 비싼 값을 치른데 대한 보상을 받게 된다는 말이 있다. 이 지역 와인이 2~5년 사이에 미끌거리며

무덤덤해지는 덤 페이즈dumb phase를 보이며 이 시기가 지나야 다시 향이 풍기기 시작하며 색깔도 갈색에서 연노랑으로 변하고 산미도 살아난다.

와인이 향을 잃고 무미건조 할 때 덤dumb이라는 표현을 쓴다. 대부분 와인은 병입 직후 몇 개월간 이 기간을 거친다. 론 와인은 화려하게 꽃 피기 전에 긴 고통을 참는 것처럼 몇 년이 지나야 제 맛이 돌아온다.

미국

비오니에와 마찬가지로 마르산과 루산도 지난 수십 년 간 애호가가 늘었다. 미국의 마르산과 루산은 론보다 과일 향이 진하며 더운 해는 과일 향과 알코올이 너무 강하여 와인에 생기를 주는 산도를 잃는다. 그래도 좋은 해는 천상의 와인이 된다. 프랑스 외 지역의 마르산과 루산은 대부분 각각 단일 품종 와인으로 생산한다.

- 마르산 : 아몬드, 미네랄, 풋 사과 향으로 부드럽고 느낌은 풍부하지만 향은 가볍다. 대부분 바로 마시는 스타일이며 향미를 더하기 위해 오크통을 쓰기도 한다. 전통적 스타일은 오크 숙성을 가볍고 짧게 한다. 일상 와인은 $10~$15 정도, 좀 더 오래 보관할 수 있는 풍부한 와인은 $30 정도이다.
- 루산 : 재배가 어려워 찾기도 힘든다. $22~$40 이상의 비싼 가격으로 꿀, 스파이스, 살구, 미네랄 향이 나며 마르산보다 산도도 높다. 해가 갈수록 풍부해지며 황금빛으로 변한다.

신세계에도 론 밸리식 블렌딩이 늘어나고 있다. $10에서부터 에르미타주 가격에 맞먹는 화려한 꽃과 살구 향의 절세미인 같은 와인도 있다. 무엇이라도 샤르도네 대신 즐길 수 있는 멋진 와인이다.

남부 론 화이트

론 강을 따라 남쪽으로 내려가면 계곡이 넓어지면서 밝아지고 햇볕도 더 따뜻하다. 북부 론의 무거운 겨울 화이트에 비해 발랑스Valence 남쪽은 가벼운 여름 화이트를 만든다. 브르블랭Bourboulenc, 클레레트Clairette, 그르나슈 블랑Grenache Blanc, 픽풀Picpoul 등 이상한 이름의 화이트 품종들이 눈에 띈다.

이 품종들도 라벨에는 표기되지 않으며 가끔 지역명과 섞여 표기되기도 한다. "Côtes du Rhône(꼬뜨 뒤론)"이라 표기되는 와인은 북쪽의 비엔느Vienne부터 남쪽의 아비뇽Avignon까지 전 지역에서 생산한 포도로 만든다.

더 강한 향미와 바디를 원하면 "Côte du Rhône-Villages(꼬뜨 뒤 론 빌라주)"를 찾으면 된다. 빌라주(마을 단위)는 포도의 성숙도와 품질에 있어 규제가 엄격하며 작은 마을 단위로 나뉘어 있다.

- 샤또네프 뒤 파프Châteauneuf-du-Pape
- 꼬또 뒤 트리카스탱Coteaux du Tricastin
- 꼬뜨 뒤 뤼버롱Côtes du Lubéron
- 꼬뜨 드 방투Côtes de Ventoux

샤또네프 뒤 파프 Châteauneuf-du-Pape 남부 론에서 가장 비싼 와인은 둥근 자갈밭galet에서 난다. 돌밭은 걷기는 어렵지만 햇볕에 데워진 돌의 복사열이 포도를 서서히 덥혀주어 열매를 잘 익게 해준다. "Châteauneuf-du-Pape Blanc(샤또네프 뒤 파프 블랑)"은 루산, 브르블랭, 클레레트, 그르나슈 블랑, 피카르당, 픽풀 등을 블렌딩하며 살구와 허브향이 깃든 풀 바디 와인이다.

에르미타주처럼 바로 마시거나 아니면 오래 두었다 마셔야 한다. 중년에 마시면 실망하게 되지만 인내심을 갖고 기다리면 감칠맛 나는 미묘한 견과류와 미네랄 향을 선물 받게 된다. 생산량도 적고 값도 $30 이상 $60~$100까지 치솟으며 수명도 20년 이상으로 길다.

남부 론의 넓은 포도밭(104,000에이커)에 여덟 가지 화이트 품종을 재배하여 블렌딩하면, 와인 한 병에 들어있는 포도품종을 알아내기는 당연히 어렵다. 어떤 블렌딩이든지 $8정도면 가볍고 $10~$15 정도면 과일 향과 미네랄 향이 약간 더해진다. 거의 무게를 느끼지 못하는 여름용 와인이다.

샤또네프 뒤 파프는 열세가지 품종까지 블렌딩을 하는데 청포도와 적포도를 함께 섞기도 한다. 포도 품종은 그르나슈Grenache, 시라Syrah, 무르베드르Mourvèdre, 생소Cinsault, 쿠느와즈Counoise, 바카레즈Vaccarèse, 테레 누아Terret Noir, 뮈카르뎅Muscardin, 클레레트Clairette, 브르블랭Bourboulenc, 루산Roussanne, 픽풀Picpoul, 피카르당Picardin이다.

뱅 드 페이 Vin de Pays　뱅 드 페이는 지역은 구분하여 표기하지만 AOC의 규제는 적용되지 않는다. AOC에 못 미치는 품질의 와인으로 간주되기도 하지만, 요즈음은 AOC에서 허용하지 않는 품종으로 새로운 시도를 하여 인상적인 와인도 생산한다.

프랑스에는 100개가 넘는 뱅 드 페이 지역이 있고 모두 라벨에 지역과 포도 품종을 표기한다. 론 밸리 뱅 드 페이 중 흔히 보이는 것은 "Vin de Pays de l'Ardèche(뱅 드 페이 드 라드슈)"로 값도 싸고 샤르도네나 비오니에라고 품종 표기도 되어 있다.

남부 론 레드

론의 북쪽 끝 꼬뜨 로티Côte Rôtie의 시라는 구조가 강하며 타닌과 산미가 과일 향을 단단히 받쳐 준다. 남쪽으로 내려가 생 조제프St-Joseph에서 만드는 와인은 따뜻한 기후를 반영하듯 더 부드럽다. 발랑스Valence 남쪽은 포도가 마치 휴가를 즐기는 것 같이 부드럽고 통통하며 다른 여러 품종들과 옹기종기 모여 있다.

남부론의 포도 품종은 열세 가지이며 이중 그르나슈, 시라, 무르베르드가 많이 쓰인다. 남부 론의 대표주자인 이 세 품종은 다른 군소 품종과 블렌딩하여 스파이시하고 강한 레드를 만든다. 단일 품종으로 만든 와인은 거의 찾아보기 힘들지만 특징을 알면 블렌딩 했을 때의 느낌도 알 수 있다.

그르나슈, 무르베드르, 시라

- 그르나슈Grenache는 꼬뜨 뒤 론 레드의 대표적 품종으로 허브와 들꽃이 어우러진 남 프랑스의 향기를 발산한다. 달콤한 체리 향에 알코올 도수는 높은 편이며 산도는 낮아 다른 포도의 타닌과 산의 도움을 받으면 오래간다. 세계에서 가장 많이 생산되는 품종이며 오크와도 잘 맞다. 대부분 블렌딩하지만 샤또 라야Ch. Rayas는 100퍼센트 그르나슈로 만든다.
- 무르베드르Mourvèdre는 색깔이 진하며 블렌딩 했을 때 튀지 않는다. 근육질이며 타닉한 검은 과일 향으로 가벼운 그르나슈를 받쳐준다. 스페인에서는 모나스트렐Monastrell이라고 부른다.
- 시라Syrah는 북부 론처럼 스파이시하고 자두 향에 타닌과 산도도 높고 바디가 강하다. 쿠누아즈Counoise는 타닌이 많은 포도로 풍부한 블루베리 향을 주고 생소Cinsault는 산도와 밝은 색깔을 준다.

프랑스 다양한 남부 론 블렌딩 와인을 맛보고 싶으면 다음 라벨을 찾으면 된다. 지도 참조 p.173

- 타벨Tavel의 와인은 로제다. 대부분 그르나슈와 생소로 만들며 색깔이 진하고 타닉한 다른 품종을 약간 섞기도 한다. 연한 핑크색으로 드라이하며 맛있는 체리와 미네랄 향을 풍긴다. 전통 있는 로제 와인으로 높이 평가되며 $20~$30로 비싼 편이다.
- 리락Lirac은 주로 그르나슈로 만들며 체리의 매력을 발산한다. 이름처럼 서정적이며 부드럽고 통통하다. 덜 알려진 편이라 $10~$20의 싼 값에 살 수 있다.
- 지공다스Gigondas 지역은 들쭉날쭉한 돌 언덕 기슭으로 그르나슈, 시라, 무르베드르의 중심지이다. 남부 론 와인 중에서는 가장 당당하고 근육질이며 스파이시한 과

일 향과 강한 타닌도 있다. $15~$40 정도이다.

- 바케라스Vacqueyras는 지공다스의 바로 옆 동네이지만 돌 언덕은 보이지 않는 곳이다. 와인은 부드럽고 매끄러우며 더 싸다.
- 꼬뜨 뒤 론Côtes du Rhône은 비엔느에서 아비뇽 사이 모든 지역의 포도를 사용하여 만든다. 남쪽이 생산량이 많고 가벼우며 $20 이상은 색깔과 향이 더 진하다.
- 꼬뜨 뒤 론 빌라주Côtes du Rhône-Villages는 꼬뜨 뒤 론보다 한 등급 위로 다양한 스타일을 찾을 수 있다. 라스토Rasteau, 봄 드 브니스Beaumes-de-Venise, 케란느Cairanne는 리락이나 지공다스의 빌라주보다는 못하지만 그르나슈의 풍부한 체리 향을 느낄 수 있다.

스페인　그르나슈의 원산지는 스페인이며 가르나차Garnacha로 불린다. 프리오라트Priorat 지방에서 만드는 맛 좋은 체리 향 레드가 유명하다. 무르베드르도 원산지가 스페인이며 마타로Mataro 또는 모나스트렐Monastrell로 불리고 스페인 동부 지방에서 많이 사용한다.참조 Chapter 15 스페인에서 가르나차가 지중해를 건너 이탈리아 사르데냐Sardinia로 가면 카노나우Cannonnau란 이름으로 불리고 풍성한 수프 같은 레드를 만든다.

호주　호주에서는 쉬라즈가 단연 인기 품종이지만 론 와인을 좋아하는 이민들이 그르나슈와 무르베드르도 함께 갖고 가 심었다. 그때 심은 옛날 포도나무도 있지만, 론 품종이 남호주의 기후에도 잘 맞아 새로 많이 심기도 했다.

쉬라즈처럼 그르나슈와 무르베드르도 단일 품종 와인으로 만들어 라벨에 표기한다. 호주 산 그르나슈와 무르베드르는 최고의 맛을 자랑하는데 물론 론 와인과 같은 맛은 아니다. 태양 때문인지 호주인들의 외향적 성격 때문인지는 모르지만, 호주산은 뚜렷하게 나타나는 즙 많은 과일 향이 프랑스와는 다르다.

호주 그르나슈는 체리 사탕처럼 단순한 것에서 체리 파이처럼 복합적인 것까지 여러 가지로 가격이 스타일도 말해준다. $8~$16은 단순하고, 좋은 것은 $20~$30 정도이며 몇 개 와인은 $65도 넘는다.

무르베르드는 쉬라즈와 샤르도네에 밀려 포도밭을 양보하고 얼마 재배되지 않기 때문에 값이 $20~$30로 비교적 비싸다. 검은 감초 향과 자두 향이 나며 타닌이 단단하게 받치는 좋은 와인이다.

호주의 론 스타일 와인 중 라벨에 "GSM"이라고 표기된 것은 그르나슈, 시라, 무르베르드로 만든 와인이다. 대부분의 호주 와인처럼 GSM은 프랑스 산 보다는 무겁고 과일 향이 풍만한 든든한 와인이다.

미국 1980대 론 레인저Rhone Rangers들이 시라를 집중 재배하기 시작할 때 물론 그르나슈와 무르베르드도 같이 심었다. 실제로 무르베드르는 스페인 이주민들이 마타로라는 이름으로 이미 널리 재배하고 있었기 때문에 전혀 새로운 품종은 아니었다.

그러나 대량 생산을 하면서 마타로의 질이 낮아져 많이 뽑혀져 나갔고 지금은 400~600에이커 정도 밖에 남지 않았다.(그르나슈는 11,000에이커 정도) 아직도 "Mataro"라는 이름은 좋지 않게 들려 라벨에는 "Mourvedre"로 표기한다.

캘리포니아의 좋은 그르나슈와 무르베드르는 샌프란시스코 만 동쪽 모래 토양의 콘트라 코스타 카운티Contra Costa County라는 따뜻한 곳에서 난다. 이곳은 스페인과 포르투갈, 이탈리아인들이 많이 살며 포도를 재배하고 있다.

론 레인저는 미국 서부 해안에 론 지역 포도 품종들을 심고 론 스타일의 와인을 처음 만든 생산자들이다. 미국에서 재배하는 론 품종은 20가지가 넘는다. 론 레인저의 시음회에 대해 알고 싶으면 www.rhonerangers.org을 찾아보자.

요점정리

- 남부 론 지역의 화이트와인은 마르산과 루산을 주품종으로 여러 가지를 블렌딩한다.
- 남부 론 레드와인은 주로 그르나슈, 시라, 무르베드르 중심으로 다른 품종들도 약간 섞는다.
- 남부 론의 좋은 레드가 나는 지역은 지공다스, 바케라스, 리락, 꼬뜨 뒤 론 빌라주 등이다. 론 지역 포도 품종들은 미국 캘리포니아나 워싱턴 주, 호주에서도 재배된다.
- 호주에서는 그르나슈, 시라, 무르베드르를 혼합한 블렌딩을 "GSM" 이라고 표기한다.

Chapter 15

이베리아 품종

1976년 프랑코 정권이 무너지고 스페인이 EU에 가입하면서 스페인 와인도 세계 시장에서 어깨를 겨루기 시작했다. 지금은 타파스tapas 바에서 고급 레스토랑까지 스페인 와인이 진열되어 있고 포르투갈 레스토랑도 세계 곳곳에 생겼다. 스페인과 포르투갈의 토착 품종들은 흔하지 않아 뭔가 다른 것을 맛보고 싶을 때 적격이다. 자, 또 여행을 떠나보자. 드넓고 감동적이며 값도 싼 새로운 와인 세계가 열릴 것이다.

이베리아 화이트

알바리뇨Albariño / 알바리뉴Alvarinho

가재, 새우, 조개, 오징어 등 갈리시아Galicia의 찬 바다에서 수없이 잡아 올리는 해산물들과 어울리는 와인은 가볍고 새콤한 알바리뇨이다. 알바리뇨는 창백한 초록색으로 밝고 신선하며 레몬 등 감귤류 향이 난다. 유질감이 있고 산도도 높다. 이베리아 반도 북서쪽 스페인과 포르투갈 두 나라의 국경선인 미뇨Minho, Miño 강을 따라 재배된다. 스페

인에서는 알바리뇨Albariño라고 부르고 포르투갈에서는 알바리뉴Alvarinho라 한다. 양쪽이 언어가 다른 만큼 포도는 같지만 와인은 차이가 난다.

스페인 알바리뇨는 최근 점점 수요가 많아지면서 와인 리스트에도 제자리를 잡고 있다. 알바리뇨는 밝고 신선한 레몬 향 외에 풍부하고 유질감도 있어 향미는 다르지만 샤르도네 같은 묵직함을 주기도 한다. 식전주로도 좋지만 메인 코스에도 무난하며 특히 생선

구이나 해산물 요리와 잘 어울린다.

알바리뇨는 스페인 북서쪽 갈리시아의 시원한 기후에서 가장 많이 생산되며 좋은 와인을 만든다. 다른 품종을 약간 섞는 경우도 있으나 대부분 단일 품종으로 라벨에 자랑스럽게 표기한다. $10이면 살 수 있었으나 인기가 좋아 $15~$20로 올랐다. 상표 참조 : As Laxas, Fillaboa, Martin Codax

스페인 화이트 중 가장 잘 알려진 품종은 알바리뇨이지만 재배 면적은 아이렌Airen이 제일 넓다. 아이렌은 라벨에 표기하지는 않고 스페인 카페에 가면 물처럼 마시는 일상 와인이다.

포르투갈 스페인에서 미뇨 강을 건너 포르투갈로 가면 발음도 미뉴 강으로 달라지고 같은 포도도 알바리뉴로 바뀌며 와인 맛도 달라진다. 더 가볍고 신선하며 첫맛이 약간 쏘는 것 같다. 햇와인으로 바로 마시는 토속 음료로, 아직도 옛날 돌로 된 라거lagar에서 발로 포도를 밟아 으깨고 발효시키는 곳이 남아 있다. 오크통에서 2차 발효를 시키며 생긴 탄산가스를 남겨 약간의 기포가 있다.

비뉴 베르드Vinho Verde 지역은 대서양의 영향을 받아 강우량이 많고 차고 서늘하다. 와인도 날씨처럼 군살이 없고 라임 스퀴즈 같이 신선하다. 대부분 비뉴 베르드 와인은 알바리뉴와 다른 토착 품종을 블렌딩하며 라벨에는 알바리뉴 단일 품종으로 표기한다. "Vinho Verde"는 $6~$10이면 살 수 있지만 좀 더 무게 있는 비뉴 베르드를 원하면 라벨에 "Alvarinho"라고 표기한 것을 사면 된다. $20 정도면 몇 년 보관도 가능하지만 대부분 바로 마신다. 상표 참조 : Pazo de Senorans

베르데호Verdejo

갈리시아에서 내륙지방으로 들어가면 카스티야레온Castilla y Léon 지방에 도달한다. 바다는 보이지 않고 산으로 둘러싸인 지역으로 화이트보다는 진하고 무게 있는 레드가 유명하다.

루에다Rueda 지역은 화이트가 잘 알려져 있으며 카스티야레온의 두에로Duero 강을 따라 위치하고 있다. 포도 품종은 베르데호이며 라벨에는 표기되지 않고 "Rueda" 로 표기된다.

연한 녹색으로 허브 향이 깃든 레몬 맛이며 소비뇽 블랑과도 비슷하다. 최근에 이 지역에 들여온 소비뇽 블랑과 블렌딩하기도 한다. 한 여름의 갈증을 식혀주는 와인으로 가벼운 생선이나 야채요리에 잘 어울린다. $8~$15이면 산다. 상표 참조 : Basa, Las Brisas, Martinsancho, Naia

> 가끔 호주 와인 중에 "Verdelho(베르델료)"라고 표기된 라벨이 있다. 라임 향은 있으나 베르데호Verdejo와는 관계가 없다. 호주 베르델료는 본래 마데이라Madeira가 원산지이며 1800년대에 강화 와인용으로 수입했으나 요즘은 대부분 드라이 와인을 만든다.

리오하 블랑코Rioja Blanco

리오하는 지역 이름이며 블랑코는 화이트란 뜻이다. 가볍고 약간 레몬 맛이 나는 물 같은 와인이며 미국 오크를 사용하면 바닐라 향도 약간 난다. 날씨가 덥고 와인이 차면 군침이 돈다.

좋은 화이트 리오하는 단순한 것에 비해 2~3배 가량 비싸고 흔하지도 않다. 매끈한 질감에 볶은 아몬드부터 익은 배, 꿀, 향신료, 버터 사탕, 신선한 버섯 향도 나며 해마다 더 좋아지니 $30이라도 비싸지 않다.

주 품종은 비우라Viura이며 마카베오Macabeo라고도 부른다. 향미가 약하여 달콤한 핵과 향과 꽃 향이 나는 말바지아Malvasia를 조금 섞는다. 어떤 화이트 리오하는 오크 숙성도 시켜 바닐라와 넛트 향이 나고 무게감도 있다.

옛날 스타일은 색깔이 노랗게 변하고 다양한 향이 날 때까지 수년 동안 출하하지 않는다. 이런 리오하는 하얀 식탁보를 깐 만찬에도 보증할 수 있는 와인이며 버터에 지진 가리비나 진한 해산물 요리에 잘 어울린다. $40 정도지만 한 푼도 아깝지 않다. 상표 참조 : R.

Lopez de Heredia

차콜리Txacoli와 그 외

차콜리는 지구상에서 가장 시원한 와인이다. 빌바오Bilbao 근처에서 온다리비 수리Hondarribi Zuri라는 토착 품종으로 만든다. 드라이하며 산미가 있고 초키chalky한 레몬 향에 알코올 도수는 9~11 도로 낮다. 소다수 같이 약간 기포가 있어 신선한 느낌을 준다.

바르셀로나 근처 페네데스는 스파클링 와인인 카바가 유명하지만 샤렐로Xarel-lo, 파레야다Parellada, 마카베오Macabeo 등 토착 품종과 샤르도네도 같이 재배한다. 알레야Alella라는 작은 지역의 와인도 이런 품종으로 만든다.

포르투갈에서는 화이트와인을 "Vinho Branco(비뉴 브란코)"라고 라벨에 표기한다. 비뉴 베르드의 화이트와인은 레드와인에 비해 그다지 인기가 없다. 그러나 리스본의 북쪽에서 재배하는 아린투Arinto라는 포도로 만든 와인은 깔끔하며 레몬과 오렌지 향으로 눈에 띈다.

이베리아 레드

템프라니요Tempranillo

이베리아의 레드와인 중 제일 먼저 꼽히는 것이 템프라니요다. 스페인에서 가장 많이 재배되는 품종이고 포르투갈에서는 틴타 호리즈Tinta Roriz라고 불리며 곳곳에서 재배한다. "temprano"는 영어로 "early"라는 뜻이며 이름처럼 조생종이라 가을비를 피할 수 있고 더운 여름과 추운 겨울도 잘 견딘다. 잘 익은 딸기와 체리 향을 미국 오크통의 바닐라와 스파이스 향이 감싸주는, 누구도 싫어할 수 없는 향미를 지닌 와인이다.

스페인 리오하Rioja 로마시대부터 와인을 생산해온 오하 강Rio Oja 주변으로, 바다에 가까운 곳도 있지만 대부분 지역은 산맥이 차고 습한 대서양의 바다 바람을 막아준다.

템프라니요는 리오하 알타Rioja Alta나 리오하 알라베사Rioja Alavesa와 같이 고도가 높은 곳에서 잘 자라며 낮은 지역인 리오하 바하Rioja Baja 같은 곳에서는 마수엘로Maxuelo나 가르나차Garnacha, 그라시아노Graciano/Carignan와 블렌딩하기도 한다.

무엇을 섞어도 비교적 더운 지역이라 잘 익은 체리 향은 보장 받을 수 있으며, 와인은 양조 방법에 따라 달라진다. 대부분 리오하는 국내용으로 오크통 숙성 없이 바로 마시는 스타일이며 외국에서 맛 볼 수 있는 것은 미국 오크통에서 최소 일 년은 숙성된 와인이다.

오크통 숙성 기간에 따라 향미가 달라지는데 일반적으로 네 등급classification으로 나눈다.

- 호벤 / 신 크리안사Joven/Sin Crianza : 1년 후 출하
- 크리안사Crianza : 2년 후 출하(오크통 최소 1년, 병 1년)
- 레세르바Reserva : 3년 후 출하(오크통 최소 1년 ,병 2년)
- 그란 레세르바Gran Reserva : 5년 후 출하(오크통 2년, 병 3년)

호벤은 스테인리스스틸탱크를 사용하고 과일 향이 생생하며 $8이면 산다. 그란 레세르바의 오크 향이 오크 숙성을 오래했다고 해서 더 강해지는 것은 아니다. 오히려 오크통을 통해 와인이 산소와 접촉하며 부드러워지고, 체리와 바닐라 향의 크리안사에 스파이스와 견과류 향을 더 한다. 그란 레세르바는 빈티지가 좋을 때만 만들며 장기 보관도 가능하다. 값도 크리안사가 $10~$20 사이인데 비해 $30~$60로 오르며 세계의 명품 레드와 자리를 같이 할 수 있다.

다른 구세계와 마찬가지로 리오하에서도 전통적 규제를 벗어난 새로운 스타일의 와인을 만들고 있다. 즉 그란 레세르바처럼 단단하고 복합적인 와인을 만들면서 오크 숙성 기간을 줄여 과일 향을 살리는 예를 볼 수 있다. 단일 포도밭 와인은 여러 포도밭에서 수확한 포도를 혼합하는 구습과는 상당히 다른 새로운 시도이다. 토착 품종을 사용하지 않기도 하고 전통적 미국 오크통 대신 프랑스 오크를 사용하는 현대적 레드도 있다. 라벨에는 "Rioja"나 "vino de la tierra"라고만 표기 할 수 있어 구분이 쉽지 않지만 비싼 가격표가 붙어있기 때문에 등급 분류를 뛰어 넘는 와인이라는 것을 알 수 있다.

리베라 델 두에로 Ribera del Duero　카스티야레온Castilla y Léon 지역에서도 템프라니요로 와인를 만들며 틴토 피노Tinto Fino, fine red 또는 틴토 델 파이스Tinto del Pais, country red라고 부른다. 이름만 봐도 이 지역을 대표하는 중요한 품종임을 알 수 있다.

900m 고도의 스페인에서 가장 높은 재배 지역이며 여름 날씨는 더워도 저녁에는 선선하여 포도가 서서히 익는다. 리오하보다 와인이 더 풍부하고 조밀하다.

외국 품종인 카베르네 소비뇽이나 메를로와 블렌딩하기도 한다. 카베르네를 약간 섞어 블랙 커런트와 타닌의 저음을 깔아주고, 메를로로 과일 향의 옷을 입히면 템프라니요가 되살아나는 것 같은 활력이 생긴다. 베가 시실리아Vega Sicilia가 가장 유명하다. 리베라 와인은 $20에서 $300 이상으로 치솟으니 지갑이 두툼해야 한다. 상표 참조 : Abadia Retuerta, Alion, Arzuaga, Condado de Haza, Emilio Moro, Pesquera

토로Toro　리베라 델 두에로 지역이 와인으로 유명해지자 곡창지대인 토로도 땅값이 오르기 시작했다. 두에로 강을 따라 루에다Rueda의 남쪽 높은 지역이다. 뜨거운 낮의 열기와 건조한 기후로 포도는 과숙하고 잼 같은 체리 향을 낸다. 알코올 도수는 16도가 보통이다. 틴토 델 토로Tinto del Toro, red of Toro로 불리며 좋은 와인은 구조가 단단하며 우아함도 있다. 상표 참조 : Campo Elisio, Lurton El Albar, Numanthia–Termes, Rejadorada

다음 두 지방은 템프라니요를 지역 이름으로 라벨에 표기한다. 지도 참조 p.182

- 발데페냐스Valdepeñas 또는 템프라니요의 다른 이름인 센시벨Cencibel
- 페네데스Penedès

> 로사도Rosados는 리오하의 핑크 와인이다. 밝고 신선하며 마른 체리 향이 가득 찬 와인이다.

포르투갈　두에로 강을 따라 스페인에서 포르투갈로 넘어가면 도우루Douro 지역이다. 이곳이 유명한 강화 와인 포트Port가 생산 되는 곳이다. 참조 Chapter 20 드라이 와인도 생산하며 "Douro"로 표기된다. 템프라니요는 틴타 호리스Tinta Roriz라 불리고 단일 품종은 라벨에 표기하지만 여러 품종을 혼합한 것은 표기하지 않는다.

와인 맛이 궁금할 때는 우선 지역을 염두에 두고 그 지역의 유명한 와인의 특징을 생각해보면 도움이 된다. 도우루 지역은 덥고 포트는 완숙된 짙은 과일 향의 강화 와인이다.

드라이 템프라니요나 템프라니요 블렌딩도 그와 같이 풍부하고 진하지만, 돌같이 드라이 하고 타닌과 산미도 강하다. 이런 맛은 호벤 리오하Joven Rioja와 비슷하고 여름날 가볍게 마시기보다는 바베큐와 더 어울린다. 대부분 $20 이하며 $75 하는 것도 있다.

가르나차Garnacha

가르나차라는 이름을 들으면 석류석garnets을 떠올리게 되는데 와인의 색깔도 액체로 된 석류석 같다. 프랑스에서는 그르나슈Grenache, 이탈리아에서는 카노나우Cannonnau라고 부른다. 여름 햇볕을 듬뿍 먹은 나른하고 풍부한 와인으로 지중해성 포도의 특징을 그대로 가지고 있으며 밝은 체리 향은 조절하지 않으면 사탕같이 달콤해진다.

스페인 프리오라트 Priorat　스페인 북동쪽의 프리오라트 지역은 톱니같은 바위 언덕이 모두 포도로 덮여 있다. 이런 지역에 포도를 심는 사람은 정상이 아닐 것이라고 생각하겠지만 "Priorat"라고 라벨에 표기된 와인을 마셔보면 그 이유를 알 수 있다.

대부분은 완숙한 가르나차로 만들지만 토착 품종인 카리네나Carinena나 카베르네, 시라 등도 약간 섞는다. 프리오라트는 체리 향이 가득하고 스파이시하며 알코올 도수가 16도까지도 오른다. 이런 와인은 하루 종일 육체노동을 하고 난 후 돼지고기 구이와 함께 마셔야 제맛이 난다. 지도 참조 p.182

> 화이트 프리오라트는 가르나차 블랑카로 만든다. 파인애플, 바닐라, 꿀 향이다.

가장 깊고 진한 맛의 프리오라트는 백년도 더 된 포도나무에서 나는 포도로 만들며 지금은 얼마 남아 있지도 않다. 강하고 풍부한 요즘 레드 유행에 따라 가르나차도 새로 많이 심었지만, 새 포도나무는 오래된 나무에서 수확한 포도로 만든 와인보다 가볍고 맛도 다르다. 라벨로는 알 수 없지만 가격에서 $30~$70 정도로 비싸면 오래된 포도나무old vine이다. 상표 참조 : Buil & Gine, Capafons–Osso, Cims de Porrera, Clos de l'Obac

나바라Navarra 나바라는 밝은 핑크색의 로제가 유명하다. 템프라니요가 가르나차 재배지역을 약간 뺏기는 했으나, 오래된 가르나차의 너그러운 과일 향과 풍부한 질감이 인상적인 로제 와인을 만든다.

나바라의 바로 남쪽이 오래된 가르나차의 보고인 캄포 데 보르하Campo de Borja이다. 와인은 스파이시한 딸기 향으로 단순하며 값이 싸고 좋은 것도 $10~$20 정도이다.

리오하는 가르나차 단일 품종으로 만들기도 하지만 템프라니요와 블렌딩도 한다.

스페인 와인은 이 책에서 취급한 양보다 훨씬 다양하다. www.winefromspain,com이나 www.spanishtable.com에서 전체적으로 볼 수 있다.

모나스트렐Monastrell

모나스트렐은 남프랑스의 무르베드르와 같은 포도이다. 스페인의 발렌시아Valencia를 포함하는 지중해 연안 지방이 모나스트렐의 고향이다. 최근까지도 바닷가 휴양지로만 알려졌는데 지금은 와인 산지로도 스페인에서 장족의 발전을 한 곳이다. 내륙의 더운 지역으로 후미야Jumilla가 중심이다. 지도 참조 p.182 색깔이 검고 무화과 향과 타닉한 질감의 와인으로 $8~$15 정도다. 상표 참조 : Agapito Rico, Bleda, Finca Luzón, Juan Gil, Julia Roch y Hijos

토우리가Touriga와 그 외

포르투갈은 어느 곳에서도 찾을 수 없는 고대 포도 품종들의 보고이다. 레드 와인은 여러 품종을 블렌딩하여 만들고 그 품종도 헤아릴 수 없이 많다. 그래도 몇몇 주요 재배 지역들을 알면 포르투갈 레드와 대면했을 때 대강 어떤 와인일 것이라는 추측은 할 수 있다.

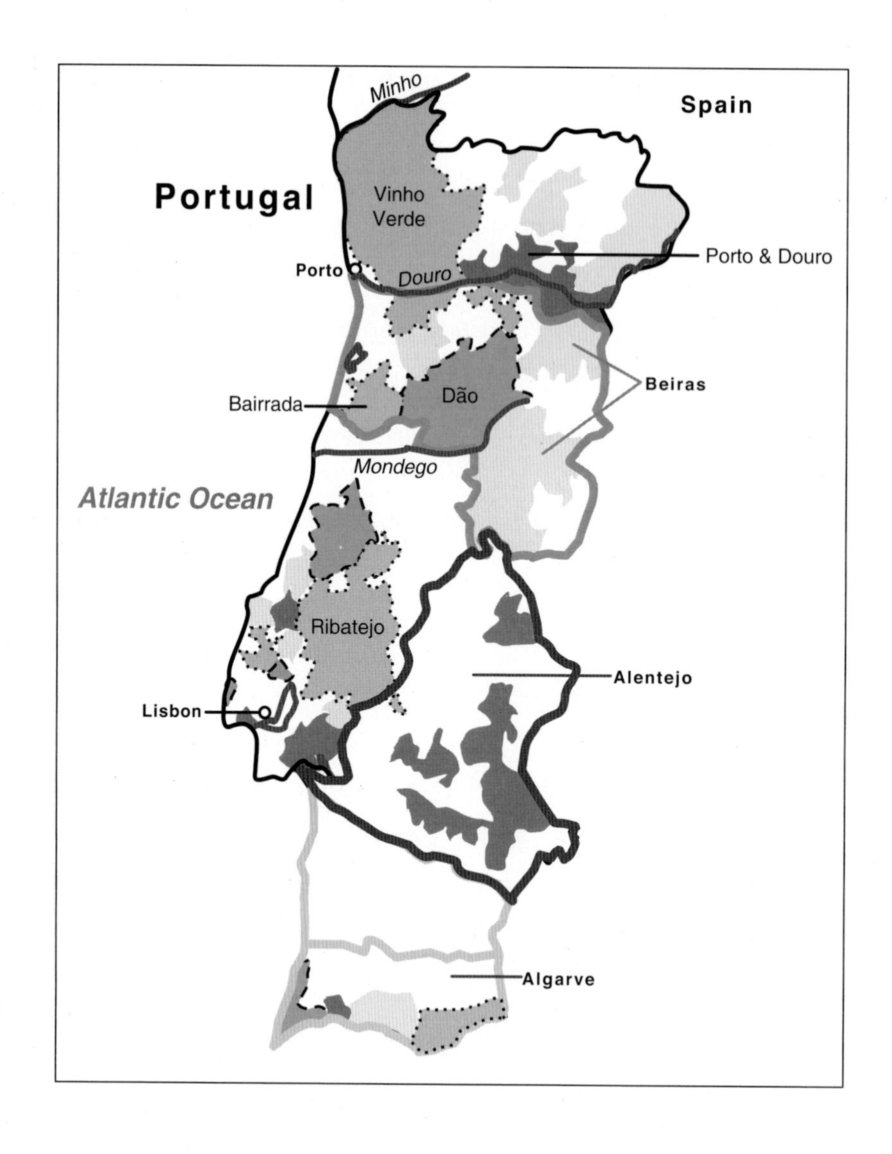

도우루Douro 강화 와인인 포트참조 Chapter 20가 유명하며 포르투갈에서 가장 중요한 와인 생산 지역이다. 최근에는 틴타 호리스Tinta Roriz와 50여종의 낯선 포도를 섞어 만든 드라이 와인도 인기를 끌고 있다.

많은 포도 품종과 다양한 양조 방식 등으로 와인의 스타일도 갖가지이다. 일반적으로 드라이 도우루는 타닉하지만 약간의 허브 향이 검은 과일 향을 밝게 해 준다. 현대적인 스타일로는 새 오크통에 오래 숙성시켜 타닉한 알맹이를 부드러운 바닐라 향으로 감싸 주기도 한다. 좋은 것은 수년 동안 보관도 가능하고 $50 이상이다.

다웅Dão　도우루의 남쪽, 몬데고Mondego 강을 따라가면 언덕진 계곡에 토우리가 나시오날Touriga Nacional과 9가지 다른 품종들이 여름 햇볕을 받으며 무성하게 자란다. 다웅 와인은 도우루보다 섬세하다.

바이하다Bairrada　다웅과 대서양 사이의 평평한 지역으로 검은 색깔의 바가Baga 품종이 대부분을 차지한다. 와인은 거칠고 검으며 타닌이 충분하여 스테이크와 바로 맞는다. 블렌딩을 하기도 하지만 꼭 해야 하는지는 아직도 시험 중이다. 와인 메이커들은 더 부드럽고 친근해 질 수 있는 와인을 만들려고 노력하고 있으나 옛날 스타일 그대로 스테이크와 즐기는 맛은 버릴 수 없다.

알렌테주Alentejo　리스본의 동쪽, 알렌테주는 넓은 구릉지대로 포르투갈의 코르크 본산지이다. 몇 개의 작은 지역에서 포도를 재배하며 대부분 지역은 라벨에 포도 품종은 없이 "Alentejo"라고만 표기한다. 친근하며 대지의 향을 지닌 무르익은 시골 와인이다. 몇몇 현대적인 와이너리에서는 과일 향의 구조감이 있는 와인도 생산한다.

요점정리

- 포르투갈의 비뉴 베르드와 스페인의 차콜리는 세계에서 가장 가볍고 시원한 와인이다.
- 프리오라트 레드는 과일즙 같이 진하며 가르나차로 만든 최고의 와인이다.
- 포르투갈 와인은 여러가지 토착 품종들을 혼합하므로 포도품종에는 신경 쓰지 않는 것이 좋다.
- 포르투갈의 세련된 와인은 다웅과 도우루에서 난다.

Chapter 16

이탈리아 품종

이탈리아는 와인의 천국이다. 포도 품종도 1천여 종류가 넘고 평생을 마셔도 다 마실 수 없을 만큼 와인의 종류도 많다. 전문가라도 새로운 와인을 만나게 되고 들어보지도 못한 포도 품종을 발견하게 된다. 이탈리아 내에서만 재배되고 외국에서는 거의 볼 수 없는 품종도 많다. 이탈리아인도 모르고 마시니 이를 위로 삼아 우리도 마시며 즐기며 공부해 보자. 이 장에서는 다른 나라에서도 찾아 볼 수 있는 주요 품종에 대해서만 소개한다.

이탈리아 등급

이탈리아 와인을 이해하는데 또 하나의 난관은 등급classification 제도이다. 이탈리아 등급은 다른 구세계 와인과 마찬가지로 지역을 우선하고 품질도 고려하지만 어떤 곳은 정치색이 짙다. 등급은 가격이나 품질과 항상 비례하지는 않는다.

- 비노 다 타볼라Vino da Tavola : 다른 EU 국가와 마찬가지로 테이블 와인은 지역에 상관없이 이탈리아에서 나는 모든 포도로 만들 수 있다. 수확 연도나 생산지 표기는 없으며 품질은 보증하지 않는다.

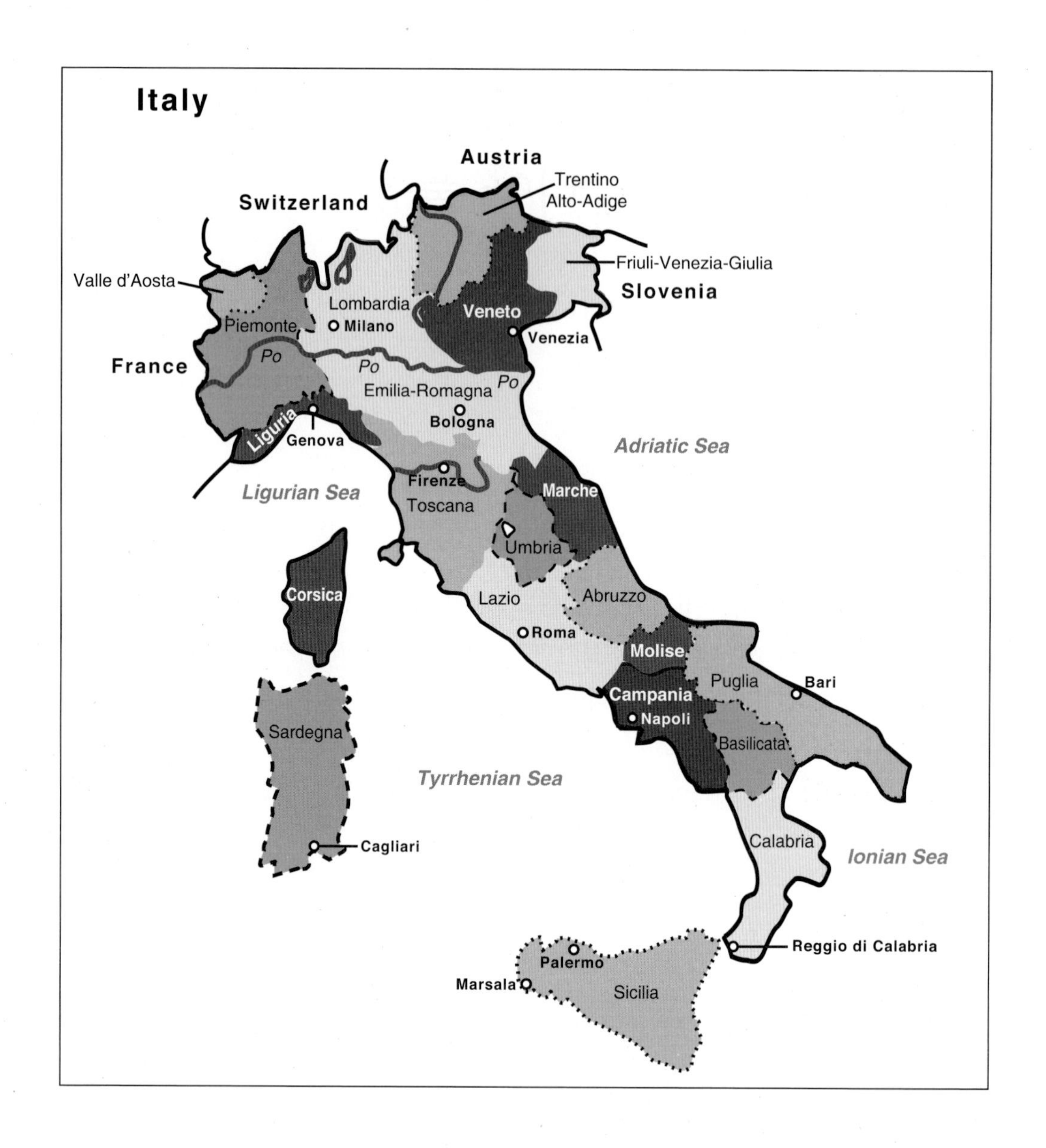

- 인디카초네 제오그라피카 티피카IGT, Indicazione Geografica Tipica : 1992년에 만들어진 새로운 등급이다. 생산된 주를 표기하며 품종과 같이 표기하기도 한다. 수퍼투스칸처럼 품질이 좋아도 토착 품종으로 만들지 않아 예전에는 비노 다 타볼라 등

급에 속할 수밖에 없던 와인을 위해 만들었다.

- 데노미나초네 디 오리지네 콘트롤라타DOC, Denominazione di Origine Controllata : 정해진 지역 내에서 재배되고 품종과 양조 방법이 규정되어 있다. 1966년에 시행되었다.
- 데노미나초네 디 오리지네 가란티타DOCG, denominazione di origine garantitta : DOC 보다는 규제가 더 엄격하다. 1980년에 정해지고 DOC를 5년 거쳐야 된다.

신세계와는 달리 리제르바Riserva는 법적 규제가 있고 주로 DOC나 DOCG 등급에 속하며 숙성 기간이 더 긴 것을 의미한다.

이탈리아 화이트

트레비아노Trebbiano　트레비아노는 이탈리아에서 가장 수확량이 많은 화이트 품종이다. 산도가 높고 옅은 과일 향이며 알코올 도수는 낮다. 프랑스에서는 위니 블랑Ugni Blanc이라고 하며 꼬냑Cognac 지방에서 브랜디 용으로 많이 재배한다. 토스카나에서는 옛날부터 키안티Chianti 와인에 블렌딩 용으로 사용했다. 동부 지역 마르케Marche와 아브루초Abruzzo에서 대량 생산된다.

오르비에토Orvieto　움브리아Umbria의 오르비에토는 이탈리아에서 가장 인기있는 화이트로 마치 파스타 샐러드나 여름 피크닉을 위해 만들어진 것 같다. 관광지로 알려진 아름다운 오르비에토 성을 중심으로 펼쳐진 포도밭들이 장관을 이룬다. $10~$15로 가볍게 사서 마실 수 있다.

프라스카티Frascati　로마에서 12마일 떨어진 같은 이름의 지역에서 생산된다. 더운 여름 날 로마식 식당에서 피자를 주문하고 찬 프라스카티 한잔을 마셔보라. $12 정도로 더

말할 나위 없이 상쾌한 기분이 될 것이다. 상표 참조 : Fontana Candida Frascati, Castel de Paolis

트레비아노 다브루초 Trebbino d'Abruzzo 아브루초의 단순한 화이트 와인인데 드물게는 오래가는 황금빛 와인도 만든다. 봄비노 비안코Bombino Bianco라는 품종을 쓰기도 하지만 별 차이는 없다. 상표 참조 : Masciarelli, Emiclio Pepe

갈레스트로Galestro 트레비아노와 함께 키안티 와인에 블렌딩용으로 썼으나 요즘은 거의 쓰지 않는다. 토스카나의 암석이 섞인 토양 아름이기도 하며 가벼운 과일향의 와인이다.

에스트! 에스트!! 에스트!!! 디 몬테피아스코네 Est! Est!! Est!!! di Montefiascone 라치오Lazio의 볼세나Bolsena 호수 근처에서 재배된다. 12세기 문자 같은 이상한 이름의 이 와인은 $10 이내로 밝고 깔끔하며 부담 없는 와인이다. 몬테피아스코네는 마을 이름이며, Est!는 "바로 이것이다(It is)"라는 감탄사다.

피에몬테 3종

피에몬테Piedmonte 레드로는 강한 레드와인을 만드는 네비올로를 비롯해 산미 있는 바르베라, 개성 있는 돌체토가 있다. 화이트 와인의 주요 품종은 다음과 같다.

아르네이스Arneis 1970년대에 들어서야 알려지기 시작했다. 온도 조절이 가능한 스테인리스스틸 탱크를 사용하여 저온 발효로 질 좋은 화이트와인 생산이 가능해졌기 때문이다. 모래 토양으로 지금은 DOCG 등급도 받은 "Roero Arneis(로에로 아르네이스)", "Arneis de Roero(아르네이스 드 로에로)"가 잘 알려져 있다. 풋사과, 배, 아몬드 향이 나며 생선과 야채 또는 살라미와도 맞다. $12~$23 정도이다. 상표 참조 : Giacosa, Matteo Corregia, Malvira

코르테제Cortese 포도 품종보다는 "Gavi di Gavi(가비 디 가비)"라는 와인으로 더 알려져 있다. 흰 꽃과 그레이프 프루트 향으로 피에몬테 동남쪽 가비Gavi 지역 와인이다. 차게해서 바로 마시는 상쾌한 여름용 와인이며 마른 과일 향에 미네랄 향이 깃든 복합적인 것도 있으나 대부분 단순하다.

가비는 세련된 이름값을 하느라 $45도 호가한다. "Cortese delle'Alto Monferrato(코르테제 델 알토 몬페라토)"라고 라벨에 표기된 것은 가비 지역 북쪽 몬페라토에서 생산되는 좋은 품질의 코르테제이다. 상표 참조 : Pio Cesare, Fontanafredda, La Scolca

모스카토Moscato 모스카토는 꽃 향기와 이국적 열대과일 향으로 대개 스위트 와인을 만든다. "Moscato d'Asti"는 아스트Asti 지역에서 생산하는 약 스파클링 와인으로 세계에서 가장 많이 팔리는 와인이다. 참조 Chapter 13 포도의 아로마가 살아 있고 알코올 도수도 낮아 누구나 즐길 수 있다. 상표 참조 : Braida, Saracco

북동 이탈리아 3종

이탈리아의 북동 지역은 고도가 높고 알프스의 시원한 바람이 불어 포도의 산도가 높다. 흔하게 볼 수 있는 화이트 품종은 피노 그리조나 피노 비앙코이며 가르가네가와 리볼라 지알라, 토카이 프리울라노 품종으로 만든 와인이 특이하다. 참조 Chapter 7

리볼라 지알라 Ribolla Gialla 노란색 리볼라라는 뜻을 가진 와인으로 이탈리아 북부 프리울리에서 생산하며 깔끔하고 배와 미네랄 향이 깔린 화이트이다. 드라이하나 꽃향이 가득하고 가볍게 오크 숙성하여 버터향이 나는 것도 있다. 라벨에 품종이 분명히 표기된다. 상표 참조 : Schiopetto, Marco Felluga

토카이 프리울라노 Tocai Friulano 이름처럼 프리울리 지방 전체에서 재배하고 감귤류의 산도가 있는 것과 배와 사과, 꽃 향이나 넛트, 스파이스, 미네랄 향까지 다양하다. 헝가리 토가이와 구분하기 위해 EU의 중재로 지금은 "Friulano"라고만 쓴다. $15~$30 정도이다. 상표 참조 : Bastianich, Scarbolo, Villa Russiz, Livio Felluga, Schiopetto

가르가네가Garganega 라벨에 품종 표기를 잘 하지 않지만 소아베Soave를 맛보았으면 이미 알고 있는 품종이다. 베네토 지방의 주품종으로 소아베 지역은 베로나의 구릉 지대이며, 소아베는 가르가네가와 샤르도네를 섞어 만든다. 부드러운 아몬드 향과 흰 꽃 향이 난다. 감미로운 레초토 디 소아베Recioto di Soave와 소아베 스푸만테Soave Spumante는 디저트 와인으로 좋다. 호두과자와 크림 향이 나는 소아베 클라시코Soave Classicos는 화산토의 구릉지대에서 재배되며 단단한 구조로 십년 이상도 보관할 수 있다. 조금 비싸지만 그만한 가치가 있다. $30 정도. 상표 참조 : Gini, Inama, Pieropan

빈 산토Vin Santo는 트레비아노와 말바지아 품종으로 만든 스위트 와인이다. 포도를 건조시켜 서서히 발효시키고 알코올 도수가 높다. 옛날부터 미사의 성체주로 사용했다.

캄파냐 3종

옛날에 숭앙 받던 캄파냐Campania 와인은 지난 수세기 동안 잊혀져 있었다. 요즘 남부 이탈리아식 음식이 유행하면서 르네상스를 맞게 되고 와인 리스트에도 고정 손님으로 오른다. 상표 참조 : Mastroberardino, Feudi San Gregorio, De Meo

팔란기나Falanghina 향기로운 다양한 열대과일 향이 레몬향의 산미 속에 생생히 살아나는 특별한 화이트와인이다. 포도 품종으로 표기되거나 "Falerno di Massica(팔레르노 디 마시카)"로 표기된다. "Lacryma Christi del Vesuvio(라크리마 크리스티 델 베수비오)"는 화산토에서 재배되어서인지 팔란기나가 정말 스모키하다.

피아노Fiano 가볍고 드라이하며 스모키한 미네랄 향과 레몬 향을 갖고 있다. 나폴리에서 20마일 쯤 떨어진 아벨리노Avellino의 언덕에서 나는 "Fiano di Avellino(피아노 디 아벨리노)"가 좋다.

그레코Greco 남부 이탈리아 전 지역에서 자라는데 아벨리노의 "Greco di Tufo(그레코 디 투포)"가 좋다. 드라이하고 시원하며 레몬 향과 미네랄 향으로 생선 튀김이나 조개 등과 잘 어울린다.

V 3종

세 품종은 첫 글자가 같은 것 외에는 비슷한 점이 없지만 같은 글자로 시작하는 화이트 품종이 세 가지나 있는 나라도 드물다. 라벨에는 품종이 표기된다.

베르나차Vernaccia 여러 가지 타입이 있지만 토스카나의 산 지미냐노San Gimignano에서 나는 "Vernaccia di San Gimignano(베르나차 디 산 지미냐노)"가 가장 흔하다. DOC를 처음 받은 와인으로 1200년 말부터 알려지기 시작했다. 황금빛의 드라이 와인으로 가벼운 산미와 미네랄 향도 듬뿍 들어 여름철 갈증 해소에도 좋고 섬세한 생선 요리와도 어울린다. $18 내외이다. 상표 참조 : Ca'del Vispo, Le Calcinaie, Terruzi & Puthod

베르디키오Verdicchio 키가 크고 곡선이 긴 병이 눈길을 끈다. 싱싱한 감귤 향과 견과류의 깊은 향미가 있으며 산도가 높아 수년 동안 보관도 가능하다. 이름난 베르디키오는 마르케Marche 대양에서 멀지않은 "Verdicchio di Castelli di Jesi(베르디키오 디 카스텔리 디 예지)"에서 나며 마치 그 지역의 풍부한 생선을 위해 태어난 와인인 것 같다. "fish wine"이라고도 한다. $10~$20 정도다. 상표 참조 : Bucci, Fazi Battaglia, Talamonti

베르멘티노Vermentino 완전히 다른 두 가지의 스타일이 있다. 북쪽 리구리아Liguria의 추운 해안 지방에서 나는 흰 꽃 향의 와인과, 남쪽 볕 좋고 따뜻한 사르디니아Sardinia

섬에서 나는 풍부한 꿀 향의 와인이 있다. 사르디니아가 유럽 부유층의 휴양지로 알려지며 이 품종에 대한 관심이 높아졌다. 안티노리Antinori는 사르디니아 스타일에 토스카나의 맛을 입혀 오크의 바닐라 향을 더하였다. $12~$20. 상표 참조 : Arigiolas, Santadi, Capichera

이탈리아 레드

이탈리아에도 화이트보다 레드 품종이 훨씬 많다. 가장 중요한 두 품종은 키안티의 산조베제와 바롤로의 네비올로 두 품종이다.

산조베제Sangiovese

블랙 체리, 베리 류, 말린 자두 향과 제비꽃 향이 나며 숙성되면 담배잎, 건초, 동물 향도 난다. 색깔은 석류빛의 밝은 레드다. 색깔과 바디가 약해도 껍질이 두껍고 씨가 많아 타닌이 많고 산미가 강해 오래간다.

키안티Chianti 포도나무로 덥힌 초록색 언덕과 올리브나무, 농가들이 점점이 펼쳐 있는 키안티 지방의 풍경은 정말 목가적이다. 키안티는 여행객에게만 매력적인 곳이 아니다. 짚으로 싼 피아스코fiasco 병에 담아 걸어둔 키안티 와인은 누구나 사랑할 수밖에 없는 토스카나의 풍경이다.

키안티 와인을 만드는 주 품종은 산조베제다. 토스카나Toscana의 대표적 품종인데 키안티 외 지역에서도 중요한 역할을 한다. 종류도 다양하여 어떤 때라도 어울리는 스타일이 있다. 가벼운 체리 향의 산미와 오크 향이 거의 없는 전통적 키안티, 오크 숙성으로 강한 타닌과 토스트, 바닐라 향까지 갖춘 현대적인 와인 등 다양하다.

키안티 DOC 규제도 관대하여 주 품종은 산조베제이지만, 카나이올로Canaiolo나 콜로리노Colorino같은 토착 품종을 섞을 수도 있고 카베르네 소비뇽이나 메를로, 시라 같은 외국 포도 품종들도 15퍼센트까지 섞을 수 있다. 병 속의 와인을 알기 위해서 다음 세 가지 스타일을 익혀야 한다.

- 키안티Chianti : 키안티 전 지역에서 생산되는 것을 말하며 가볍고 맛좋은 과일 향을 풍기며 오크나 타닌 향은 거의 없다.
- 키안티 클라시코Chianti Classico : 키안티 지역 중에서도 오래 된 중심부를 말하며 구릉 지대로 수확량 제한도 있기 때문에 더 응축된 와인을 생산한다. 1년 오크 숙성하며 1년간 병에서 숙성시킨 후 출하한다. 가격은 $10~$25 정도이다. 수명은 2~7년이다.
- 리제르바Riserva : 가장 응축된 키안티로 1년 반 오크 숙성한 후 2년간 병에서 숙성시킨다. 흙내와 스파이스 향을 풍기며 성숙한 매력을 느끼게 한다. 10여년 정도 보관할 수 있다.

키안티는 7개의 세부 지역sub-zone이 있다. "Chianti"보다는 더 낫지만 "Chianti Classico"보다는 가볍고 라벨에 지역이 표기된다. **세부 지역** : Chianti Colli Arentini, Chianti Colli Fiorentini, Chianti Colli Montalbano, Chianti Colli Montespertoli, Chianti Colli Pisane, Chianti Colli Rufina, Chianti Colli Senesi. "Colli"는 언덕이란 뜻이다.

카르미냐노Carmignano 피렌체Firenze의 서쪽 키안티 외곽 지대에 위치한 작은 지역으로 같은 토스카나 지방이지만 다른 면이 있다. 키안티는 보통 85퍼센트의 산조베제를 사용해야 했지만 카르미냐노 에서는 산조베제는 50퍼센트만 사용해도 된다. 그외 카나이올로 20퍼센트 정도와 카베르네 소비뇽이나 다른 화이트 품종들도 혼합할 수 있다. 카베르네 소비뇽은 외국 품종이라 다른 지역이 최근에 블렌딩을 허용한데 비해 이 지역에서는 이미 18세기부터 재배하였으며 옛날부터 사용해 왔다.

와인은 은은한 과일 향이 나며 부드럽고 타닌의 약간 조이는 맛이 있다. "Barco Reale di Carmignano(바르코 레알레 디 카르미냐노)"는 더 가볍고 $12 정도로 싸다. 보통 $20 정도이다. 상표 참조 : Ambra, Cappezzana, Pratesi

브루넬로 디 몬탈치노 Brunello di Montalcino 브루넬로는 산조베제 품종이 지역에 맞게 변화된 품종이다. 비욘디 산티Biondi-Santi가 이 품종을 개발했으며 반피Banfi가 세상에 널리 알린 역할을 했다. 몬탈치노는 시에나Siena 바로 아래 따뜻한 언덕 지역으로 석회석과 모래 토양이다. 100퍼센트 산조베제를 맛보고 싶으면 몬탈치노를 마셔야 한다. 블렌딩 하지 않고 산조베제로만 만든 와인은 이 지역 외에는 찾아보기 힘들다.

"Brunello di Montalcino(부르넬로 디 몬탈치노)"는 2년의 오크 숙성과 2년의 병 숙성을 거쳐 출하되며 토스카나에서 가장 단단한 레드이다. 타닌이 많아 병 숙성이 5~10년도 계속된다. "Rosso di Montalcino(로소 디 몬탈치노)"는 숙성 1년이면 출하되고 그만큼 가볍다.

키안티보다는 남쪽으로 지역이 따뜻하고 품종도 약간 다르며 토양도 달라 몬탈치노 와인은 키안티 보다 익은 과일 향이 나고 타닌도 강하다. 로소는 $12에서 $20 이고 브루넬로는는 2배 이상 비싸며 좋은 것은 수십 년도 견딘다. 상표 참조 : Barbi, Col d'Orcia, Il Poggione, La Poderina, Crociani

비노 노빌레 디 몬테풀치아노 Vino Nobile di Montepulciano 시에나 남쪽의 몬테풀치아노 근처에서 나는 산조베제, 정확히 말하면 지역 변종인 프루뇰로 젠틸레Prugnolo Gentile와 약간의 토종 포도를 섞어 만든다. 오크통 숙성 2년과 병 숙성 3년을 거쳐야 한다. 진흙과 모래 토양으로 바이올렛과 흙내, 스파이스 향과 약간 타닉한 마른 체리 향이 난다. 17세기에 귀족들이 즐겨 마셔 "노블noble"이라는 이름이 붙었으나 지금은 인기가 시들해졌다. $15~$30 정도이다. 상표 참조 : Avignonesi, Dei, Poliziano

모렐리노 디 스칸자노 Morellino di Scansano 모렐리노Morellino는 산조베제의 또 다른 변종인데 따뜻한 토스카나의 남서쪽에 많이 재배된다. 그 이름 "작은 체리"가 보여주듯 다른 곳보다 체리 향이 진하고 매력적이며 맛이 부드럽다. $10~$30. 상표 참조 : Moris Farms, Le Pupille

BC 6 세기경 토스카나 지역에 도시 국가를 건설했던 에트루리아인들은 포도를 재배하고 와인을 즐겼다. 이 지역의 에트루리아 왕의 무덤에서 와인 잔이 발견되었다.

네비올로Nebbiolo

네비올로는 산도가 높고 타닌이 강하다. 장미와 검은 체리 향으로 숙성되면 감초, 버섯, 흙내의 복합적인 향이 난다. 석회질이 많은 토양에서 특유의 타닌 향이 나타나며 카베르네 소비뇽보다는 풍미가 부드럽지만 타닌은 풍부하며 묵직하고 알코올 도수도 높다.

부르고뉴 피노 누아에 중독되면 헤어나오지 못하는 것처럼 네비올로도 마찬가지다. 비싸고 섹시하며 맛있다. 포도도 피노 누아보다 더 까다로워 세계 어느 곳에서도 찾아 볼 수 없고 피에몬테의 북서쪽 언덕에서만 자란다.

이 지역은 알프스 산맥의 기슭으로 특히 가을과 겨울에 안개가 많다. 10월이 되면 잘 익은 포도 껍질에 끼는 흰 분이 포도밭에 끼는 안개nebbia와 같아 "nebbiolo"라고 이름 지어졌다는 말도 있다.

바롤로Barolo 바롤로 지역은 네비올로의 이상향이다. 와인은 송로버섯, 바이올렛 향, 장미향, 마른 체리 향이 나며 타닌과 산미도 강하다. 짙은 루비색으로 오래되면 갈색조를 띄기도 한다. 오크 숙성 1년 반, 병 숙성 2년 후 출하하고 리제르바는 적어도 4년간 숙성하며 십여 년 이상 지나야 정점에 도달한다($75 이상). 바롤로는 대부분 30년 이상 보관이 가능하며 좋은 것은 50년 이상 간다. 바로 마시려면 오래된 빈티지를 사든지 아니면 덜 비싼 것을 사야 한다($30 정도). 바롤로 지역에는 11개 마을이 있다.(Barolo, Castiglione Faletto, Serralunga d'Alba, Diano d'Alba, Novello Cherasco, La Morra, Roddi, Grinzane Cavour, Monforte d'Alba, Verduno)

바르바레스코Barbaresco 알바Alba 시의 동쪽으로 바롤로 반대편에 위치하며, 바롤로보다는 바디가 약하고 알코올 도수도 낮다. 산도와 타닌은 강한 편이지만 비교적 빨리 숙성되고 수명이 20~30년 정도이다. 오크 숙성 1년을 포함해 2년 이상 숙성하며 절제되고 세련된 맛이다. 이 지역에는 4개 마을(Barbaresco, Neive, Treiso, Alba)이 있다.

1970년대부터 작은 오크통 숙성도 하기 시작하여 과일 향에 스파이스 향도 더한다. 안젤로 가야Angelo Gaja는 1960년대부터 와인의 숙성 기간을 줄이고 국제적 스타일로 만들어 네비올로 포도를 유행시키고 바르바레스코를 유명 와인 반열에 올려놓았다.

랑게Langhe 랑게는 바롤로와 바르바레스코 지역을 포함하는 알바Alba 시 주변 일대의 구릉 지대이다. 랑게 DOC는 대개 어린 나무에서 수확한 포도나 기후 등으로 품질이 떨어질 때 수확한 포도로 만든다. 강하지는 않지만 네비올로의 특징을 갖고 있으며 가격은 절반 정도이다.

바롤로는 수십 년간 보관할 수 있고 "Ceretto(체레토)", "Pio Cesare(피오 체자레)", "Conterno(콘테르노)", "Marchesi di Barolo(마르케지 디 바롤로)"등이 유명하다. 바롤로가 너무 비싸면 "Langhe(랑게)"로 표기된 것을 찾고 덜 알려진 "Alba(알바)", "Gattinara(가티나라)", "Ghemme(겜메)" 등도 바롤로처럼 네비올로의 향기를 갖고 있다.

바르베라와 돌체토

네비올로가 제맛이 날 때까지 기다리는 동안 친근하게 다가와 식탁을 밝혀주는 와인이 바로 바르베라와 돌체토이다.

바르베라Barbera 알바Alba의 동북쪽 몬페라토Monferrato 지역이 바르베라의 고향이다. 바르베라는 타닌이 적고 산도가 높지만 당도도 높아 균형을 이룬다. 잘 익은 체리 향에 산미가 감도는 보석 같은 와인이다. "Barbera d'Alba(바르베라 달바)"는 랑게 지역에서 생산되며 바르베라 중 가장 좋다. "Barbera d'Asti(바르베라 다스티)"는 아스티 지역에서 생산되며 더 부드럽다. $12 정도이다. 상표 참조: Braida, Vietti, Franco M. Martinetti 바르바레스코에 버금갈 정도로 기골이 장대하거나 비싼 단일 포도밭 출신도 있다. 상표 참조: G. Conterno, Prunotto, Vajra, Roberto Voerzio, Vietti, Elio Altare

돌체토Dolcetto 작고 달콤하다는 뜻으로 과일 향이 터질 것 같은 매력적인 와인이다. 산도가 낮고 타닌도 약하나 과일 향과 커런트 향이 풍부한 개성 있는 와인이 된다. 대부분 네비올로 포도밭보다 위치가 좋지 못한 곳에서 재배된다. $8에서 $15 사이는 일상음료로 무난하며 라벨에 아스티Asti나 알바Alba 지역이 표기된 것은 향미가 더 풍부하고 가격도 높다. 상표 참조: Pira, Brovia, Conterno Fantino

코르비나Corvina

발폴리첼라Valpolicella 베네토의 베로나에서 멀지 않은 지역이며 코르비나를 주품종으로 만드는 와인 이름이기도 하다. 세계에서 가장 편안하게 마실 수 있는 와인이며 타닌은 약하고 밝은 자주색에 자두와 체리 향이 깃든 와인이다. $10 내외. 상표 참조 : Brigaldara, Moteleone

아마로네 디 발폴리첼라 Amarone di Valpolicella 아마로네는 코르비나 포도를 3~4개월 말려 응축시킨 와인이다. 보통 2년은 숙성시킨다. 검은 과일 향이 강하고 초콜렛이나 스파이스 향도 난다. 드라이하며 알코올 도수가 15~16도에 달한다. 주 요리나 저녁 후 치즈 코스에도 어울린다. 좋은 것은 $20 정도이며 $100 이상도 있다. 상표 참조 : G. Quintarelli, Romano Dal Forno

발폴리첼라 리파소 Valpolicella Ripasso 발폴리첼라 와인을 만든 후, 아마로네를 만들고 난 포도 껍질에 다시 우려내어 향을 보강한다. 요즘은 남은 껍질보다 포도를 사용하여 더 신선하다. 아마로네의 수요가 많아지자 리파소도 발폴리 첼라보다는 더 풍부하고 부드러운 질감으로 인기를 끌고 있다. 향미는 발폴리첼라와 아마로네의 중간이며 발폴리첼

라보다 몇 달러 정도 더 비싸다. 상표 참조 : Monteleone, Tedeschi, Tommasi

> 발폴리첼라를 만들 때 대개 아마로네와 리파소도 같이 만든다. 같은 와이너리에서 생산하는 3종을 나란히 놓고 테이스팅 해보면 구별이 된다. 상표 참조 : Allegrini, Quintarelli, Masi

북부 이탈리아 품종

프리울리Friuli 서늘한 기후로 화이트와인이 유명하지만 산도 높은 레드를 좋아하면 이 지역 와인이 적격이다.

- 레포스코Refosco 품종은 블루베리의 신맛과 흙내 나는 타닌이 어울려 진한 라비올리ravioli와 잘 맞는다.
- 스키오페티노Schioppettino는 검은 자두 향에 후추 향이 있으며 프랑스의 시라와 비교된다.
- 피뇰로Pignolo는 가볍고 새콤한 베리 향이다.
- 타체렌게Tazzelenghe는 산도가 높고 블랙베리 향이다. 외국에서는 잘 보이지 않지만 눈에 띄면 사보자.

트렌티노 알토 아디제Trentino Alto-Adige 트렌티노와 알토 아디제 지역은 알프스 산맥의 돌로미티Dolomiti 협곡에 위치해 있다. 두 지역은 문화적으로도 다르며 언어도 트렌티노는 이탈리아어를 쓰고 알토 아디제는 독일어를 즐겨 쓴다. 대부분의 경작지는 사과밭과 포도밭이다.

다양한 기후와 토양으로 불과 200미터 떨어진 밭에도 다른 품종을 심어야 할 정도이다. 특히 고도 700~800미터까지 펼쳐진 포도밭에서는 우아하고 상쾌한 화이트와인이 생산된다. 이 지역에서는 오스트리아 품종도 쉽게 찾아볼 수 있고 19세기부터 심은 프랑스 품종들도 토착화 되어 언덕 경사면에 층층히 재배되고 있다.

다음은 토착 레드 품종이다.

- 데롤데고 로타리안노Teroldego Rotaliano는 레드와인의 스타 품종이다. 짙은 자주색

와인으로 스파이시하며 검은 과일 향에 산도도 높다.

- 라그레인Lagrein는 신선한 체리 향과 바이올렛 향이 풍부한 미디엄 바디 와인이다.

남부 이탈리아 품종

몬테풀치아노Montepulciano 뛰어난 품종은 아니지만 과일과 허브 향이 나며 따뜻하고 강한 풍미로 소시지 페퍼 샌드위치에 어울린다. 대부분 아브루초Abruzzo에서 생산되며 "Montepulciano d'Abruzzo(몬테풀치아노 다브루초)"라고 라벨에 표기된다. $6에서 $80까지 한다. 상표 참조 : Cocci Grifoni, Umani Ronchi, Talamonti, Bottari, E. Valentini, E. Pepe, G. Masciarelli

> 혼란스러운 것은 몬테풀치아노 포도 품종과 몬테풀치아노 지역과는 무관하다는 것이다. 포도는 아브루초Abruzzo와 마르케Marches에서 자라는 레드 품종이고, 지역은 토스카나의 남쪽 지역으로 산조베제 포도로 "Vino Nobile di Montepulciano(비노 노빌레 디 몬테풀치아노)"를 만든다.

알리아니코Aglianico 캄파니아Campania에서 바실리카타Basilicata 남부, 이탈리아의 뾰쪽한 장화 코 지역에서 널리 재배된다. 풍부한 검은 과일 향을 지녔으며 타닌과 산도가 든든히 받쳐준다. 남부에서는 가장 복합적인 와인을 만든다.

- 바실리카타Basilicata의 불투레(Vulture) 화산 언덕 지역에서 나는 "Aglianico del Vulture(알리아니코 델 불투레)"는 미네랄 향미도 듬뿍 담고 있다.
- 캄파냐 아벨리노 지역의 "Taurasi(타우라지)"나 "Falerno del Massico(팔레르노 델 마시코)"도 품질이 좋다. 단순한 것은 $8 정도이며 리제르바는 $40도 호가한다. 상표 참조 : Mastro-berardino, Paternoster, Fieudi di San Gregorio

네그로아마로Negroamaro 아풀리아Apulia 지역은 프리미티보Primitivo 품종이 진펀델의 선조라고 판명되어참조 Chapter 12 유명세를 타고 있지만, 이 지역 품종 중 네그로아마로도 주목을 받을 만하다. "Black-bitter"라는 이름은 완숙된 포도의 검은 색깔과 검은 과일 향을 압도하는 쓴 맛에서 연유한다. 살렌토Salento의 "Salice Salentino(살리체 살렌티노)"가 좋다. $10 이하도 있다. 상표 참조 : Rivera, Feudi Monaci, Taurino

네로 다볼라 Nero d'Avola 시칠리아 섬의 따뜻하고 거친 산악 지역에서 생산되며 야성적이다. 초콜렛과 자두 향이 풍부하고 단단한 타닌으로 섬의 양고기나 염소 치즈와 무척 잘 어울린다. $15~$20. 상표참조 : Planeta, Donafugata, Morgante, Tasca D'Almerita, Santa Anastasia

요점정리

- 이탈리아 와인은 대부분 지역으로 표기되며 품종과 지역이 같이 표기되는 라벨도 있다.
- IGT, DOC, DOCG를 완전히 믿기보다 각 지역의 와인과 생산자를 아는 것이 더 중요하다.
- 리제르바는 출하전 수년간 숙성한 와인을 말하며 논 리제르바보다 성숙된 향미를 갖고 있다. 신선한 과일 향을 원하면 리제르바는 피해야 한다.
- 싼 값에 좋은 와인을 원하면 남부 이탈리아가 금광이다.

Chapter 17

숨어 있는 품종

지금까지는 라벨에 표기되는 중요한 품종들과 유명하지는 않지만 향미가 좋고 블렌딩에 필요한 품종들을 섭렵했다. 그러나 아직 설명을 시작하지도 못한 포도 품종과 와인들이 수없이 기다리고 있다.

이런 숨어 있는 품종들은 발음도 어렵고 찾기도 힘들다. 그러나 특이한 풍미의 와인을 발견하고 맛보게 되면 그 노력이 헛되지는 않다고 느낄 것이다. 너무 알려지면 가격도 오를 것이니 우리끼리만 알고 즐기자.

화이트 품종

샤르도네에 싫증나고 피노 그리조도 시원찮고 리슬링과 소비뇽 블랑도 시들하다면? 선택의 여지는 아직도 많다. 다음 세 가지 화이트는 흥미롭고 다양한 면모를 갖고 있다.

그뤼너 펠트리너Grüner Veltliner

1990년도 말에 어디서 온 지도 모르는 그뤼너 펠트리너가 그 특유의 향미로 미국인들의 마음을 사로잡았다. 그뤼너는 라임에서 콩류까지 초록색(grüner가 green을 뜻한다) 향미를 갖는데 산도가 높고 미네랄 향이 있다. 오스트리아가 주 산지이며 라벨에 품종이 표기된다.

한때 오스트리아의 와인 바나 지방에서 엄청나게 소비되었으며 외국에서는 거의 찾아볼 수 없었다. 밝은 산미와 강한 미네랄 향이 생선 요리에도 잘 어울리고 이상하게도 치킨 탄두리나 비엔나 식당의 주 요리인 튀긴 송아지 고기에도 잘 어울린다. 가벼운 것은 $10~$15, 강하고 미네랄 향을 가진 것은 $40 정도로 오래 보관도 할 수 있다. 상표 참조 : Bründl–mayer, Gobelsburg, Hirsch, Nigl, Pichler,Prager

쇼이레베Scheurebe

쇼이레베는 짧게 "Shoy(쇼이)"라고 부른다. 독일에서 1916년 게오르규 쇼이 박사Dr. Georg Scheu가 리슬링Riesling과 실바네르Sylvaner를 교배하여 만든 품종이다. 결과적으로 본래의 두 종류보다 훨씬 더 풍부하고 야성적인 와인이 되었다.

달고 신 핑크 그레이프 프루트와 부드러운 꿀, 허브 향, 이국적 열대 과일과 카시스 향이 겹친 맛이다. 팔츠Pfalz 지역에서 입에 가득 차는 드라이 화이트와인을 만들고 TBA나 아이스와인으로 만든 스위트 와인도 뛰어나다. 항상 라벨에 품종이 표기되고 드라이 한 것은 $20에서 $35이다. 상표 참조 : Darting, Krüger–Rumpf, Lingenfelder, Theo Minges, Müller–Catoir

믈롱Melon

믈롱은 여름철에 특히 찬 바다 생선과 곁들여 마시고 싶은 와인이다. 루아르 강과 대서양이 만나는 프랑스의 뮈스카데Muscadet 지역에서 나며 오크 숙성도 하지 않아 차고 소금끼 있는 바닷바람처럼 가볍고 상쾌하다. 값도 싸 $8 정도이며 $25을 주면 식탁보를 깐 정찬에도 어울리고 수년간 보관도 할 수 있다. 상표 참조 : Guy Bossard, Luneau-Papin, Sauvion

프랑스 레드 품종

모두가 알고 있는 고급 와인으로 감동을 주는 것은 쉽지만, 모르는 와인을 잘 골라 깜짝 놀라게 하면 모임의 스타가 될 수 있다. 와인이 흥미로운 것은 바로 선택에 끝이 없기 때문이다. 다음은 잘 알려지지 않았지만 뜻밖의 대단한 레드와인을 찾을 수 있는 곳이다.

랑그독 루시용 지역

남프랑스 아비뇽Avignon의 서쪽에서 시작해서 지중해를 따라 피레네Pyrenees산맥 까지 이어지는 랑그독 루시용Languedoc-Russillon 지역은 잘 알려지지 않은 레드 품종이 많다. 프랑스 다른 지역보다 온화하며 햇볕도 많고 땅값도 비싸지 않아, 샤르도네나 메를로 같은 국제적 품종도 많이 재배한다. 국제적 스타일 와인과 토착 품종을 블렌딩하여 만든 스타일 등 두 가지 종류가 있다. 품종별로 표기하며 $10 내외면 산다. 상표 참조 : Jaja de Jau, Lurton, Tortoise Creek 좋은 것은 $40도 호가한다. 상표 참조 : Gerard Bertrand, Domaine de l'Arjolle

토종 블렌딩이 흥미로우며 독특한 풍미가 있다. 대부분이 검고 붉은 과일 향을 내는 스페인 포도인 카리냥Carignan과 혼합하고 거기에다 그르나슈, 시라, 무르베드르 등과 잘 모르는 품종들도 섞는다.

거칠고 검은 과일 향이 나며 햄버거와 어울린다. $6~$15 정도다. 복합적이고 미묘한 와인은 부드럽고 스파이시하며 과일 향도 나고 수년 동안 보관도 가능하다. 상표 참조 : d'Aupilhac, d'Aussières, Daumas-Gassac, Donjon, l'Hortus, Peyre-Rose, Sarda-Malet

다음 지역은 랑그독 루시용의 유명 지역으로 라벨에 표기된다.
"La Clape", "Colliour", "Corbieres", "Faugeres", "Fitou", "Minervois", "Pic-St-Loup", "St-Chinian"

프로방스 지역

카리냥이나 그르나슈, 시라, 무르베드르 등은 프랑스 남쪽 루시용에서부터 지중해 연안을 따라 니스까지 재배된다. 프로방스Provence는 날씨도 따뜻하고 포도도 매일 해를 보지만 관광 산업이 우선이라 와인은 늘 그늘에 가려 있다. 관광객을 위한 로제(아주 좋은 로제도 있다)와 좀 더 복합적인 레드도 나오며 지역별로 표기된다. 프로방스 지역의 로제는 세계적이다. 특히 방돌Bandol, 카시스Cassis, 팔레트Palette 지역 등이 유명하다.

방돌Bandol은 작은 지역으로 프로방스에서 가장 강하고 맛있는 와인을 생산한다. 검은 포도인 무르베드르가 주 품종이다. 타닉하며 십년 이상도 보관이 가능하다.

레 보 드 프로방스Les Baux de Provence 지역은 전통적 그르나슈, 시라, 무르베드르 3형제와 약간의 토착 품종을 블렌딩한다. $15 정도의 로제와 레드가 생산되며 좋은 방돌 산 로제와 레드는 $50 정도이다.상표 참조 : Mas de la Dame, Mas de Gourgonnier, Pibarnon, Pradeaux, Tempier, Trevallon

가메Gamay

보졸레라고 하면 11월 셋째 주에 팡파르와 함께 출시되는 가벼운 햇와인 보졸레 누보 Beaujolais Nouveau를 떠올리게 된다. 누보는 그 해 수확한 가메로 만든 햇와인이지만, 가메는 화려한 딸기와 라스베리 향, 그리고 타닌이 있는 오래가는 보졸레 와인도 만든다.

대부분 보졸레는 단순하고 타닌이 약하며 체리향의 산미 있는 와인으로 피크닉이나 가벼운 식사 때 일상 음료로 마신다. 좋은 보졸레는 "Beaujolais-Villages(보졸레 빌라주)"라고 표기되며 정해진 지역이 있지만 블렌딩되기 때문에 지명은 표기하지 않는다.

단순한 "Beaujolais(보졸레)"보다 품질이 나은 것은 특정 10개의 크뤼 포도밭 와인으로 라벨에 "Beaujolais"대신 마을 이름이 표기되어 있다. 그 중 "Brouilly(부뤼이)", "Morgon(모르공)", "Moulin-à-Vent(물랭 아방)"은 검고 진하며 스테이크와도 어울린다. 상표 참조 : Chénas, Chiroubles, Côte de Brouilly, Fleurie, Juliénas, Régnié, St-Amour

이 외에도 보졸레 누보를 세계적으로 알린 조르주 뒤뵈프Georges Dubouef도 눈에 띄며 군소 생산자들도 있다. $25 이상은 거의 없고 대부분은 $12 정도이다. 상표 참조 : Dupeuble, Janodet, Thivin

타나Tannat

타나는 이름 그대로 타닉하다. 남서 프랑스에서 잘 자라며 피레네 기슭 돌밭의 마디랑Madiran이나 이룰레기Irouléguy 지역에서 검은 와인을 만든다. 검은 과일 향이 강하고 타닌도 강하여 입이 마를 정도다. 요즘은 바로 마실 수 있게 부드러운 스타일로 가는 경향도 있지만 대부분 수년간 숙성이 필요하고 구운 거위나 오리 또는 든든한 음식과 맞다. 지금 사서 셀러에 넣어놓고 기다리자. 보통 $8~$20이며 $40 정도는 십년도 보관할 수 있다. 상표 참조 : Bouscassé, Montus, Plaimont

"Madiran(마디랑)"이나 "Irouléguy(이룰레기)"로 표기된 와인은 대부분 타나로 만든다.

타나는 19세기 프랑스 이주민들 덕으로 우루과이나 남미에서도 재배된다. 타닉하고 흙내 나는 검은 와인으로 품질도 나아지고 있다. 미국에서도 한 두 종류 볼 수 있으며 $11~$20 정도이고 $50이 넘는 것도 있다. 상표 참조 : Los Cerros de San Juan, Pisano, Carlos Pizzorno

프렌치 패러독스French Paradox는 남 프랑스인들이 와인을 마시는 식생활 때문에 거위 간이나 오리 등 지방이 많은 음식을 즐겨도 살이 찌지 않는다는 역설이다. 이를 연구한 의사들에 의하면 마디랑 같은 남프랑스 와인은 항산화제인 프로시아니딘Procyanidin을 특히 많이 함유하고 있어 혈관 기능을 향상시킨다고 한다.

말벡Malbec

프랑스의 따뜻한 남서부 카오르Cahors 지방에서 잘 되며 새카맣게 잘 익고 타닌도 강하다. 잘 익은 자두나 오디향이 나지만 향미가 약하다. 전통적 카오르는 수년간 숙성이 필요하고 거위나 고기 요리와 곁들이면 타닌이 부드러워진다. 그러나 아르헨티나 말벡은 그렇게 기다리지 않아도 된다.

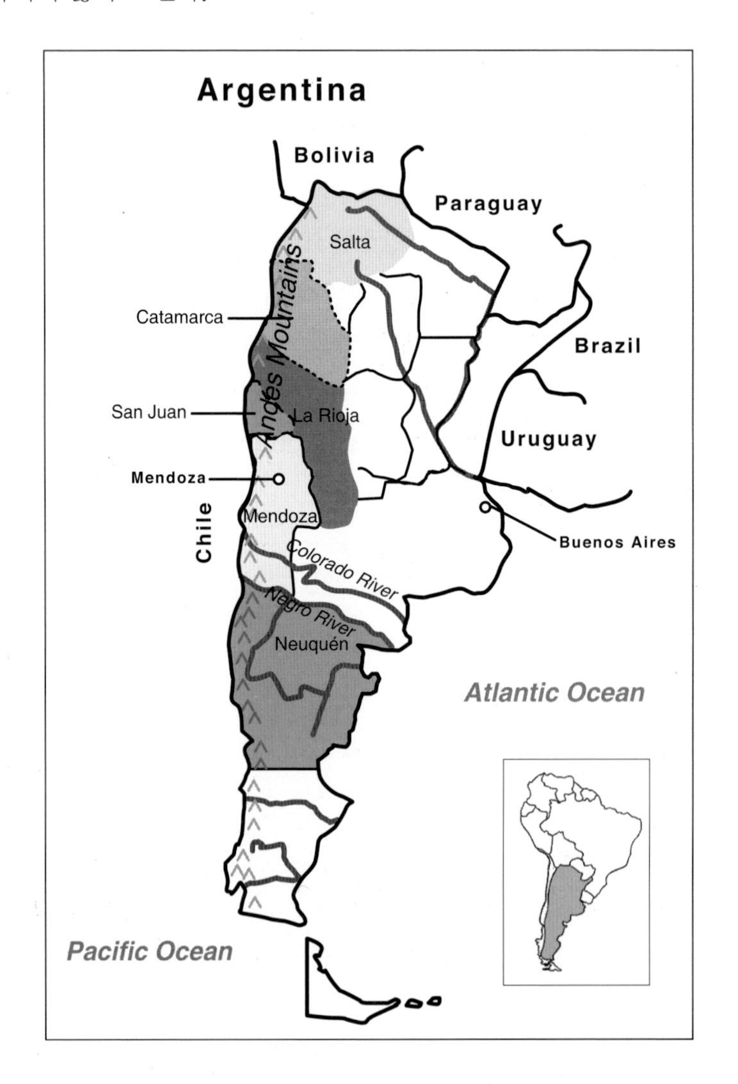

지역마다 먹거리가 다르듯이 음료도 다르다. 가축이 사람보다 많은 아르헨티나의 서부에서는 주로 레드와인을 마시며 주품종이 말벡이다. 말벡의 원산지는 보르도이지만 보르도의 서늘하고 습기 찬 해양성 기후에는 잘 되지 않아 거의 뽑힌 상태이다.

안데스 산맥의 동쪽에 있는 멘도사Mendoza 지역은 날씨가 더워 말벡은 잘 익기도 하고 자두나 블랙커런트, 검은 감초 향을 듬뿍 풍긴다. 타닌이 많아도 포도가 완숙하기 때문에 자극이 없고 카오르처럼 세고 드라이 하지 않아 스테이크와 같이 마시면 환상적이다. 초콜렛 체리 향의 우코Uco 밸리 말벡은 초콜렛 디저트와도 어울리는 몇 안 되는 레드와인이다.

아르헨티나 북쪽 살타Salta의 높은 고지나 남쪽 파타고니아Patagonia는 멘도사보다는 기온이 낮아 더 연약하고 스파이스 향이 나는 말벡이 생산된다. 대부분 $12~$25 사이에 구할 수 있지만 풍부하고 진한 과일, 스파이스, 감초, 오크 향이 어우러진 호화로운 와인은 가끔 $100도 호가한다. 상표 참조 : Catena, Noemia, Terrazas de los Andes, Trapiche, Weinert, O. Fournier

그리스 품종

플라톤 시대부터 그리스Greece는 와인 세계를 지배해 왔고 좋은 와인도 많이 만들었다. 지금은 그리스 와인하면 먼저 송진 향의 레치나Retsina를 떠올리게 되지만 레치나 외에도 그리스에는 레드와 화이트와인이 있다.

왜 와인에 송진을 넣을까? 그 향을 좋아하기 때문인데 역사적인 이유도 있다. 유리병이 나오기 전 항아리를 사용했을 때 뚜껑을 밀봉하는 재료로 송진을 사용했다. 이 기술은 지중해 연안 지방에 널리 퍼져 있었으며 그리스의 레치나에서 이런 고대 전통의 뿌리를 찾을 수 있다.

아쉬르티코Assyrtiko

아쉬르티코는 바람은 세고 햇살은 뜨거운 화산섬 산토리니Santorini에서 재배된다. 인접한 호텔 등과 열악한 환경에서 겨우 명맥을 유지하고 있지만 요즘은 화이트와인 생산지로 보호를 받기도 한다. 상쾌하고 맛있으며 좋은 와인은 부르고뉴에 비교할 만큼 구조감과 미네랄 향도 있다. 포도 품종대신 섬 이름이 라벨에 표기되어 있다. $15~$25이다. 상표 참조 : Argyros, Hatzidakis, Sigalas

아지오르지티코Agiorgitiko

아지오르지티코는 그리스의 진펀델이라 할 수 있으며 연한 핑크 와인부터 잼같이 진한 바베큐 파티용 와인, 또 강하고 오래가는 레드도 만든다. 주로 펠로포네스Peloponnese 북동부에서 재배되고 포도 품종이 표기될 때도 있지만 네메아Nemea 지역은 라벨에 "Nemea"라고만 표기한다. $12~$35 정도이다. 상표 참조 : Gaia, Papantonis, Pape Johannou, Skouras

크시노마브로Xinomavro

크시노마브로는 네비올로처럼 그리스 북쪽 지역의 서늘하고 눅눅한 지역에서 자란다. 실제로 나우사Naoussa는 기온이 낮아 겨울에 눈도 온다. 바롤로처럼 산도와 타닌이 강하며 가벼운 과일 향과 마른 체리, 스파이스, 버섯 향이 섞여 있다. 대부분 지역명인 "Naoussa"로 표기되고 품종으로 표기되는 것도 있다. 바롤로를 좋아하지만 너무 비싸다면 그리스에서 가장 비싼 와인인 크시노마브로를 사자. $16~$30 정도이지만 바롤로에 비하면 싸다. 상표 참조 : Boutari, Kir Yianni

요점정리

- 좋은 와인을 싼 값에 사려면 잘 알려지지 않은 지역의 와인을 찾아야 한다.
- 프랑스 남부는 가격 대비 흥미로운 와인이 많고 전통적 블렌딩 와인이 좋다.
- 보졸레의 가메 품종으로는 보졸레 누보만 만드는 것이 아니라 단단한 레드와인도 만든다.
- 겨울철 레드와인으로는 프랑스의 마디랑과 이룰레기, 카오르나 아르헨티나의 말벡이 좋다.
- 그리스 와인은 레치나 뿐만 아니라 산토리니의 화이트, 네메아와 나우사의 레드가 좋다.

Part 4 특별한 와인

지금까지 모든 와인을 다 배운 것 같은데 아직 가까이 가지 못한
와인이 있다. 스파클링 와인, 디저트 와인, 강화 와인 등 …

이런 와인은 꼭 특별한 날에 마셔야 한다고 생각하지만
일반 와인과 전혀 다를 게 없다.
은행 잔고를 걱정할 만큼 비싸지도 않고
언제든지 마실 수 있으니 잔만 준비하자.
샴페인 잔이나 작은 디저트 와인 잔이면 더 좋겠지만
유리잔이면 충분하다.

Chapter 18

스파클링 와인
Sparking Wine

기포는 포도가 발효할 때 생기는 자연스러운 현상이다. 스파클링 와인은 그 기포를 병까지 집어넣은 와인이다. 와인으로 스파클링 와인을 만든 것은 초콜렛으로 초콜렛 바를 만들어 온 세상 사람들이 즐기게 된 것보다 더 큰 사건이다.

기포는 신선하다. 가볍게 터지며 그 자체로 축제 분위기를 연출한다. 구슬처럼 입속에서 구르며 혀를 톡톡 쏘고 한 번 더 맛보고 싶게 만든다.

가벼운 스파클링을 저녁 전에 마시면 지친 식욕이 살아나고, 높은 산미와 깔끔한 기포는 진한 고기 요리만 아니면 무엇과도 잘 어울린다. 포테이토칩도 어울리고 저녁식사와도 어울린다. 평범한 와인처럼 언제나 마시며 즐길 수 있다.

스파클링 와인 잔은 왜 플루트flute 모양이어야 하나? 길고 좁은 잔이 꼭 필요하지는 않지만 기포가 계속해서 올라오는 모양을 볼 수도 있고 공기 접촉면이 좁아 기포를 오래 유지시켜 준다고 한다.

기포 만들기

스파클링 와인은 병속에 기포가 들어있는 것이다. 처음 발효할 때 생기는 기포는 와인이 되면서 날아가니 병속에 넣을 기포를 다시 만들어야 한다. 만드는 방식으로는 전통적 방식과 요즈음 개발된 몇 가지 현대적 방식이 있다. 모두 1차 발효를 거쳐 기본 와인을 만드는 것은 같고 또 병을 딸 때 기포가 생기는 점도 비슷하지만, 기포의 상태가 약간씩 다르다.

주입식

가장 쉬운 방법이다. 자전거 바퀴에 공기를 넣는 것bicycle pump method처럼 탄산가스를 병입 직전 탱크에 바로 주입한다. 이런 와인은 탄산수처럼 압력이 있어 마개를 따면 바로 기포가 세게 올라오지만 오래 지속되지 않는다. 이보다 기포가 좀 더 오래 가는 방법이 탱크식tank method이다.

탱크식

1907년 이 방법을 발명한 프랑스인 이름을 따서 샤르마Charmat 방식이라고도 하며 프랑스어로는 퀴베 클로즈cuvée close라고 한다. 기본 와인을 큰 탱크 속에 넣고 다시 이스트와 설탕을 첨가하여 재발효를 시켜 기포가 생길 때 바로 병입 한다. 이 방법은 저렴하고 기포도 비교적 오래 지속되어 인기가 있다. 그러나 가장 세련된 기포는 전통적인 방법으로 만든다.

전통적 방식

메토드 트라디시오넬Methode Traditionelle은 샹파뉴 지역의 정통적인 방식으로 메토드 샹프누아즈Méthode Champenoise, 메토도 클라시코Metodo Classico라고도 한다. 기본 와인에 이스트와 설탕을 더하여 재발효시키는 것은 마찬가지지만 탱크가 아니라 바로 와인 병에 넣어 재발효시킨다. 병입한 후 맥주 뚜껑처럼 생긴 왕관 마개로 밀봉하여 최소 15개월에서 수년까지 그대로 숙성시킨다. 보통 빈티지vintage 샴페인은 3~5년, 프레스티지 퀴베Prestiege Cuvée는 5~7년 동안 온도와 습도가 조절되는 어두운 저장고에서 잠을 잔다.

지금부터 재미나는 일이 기다리고 있다. A자 모양의 걸개pupitre에 이 병들을 수평으로 한 병씩 구멍에 거꾸로 끼워 넣고 일정한 간격으로 돌리며 경사도를 차츰 높혀 간다. 병목이 수직으로 거꾸로 설 때까지 계속하면 발효 후 남은 이스트 찌꺼기가 병목에 모이게 된다.

이 작업을 손으로 하면 2~3개월이 걸리며, 와인에 이스트 향이 자연스레 스며들어 특이한 향미도 나게 된다. 요즘은 수작업대신 기계가 그대로 하고 있으며 사람이 하는 곳은 드물다.

손으로 하든 기계로 하든 병이 거꾸로 서고 찌꺼기가 모이면 병목만을 얼음 용액에 담근다. 찌꺼기가 얼면 조심스레 왕관 마개를 열어 언 찌꺼기가 튀어 나오게 한다. 찌꺼기를 제거한 빈 공간에 재빨리 와인을 채워dosage, 도자주 코르크 마개를 끼우고 안전을 위해 철망을 덧씌운다. 출하하기 전 이 상태로 다시 최소 15개월에서 몇 년을 더 숙성시킨다.

도자주dosage는 설탕과 와인의 혼합액으로 병목의 찌꺼기를 뺀 후에 보충하는 과정이다. 도자주의 양과 당도에 따라 샴페인의 당도가 결정된다.

쉽게 기포를 얻는 방법도 있는데 왜 이렇게 어려운 방법을 쓸까? 이스트 찌꺼기의 미묘한 향을 얻기도 하고 여러 과정을 거치며 훨씬 더 세련되고 복합적인 향과 조밀한 기포를 얻을 수 있기 때문이다. 샴페인은 이렇게 두 번의 복잡한 발효과정을 거치지만 다른 스파클링은 한 번만 하기도 하여 만드는 방법도 조금씩 다르다.

라벨 읽기

스파클링 와인 진열대를 보면 로제, 스위트, 드라이 샴페인 등 스타일도 다양하고 라벨도 복잡하다. 샴페인은 만드는 방식에 따라 분류도 하지만 색깔이나 당도에 따라 분류하기도 한다. 라벨을 보면서 익히자.

색깔

샴페인Champagne이나 이를 모방해서 만든 스파클링 와인은 대부분 적포도와 백포도를 혼합하여 만든다. 적포도 품종은 피노 누아Pinot Noir와 피노 뫼니에Pinot Meunier이며 청포도는 샤르도네Chardonnay를 사용한다. 포도 껍질은 주스를 짜고 나서 바로 제거하므로 적포도를 사용해도 주스의 색깔이 빨갛게 되지 않는다.

포도를 섞는 이유는 다른 블렌딩과 마찬가지다. 샤르도네는 샹파뉴 지방의 비교적 찬 기후에서 잘 자라는 품종으로 바디감과 풍부함을 주고 피노 누아는 붉은 과일 향과 구조감을 주며 때로는 스파이스 향도 낸다. 피노 뫼니에는 산미를 주고 과일 향도 더한다.

- "Blanc de Blancs(블랑 드 블랑)" : "white of whites"라는 뜻이며 청포도인 샤르도네로만 만든다. 깔끔하며 예리하기도 하고 섬세한 흰 꽃 향과 초크chalk와 같은 미네랄 향도 갖고 있다. 프랑스 외 지역은 단순히 "Chardonnay"라고 품종만 표기하기도 한다.
- "Blanc de Noirs(블랑 드 누아)" : "white of blacks" 라는 뜻이며 적포도인 피노 누아와 피노 뫼니에로 만들지만 포도 껍질은 압착 후 바로 제거하기 때문에 색깔은 희다. 붉은 과일 향이 나며 블랑 드 블랑보다 깊고 진한 향이 난다.
- "Rose(로제)" : 발효 때 적포도의 껍질을 핑크 색깔이 날 때까지만 우려내든지Saignée 세니에 아니면 기본 레드와인을 약간 섞는다. 붉은 과일 향이 약간 풍기며 강한 것도 있다.

레드 스파클링 와인도 있다. 호주에서는 쉬라즈로 진하고 드라이하며 타닉한 스파클링을 만들고 이탈리아의 "Lambrusco(람브루스코)"는 살라미salami와 잘 어울리는 가볍고 스위트한 레드이다. "Brachetto d'Acqui(브라케토 다퀴)"는 초콜렛 디저트와 잘 어울리는 달콤한 체리 향의 스파클링이다.참조 Chapter 19

당도

아주 드라이한 스타일부터 달콤하며 끈적거리는 스파클링도 있다. 라벨에 표기되는 용어들이 쉽지 않다.

- "Brut Nature(브뤼트 나튀르)" : "Brut Zero"라고도 하며 도자주dosage 과정에서 설탕을 전혀 첨가하지 않은 것으로 단단하고 산미가 강하다.
- "Extra Brut(엑스트라 브뤼트)" : "Brut Extra"라고도 하며 당도 0~0.6이다.
- "Brut(브뤼트)" : 식사에 곁들여도 좋을 만큼 적당히 드라이한 와인이다.
- "Extra Dry(엑스트라 드라이)" : "Extra Sec"이라고도 하며 당도 1.2~2.0이다.
- "Sec(섹)" : 당도 1.7~3.5이다.
- "Demi-sec(드미섹)" : 당도 3.5~5.0이다.

섹Sec과 드미 섹Demi-sec은 스위트 와인이며 디저트 와인이다.

"Sec"(dry)과 "Demi-sec"(half-dry)은 이름과 달리 전혀 드라이하지 않고 디저트 와인처럼 달다. 드라이 스파클링 와인을 원하면 "Brut"를 찾아야 한다.

빈티지

또 하나 문제는 빈티지인지 아닌지이다. 차이는 있지만 품질의 차이라기보다 만드는 방법이 다르다.

논 빈티지non-vintage 대부분 스파클링은 생산 연도가 표기되지 않으며 여러 해의 와인을 블렌딩하여 만든다. 날씨가 고르지 않아 그해 수확한 포도가 작황이 좋지 않거나 충분하지 못할 경우 저장해 둔 와인을 블렌딩하여 기본 와인을 만든다. 이 방법도 샹파뉴에서 유래했으며 숙성도가 각기 다른 와인이 주는 향미를 효과적으로 배합할 수 있다. 지금은 세계 각지에서도 이와 같이 만든다.

예를 들면 프랑스의 볼랭제Bollinger 샴페인 회사에는 20여년 상당의 빈티지가 다른 비축 와인을 보유하고 있으며 언제나 블렌딩에 쓸 수 있다. 이런 블렌딩으로 만든 논 빈티지 샴페인의 맛은 해마다 거의 동일하며 출하되면 바로 마실 수 있다.

빈티지vintage 라벨에 연도가 표기되어 있으며 그 해에 수확한 포도로만 만든다. 샹파뉴 지역에서는 빈티지가 좋은 해만 골라 만드는데 요즘은 재배와 양조 기술의 발달로 거르는 해가 그리 많지 않다. 다른 와인이나 오래된 와인을 섞지 않기 때문에 수년간 병 숙성이 필요하다.

프레스티지 퀴베prestige cuvée 대부분 빈티지를 장기 숙성시킨 것으로 최고 품질의 포도로 만든다. "cuvée speciale(퀴베 스페시알)"이라고 표기하기도 한다. 병에서 5~7년 이상 숙성시킨 후 출하한다.

생산 지역

와인을 만드는 나라는 어디에서나 스파클링 와인을 만든다. 18세기에 프랑스에서 샴페인을 처음 만들었다고 전해지는 수도승 동 페리뇽Dom Perignon은 터지는 기포를 마치 작은 별들이 반짝이는 것 같아 감탄했다고 한다. 누구라도 별이 빛나는 와인을 만들고 싶을 것이다.

프랑스

샴페인Champagne 파리의 북동쪽에 위치한 샹파뉴 지방은 포도를 재배할 수 있는 프랑스 최북단 지역이다. 포도가 충분히 익지 못해 일반 와인을 만들기에는 산도가 너무 높다. 샴페인은 기포를 만들기 위해 2차 발효 때 설탕을 첨가하기 때문에 산도가 높은 포도가 적합하다.

와인이 샴페인으로 변하는 것과 레몬이 레모네이드로 변하는 것은 비슷하게 보이지만 변신의 결과는 훨씬 다르다. 밝고 생생한 과일 향에 토스트, 미네랄 향도 박힌 새로운 모습의 전형적 샴페인으로 다시 태어난다. 전형적 샴페인이란 어떤 모습일까? 오래된 이스트와 크림 향미가 스며든, 기포가 터져 오르는 매력적인 전통적 방식의 샴페인이다.

그 기쁨을 맛보기 위해 비싼 값을 치르고 산다. 유명한 것은 $75에서 $100 이상하며 $25~$35 정도의 괜찮은 논 빈티지도 있다.

> 샴페인Champagnes은 모두 스파클링 와인이며 프랑스의 샹파뉴 지방에서 생산된 것만 샴페인이란 이름을 붙일 수 있다. 미국에서 가끔 수출하지 않는 국내용에 샴페인이란 라벨을 붙이기도 했지만 지금은 법적으로 사용이 금지되었다.

샴페인은 포도품종이나 빈티지보다 제조 회사가 중요하다.

- 모에 에 샹동Moet & Chandon : 1700년대부터 샴페인을 생산한 전통이 있는 회사다. 지하 저장고의 갈이가 28km에 이르고 퀴베 스페시알 “Dom Perignon(동 페리뇽)”이 유명하다.
- 뵈브 클리코 퐁사르당Veuve Clicquot Ponsardin : A자형 퓌피트르Pupitre를 고안해 낸 마담 퐁사르당은 샴페인 제조에 일생을 바쳤다. “La Grande Dame(라 그랑 담)”이란 칭호도 받았는데, 퀴베 스페시알도 같은 “La Grande Dame”로 명명되었다.
- 루이 로데레Louis Roederer : 1876년에 러시아 황제를 위한 “Cristal(크리스탈)”이란 특별 샴페인을 만들면서 최초로 퀴베 스페시알이라는 이름을 썼다.
- 볼랭제Bollinger : 프레스티지 퀴베로 “La Grand Année(라 그랑 안네)”가 있으며

"RDRecently Disgorged" 라벨도 인기를 끌고 있다.

RD는 향미를 더 좋게 하기 위해 찌꺼기와 접촉 기간(라벨에 표기하기도 한다)을 늘려 병 숙성을 하고, 도자주를 출하 직전에 했다는 의미이다. LD(Late-disgorged)라고도 한다.

그 밖에도 샹파뉴에는 되츠Deutz, 고세Gosset, 크뤼그Krug, 랑송Lanson, 로랑 페리에Laurent Perrier, 폴 로제Pol Roger, 멈Mum 등 유명한 샴페인 회사들이 있다.

크레망Crémant 샹파뉴 지방에서만 스파클링 와인을 만드는 것이 아니다. 크레망이라는 스파클링 와인은 전통적인 방식의 스파클링 와인이지만 샹파뉴가 아닌 알자스와 루아르 지역에서 만든 것이다. 라벨에 "Crémant de+지역명"으로 표기하여 값은 $12~$25 정도이다. 다음 지역이 유명하다.

- 부브레 무쉐Vouvray Mousseux : 무쉐는 거품이라는 뜻인데, 루아르 화이트 와인(참조 Chapter 13)에 거품을 첨가한 것 같다. 슈냉 블랑Chenin Blanc으로 만들며 꿀, 배, 초크 같은 미네랄 향까지 나는 풍부한 와인이다. 일상적인 것은 $10 정도이며 좋은 것은 $15-$30 정도한다.
- 클레레트 드 디Clairette de Die : 클레레트는 포도이름이고 디는 남부 론 발랑스Valence 남쪽의 마을이다. 가볍고 상쾌한 스파클링이며 요즘은 주로 뮈스카로 만든다. 더 나은 "Clairette de Die Tradition(클레레트 드 디 트라디시옹)"은 섬세한 꽃 향을 갖고 있다. $20에 살 수 있으니 공짜나 마찬가지다.
- 블랑케트 드 리무Blanquette de Limous : 랑그독 루시용Languedoc-Roussillon과 남부 프랑스가 만나는 리무Limoux의 언덕에서 만드는 부드럽고 과일 향이 나는 스파클링이다. 주로 모작Mauzac이라는 토종 포도로 만든다. 최근에는 샴페인의 영향을 받아 샤르도네를 더 많이 사용하고 있다. $10~$20 정도이다.

미국

캘리포니아의 시원한 지역에는 멈Mumm-Napa Valley, 샹동Chandon-Domaine Chandon, 로데레Roedere-Roederer Estate, 되츠Deutz-Maison Deutz 등 프랑스 샴페인 회사들이 진출했고 미국 회사로는 아이언 호스Iron Horse, 쉬람스버그Schramsberg 등이 있다.

시원한 소노마의 그린 밸리Green Valley나 앤더슨 밸리Anderson Valley, 북쪽 멘도시노Mendocino 지역에서는 산뜻하고 산도 있는 샤르도네, 피노 누아, 피노 뫼니에를 재배한다. 샹파뉴 지역과는 달리 더 익은 과일 향을 내고 $18~$35 정도이다.

이 지역은 스파클링도 만들지만 기후가 좋아 포도가 완숙할 때까지 따지 않으면 일반 와인도 품질이 좋다. 샤르도네나 피노 누아로 만든 와인을 각각 맛본 후 스파클링을 맛보면 같은 품종으로 만든 다른 스타일의 와인 맛을 구별할 수 있어 재미있다.

오리건과 워싱턴의 서늘한 지역도 피노 누아와 샤르도네가 잘 자라며 스파클링 와인도 만든다. 캘리포니아의 풍부함과 샴페인의 위엄 있는 스타일의 중간쯤이다. 대부분 $11~$30 사이이다. 상표 참조 : Argyle, Ch. Ste. Michelle, Mount Dome

뉴 멕시코New Mexico는 더운 지역 같지만 실제로는 샹파뉴와 기후가 비슷하다. 1,200m 고도의 그루에Gruets에서는 샴페인과 같은 깔끔한 과일 향과 산미가 있는 스파클링을 만든다. $14~$30 정도이다.

스페인

카바Cava 스페인 스파클링 와인을 카바라고 한다. $10이면 좋은 것을 사고 $20이면 뛰어나다. 맛있고 쉽게 구할 수 있어 누구나 가까이 다가갈 수 있다.

카바는 마카베오Macabeo와 사렐로Xarel-lo, 비우라Viura 등 세 종류의 토착 품종으로 전통적인 샴페인 방식에 따라 만든다. 샴페인과는 다른 신선한 사과 향과 갓 구운 빵 냄새가 난다. 복합적인 향은 아니지만 질리지도 않는다. 바르셀로나Barcelona에서는 미국인들이 맥주를 마시는 것처럼 늘 카바를 마신다. 상표 참조 : Castillo Perrelada, Freixenet, Segura Viudas

이탈리아

이탈리아의 스파클링은 가벼운 스위트부터 미네랄이 촘촘하며 기포가 레이저 빔처럼 솟는 스파클링 등 매우 다양하다. 북쪽의 서늘한 베네토 지역이 중심지이다.

프로세코Prosecco 베네토 지방의 토착 품종으로 질 좋은 스파클링을 만드는데 사용한다. 복숭아 향이 나는 이 지역의 스파클링 와인과 동의어로 쓰이기도 하며 코넬리아노 발도비아데네Conegliano di Valdiobbiadene 지역이 유명하다. 달콤한 과일 향으로 차게 해서 식전주로 마시면 좋고 드라이 와인도 있다. $10~$20 정도이다. 상표 참조 : Nino Franco, De Stefani

프란차코르타Franciacorta 롬바르디아Lombardy의 프란차코르타 지역에서 생산되는 스파클링 와인의 고유명사다. 이탈리아의 일반적인 스파클링은 스푸만테Spumante라고 하지만, 이 지역은 샹파뉴 지방의 샴페인처럼 프란차코르타라고 특별히 구분하여 부른다. 스타일도 샴페인 방식이며 피노 뫼니에 대신에 이탈리아의 피노 누아나 피노 비앙코를 혼합한다. 높은 산도와 미네랄 향이 깔린 신선한 와인이며 좋은 것은 샴페인 가격과 비슷하다. 상표 참조 : Bellavista, Ca'del Bosco, Monte Rossa

모스카토 다스티 Moscato d'Asti 정말 가볍고 알코올도 낮은 스위트 스파클링이다. 참조 Chapter 16

독일

젝트Sekt 대부분 탱크식으로 대량 생산하여 국내에서 소모된다. 리슬링 품종으로 깔끔하고 좋은 것을 만드는 곳도 있다. 대부분 $10 이하이며 좋은 것은 $30 이상이다. 상표 참조 : Lingenfelder, Georg Breuer, Reichstrat von Buhl

오스트리아의 리슬링으로 만드는 스파클링은 대단하며 $30~$40 정도한다. 상표 참조 : Schloss Gobelsburg, Willi Brundlmayer

요점정리

- 샴페인은 프랑스 샹파뉴 지역에서만 생산되는 스파클링 와인을 말한다.
- 스파클링의 최고 품질은 "Methode Traditionelle"로 표기된 것이다.
- "demi-sec(half dry)"은 실제로 스위트하다. 드라이 한 샴페인을 원하면 "brut"를 찾아야 한다.
- 샴페인이 최고지만 스페인의 카바나 이탈리아의 프로세코, 캘리포니아의 스파클링도 좋다.
- 샴페인 코르크를 뺄 때 잘못하면 위험하니 코르크가 사람을 향하지 않게 해야 한다.

Chapter 19

스위트 와인
Sweet Wine

디저트 와인은 솜사탕처럼 달콤하거나 초콜렛같이 진하기도 하며 누구나 좋아할 수 있는 다양한 스타일이 있다. 단맛 속에 숨어있는 강한 산미는 관능적이며 언제라도 놀라운 감동을 선사한다.

꿀맛의 매끈한 스위트 와인을 파이나 푸와그라 전채와 시작해 보자. 그 호화로운 감촉과 향미는 드라이 와인이 줄 수 없는 특별한 감흥을 준다. 디저트로 마셔도 되고 치즈 코스와 같이 마셔도 좋다.

비싼 것이 흠이지만 스위트 와인을 만드는데 드는 시간과 노력을 생각해 보자. 비싼 이유를 알 수 있다. 물론 싼 와인도 얼마든지 찾을 수 있다. 가볍고 기품 있는 화이트 스위트, 잼 같은 레드 스위트 등 스위트 와인의 모든 것에 대해 알아보자.

당도

스위트 와인은 어떻게 만들까? 설탕을 첨가하는 것이 아니다. 기다림이다. 포도가 익은 후에 바로 따지 않고 아주 달게 될 때까지 가지에 그대로 남겨 놓는다. 긴 가을을 지나며 비바람, 우박, 서리, 곰팡이나 해충의 위험도 감수하며 기다려야 한다.

포도 알은 수분을 빼앗겨 쪼그라들고 수확량도 정상적인 수확량보다 훨씬 적다. 스위트 와인 중에서도 아이스 와인은 나무에서 포도가 얼어야 수확을 한다. 그 노고를 생각해 보면 비싸지 않을 수 없고 또 그만한 값어치도 한다.

유럽 대부분 지역은 샵탈리자시옹chaptalization을 법으로 금한다. 이는 포도의 당도가 모자랄 때 설탕을 보충하는 것으로 설탕은 향미가 없고 지역적 특색을 흐리게 한다. 디저트 와인을 만드는 포도는 포도 알 자체의 당도가 충분해야 하고 산도와 향미도 태생적으로 지니고 있어야 한다.

포도의 당분은 이스트가 모두 먹으며 알코올을 생성하는데 와인에 어떻게 당분이 남을 수 있을까? 해답이 있다.

이스트 포도에 당분이 많으면 발효 후 알코올 도수도 자연스레 높아진다. 어느 정도 알코올 도수(15~16도 정도)까지는 이스트가 활동할 수 있지만 더 높아지면 이스트가 살아남지 못하고 죽게 된다. 이렇게 이스트가 사멸한 후에도 남아있는 당분을 잔여 당분residual sugar이라고 한다.

노블 롯 보트리티스 시네레아botrytis cinerea라는 곰팡이 균의 활약으로 당분이 남기도 한다. 이 균은 포도 껍질에 번식하여 작은 구멍을 뚫어 수분을 날아가게 한다. 당분이 자연적으로 응축되게 만들고 와인에 스모키한 곰팡이 냄새와 매혹적인 꿀 향이 생긴다. 또 발효 때는 이스트를 빨리 소멸시키기도 해, 알코올 도수가 낮은 상태에서 당분이 더 남게 하는 역할도 한다. 귀부noble rot라고도 한다.

알코올 첨가 알코올 발효가 끝나기 전 잔당이 남은 상태에서 고농도 알코올을 첨가하여 이스트를 사멸시키는 방법이다. 포도로 만든 증류주를 부어 알코올 도수가 16~20도가 되게 만들면 이스트가 자연히 죽게 되고 와인에 당분이 남게 된다. 이런 스타일을 강화 와인이라고 하며 알코올 도수가 9~13도인 테이블 와인보다는 훨씬 높은 18~21도가 된다. 포트가 대표적이다.

스위트 스파클링 와인

기포가 있는 스위트 와인은 재미있고 분위기를 돋우는 디저트 와인이다. 더운 여름날 무거운 와인이 부담스러울 때, 디저트를 먹고 싶지 않을 때 마시는 와인이다. 기포는 축제 분위기를 내고 생일이나 웨딩 케이크와도 환상적인 조화를 이룬다.

스위트 스파클링은 값도 싸다. 특히 이탈리아의 가볍고 시원한 모스카토 다스티 Moscato d'Asti는 $9부터 살 수 있다. 냉장고에 보관했다 언제든지 꺼내 마셔도 된다.

이탈리아 프리찬테

스위트 와인으로는 이탈리아를 당할 수가 없다. 스위트 스파클링도 마찬가지이며 종류도 다양하지만 값도 싸다. 스푸만테Spumante는 이탈리아 스파클링 와인의 총칭이며 프리찬테Frizzante는 기압이 더 약하며 일반적으로 스위트하다.

모스카토 다스티 Moscato d'Asti 가볍고 약한 기포가 있는 프리찬테 화이트인데 피에몬테 아스티 지방에서 나는 뮈스카Muscat 포도로 만든다. 거품이 많고 달콤한 아스티 스푸만테 보다 훨씬 세련되었다. 최고의 여름 디저트는 잘 익은 복숭아 위에 부은 모스카토 다스티라고 한다. 375ml 한 병에 $9~$16 정도이다. 상표 참조 : Chiarlo, Palladino, Vietti

브라케토 다퀴 Brachetto d'Acqui 피에몬테 지방에서 자라는 연한 붉은색의 브라케토 포도로 가볍고 달콤한 딸기 향의 스파클링 와인을 만든다. 초콜렛 케이크나 초콜렛을 입힌 과일과 아주 잘 어울린다. $20. 상표 참조 : Banfi, Coppo, Marenco, Braida

람브루스코Lambrusco　에밀리아 로마냐Emilia-Romagna의 거품이 많은 람브루스코는 평판이 그다지 좋지 않았다. 그러나 약간 달콤한 "Lambrusco amabile(아마빌레)"는 깊고 부드러운 자두 향에 산도가 살아 있어 겨울철 진한 음식에도 좋다. $15~$25 정도이다. 상표 참조 : Lini, Medici Ermete, Vittorio Graziano

> "amabile(아마빌레)"는 사랑스럽다는 뜻으로, 스위트 와인을 말하며 "abbocato(아보카토)"보다 더 달다. "abbocato"는 약간 달콤한 와인을 말한다.

프랑스 무알뢰

프랑스도 그 명성에 맞게 뛰어난 스위트 스파클링이 있다. 드미 섹Demi-sec, half-dry, 무알뢰Moelleux, marrow라고 불리며 다음 두 종류가 유명하다.

드미 섹 Demi-sec **샴페인**　"extra dry"도 약간의 단맛을 느낄 수 있지만 "demi-sec"은 완전히 단 와인에 속한다. 품질에 따라 셰이빙 크림처럼 맥 빠진 거품을 내는 스파클링도 있고 달콤하고 톡톡 쏘는 스파클링도 있다. $25 이하이면 생일 축하 파티용으로 적당하다.

무알뢰Moelleux **루아르 화이트**　무알뢰는 부드럽고 풍부하다는 말이며 루아르가 가장 유명하다. 슈냉 블랑Chenin Blanc의 꿀 향과 높은 산도가 어울려 생기 있는 디저트 와인이 된다. 라벨에 "petillant(페티양)"이라고 표기된 것은 스파클링이라는 뜻이며 $14에서 좋은 것은 $60 정도한다. 상표 참조 : Vouvray Moelleux

스위트 와인

레이트 하비스트

가장 순수한 스위트 와인은 늦가을에 포도의 당도가 최고조에 달했을 때 수확한 포도로 만든 레이트 하비스트Late-Harvest 와인이다. 포도는 늦게 수확할수록 더 응축되고 당도가 높아진다.

특히 리슬링Riesling과 게뷔르츠 트라미너Gewürztraminer는 산도가 높아 당도와 균형을 이루는 좋은 스위트 와인을 만들 수 있다. 세계 각지에서 만들지만 독일의 "Spätlese(슈패트레제)"가 좋고, 슈페트레제 중에도 드라이한 와인이 가끔 있으니 사기 전에 확인하자.

알자스에는 리슬링과 게뷔르츠 트라미너 외에도 피노그리와 뮈스카로 만든 스위트도 있다. 라벨에 "Vendange Tardive(방당주 타르디브)"나 "VT"로 표기되는데 모두 스위트 와인이다.

슈냉 블랑Chenin Blanc은 산도가 높고 꿀 향과 풍부하고 매끄러운 질감으로 화려한 느낌을 준다. 캘리포니아나 남아프리카에서도 재배되지만 드라이한 와인은 프랑스의 루아르 지방에서 제일 많이 생산된다. 상표 참조 : Coteaux du Layon, Montlouis, Quarts du Chaume, Vouvray

비오니에Viognier는 산도는 약하지만 조심스럽게 다루면 꽃과 복숭아 향이 그득한 부드러운 스위트 와인이 된다. 최고의 스위트 비오니에는 프랑스 론 밸리의 꽁드리외Condrieu이며 캘리포니아와 호주에서도 좋은 비오니에를 만날 수 있다. 꽁드리외 스위트는 $60 이상이다.

캘리포니아에는 적포도 진펀델Zinfandel로 만든 검고 잼같이 풍부한 레이트 하비스트가 있다. 식사 후 체다cheddar 치즈나 톡 쏘는 블루 치즈와 잘 맞고 초콜렛 디저트와도 어울린다.

말린 포도

레이트 하비스트를 만들 때 압착하기 전에 포도를 말리는 경우도 있다. 이렇게 하면 즙도 진해지고 말린 과일 향과 생강 과자 맛이 난다.

빈산토Vin Santo 토스카나 와인으로 스파이시 하며 견과류 맛이 나는 황금빛 와인이다. 트레비아노, 말바지아 등으로 만든다. 포도를 돗자리 위에 보름 정도 말려 즙을 짠다. 알코올 도수가 높으며 아몬드, 바닐라 향으로 칸투치Cantucci라는 아몬드 과자와 짝이 맞다.

그리스의 산토리니Santorini 섬에도 빈산토Vinsanto라는 말린 포도로 만든 와인이 있는데 빈산토의 어원이 빈 산토리니Vin Santorini라고도 하고, 미사에 사용하면서 산토Santo, 성자라는 이름을 얻었다고도 한다.

모스카토 디 판텔레리아 Moscato di Pantelleria 시칠리아 해안으로부터 100km 정도 떨어진 따뜻한 판텔레리아 섬에서 나며 잘 익은 뮈스카 포도를 한 달 정도 말려서 즙을 짠다. 황금색 건포도를 바로 액체로 만든 것 같으며 생강 캐러멜 향이다.

레초토Recioto 레초토는 북부 이탈리아 베네토Veneto의 특산품이며 코르비나Corvina 등을 말려 만든 와인이다. 흔히 볼 수 있는 것으로 "Recioto della Valpolicella(레초토 델라 발폴리첼라)"가 있다. 소아베Soave 지방에서도 같은 포도로 넛트와 건초향의 황갈색 화이트 레초토를 만든다. 참조 Chapter 16

그리스의 사모스Samos 섬에서도 스파이시한 디저트 와인이 나온다. 프랑스에서는 말린 포도로 만든 와인을 뱅 드 빠예Vin de Paille라고 한다. "paille"는 포도를 말리는데 까는 멍석을 말한다. 북부 론Rhône에서 가끔 볼 수 있고 프랑스와 스위스와 국경지대인 쥐라Jura에서도 조금 난다.

아이스와인

11월 말이나 12월에 독일의 포도밭에 가보면 긴장감을 느끼게 된다. 찬 대기 속에서 노랗게 잘 익은 포도가 쪼그라든 채로 가지에 달려 있다. 와인 메이커들은 비가 올까, 포도가 썩을까, 새들의 먹이가 될까 노심초사다. 포도가 얼 때까지 걱정하며 기다리다가 얼게 되면 그날 한 밤중에 따서 녹기 전에 와이너리에 보낸다.

이런 미친 짓을 하는 이유는 무엇일까? 물은 0도에 얼지만 설탕시럽은 0도에도 얼지 않는다. 언 포도의 수분은 얼음이 되고 당분은 얼지 않고 액체 상태 그대로 이기 때문에, 수분은 얼음으로 제거되고 당분 원액만 얻을 수 있다. 아이스바인Eiswein은 이와 같이 완숙한 포도의 순수한 향을 그대로 간직한, 정말 순수한 스위트 와인이다.

아이스와인은 만들기도 힘들고 수확량도 적기 때문에 375ml 병에 $75 이상 $200~$300까지도 한다. 워싱턴 주, 온타리오, 캐나다 지역도 온도가 영도 이하로 규칙적으로 내려가기 때문에 독일을 모델로 하여 좋은 아이스 와인을 만든다.

아이스 와인은 법적으로 포도가 나무에 달린 채로 언 상태에서 수확해야 한다. 그러나 노력과 경비가 많이 들어 뱅 드 글라시에Vin de Glaciere를 만들기도 한다. 포도를 먼저 수확하여 인공으로 얼리는 방식이다. 이들의 주장은 포도가 얼 때까지 가지에 달려 있다고 해서 향미가 더 축적되지는 않기 때문에 냉동 포도도 차이가 없고, 비용도 전통적 방법보다 훨씬 줄일 수 있다는 것이다.

귀부 와인

세계 최고 디저트 와인을 곰팡이 낀 포도로 만든다는 것은 이미 배웠다. 보트리티스 시네레아botrytis cinerea라는 균이 번식하여 만든 귀한 곰팡이noble rot가 포도를 뒤덮어 수분은 모두 날아가고 당분만 응축된다. 진한 황금빛의 와인이 되는데 스모키하며 꿀 향으로 깊은 단맛을 낸다.

보르도 소테른Sauternes 지역 와인이 가장 유명하고 "Alsace's Selection de Grains Nobles(알자스 셀렉시옹 드 그랑 노블)"과 독일의 "Beerenauslese(베렌아우스레제)", "Trockenbeerenauslese(트로켄베렌아우스레제)"가 바로 그 뒤를 따른다. 참조 Chapter 6

보트리티스 균의 침투는 자연적인 것이어서 매년 성공을 보장할 수 없다. 귀부 와인은 위험 부담이 많고 다른 해로운 곰팡이가 끼게 되면 그해 수확을 모두 망치는 경우도 있으니 비쌀 수밖에 없다. 인공적으로 균을 침투시켜 포도송이를 플라스틱 백으로 싸는 노력도 해 보지만, 자연적으로 잘 되는 지역이 한정되어 있으며 그 환상적인 맛을 볼 수 있는 곳은 다음과 같다. 시작하기 전 지갑이 든든한지 일단 체크해 봐야 한다.

프랑스

소테른 100퍼센트 스위트 와인만 생산한다. 보르도의 따뜻한 남쪽 갸론느Garonne 강과 작은 지류인 시롱Ciron 강이 만나는 지역이다. 안개가 덮히는 소테른 지역은 소비뇽 블랑Sauvignon Blanc과 세미용Sémillon이 잘 자라며 보트리티스 균이 서식하기에 적당한 천혜의 기후 조건을 가진 곳이다. 곰팡이가 같은 시기에 피지 않기 때문에 포도 수확도 수주에 걸쳐 한 송이씩 하게 된다. 샤또 뒤켐Ch. d'Yquem이 375ml 한 병에 $200씩 하는 이유가 있다.

꿀처럼 달콤하면서 밝고 신선하며 생기 있고, 복잡하고 미묘한 맛이 그 값어치를 충분히 한다. 높은 당도와 산도로 소테른은 수십 년도 갈 수 있고 세월이 흐르면서 스모키한 캐러멜 향과 스파이스 향의 복합적인 향미로도 변해간다.

소테른이 너무 비싸면 바르삭Barsac, 루피악Loupiac, 카디약Cadillac을 찾아보자. 바르삭은 소테른과 같은 지역이고 다른 두 곳은 바로 옆 마을이다. 세롱Cérons은 그라브와 소테른 사이에 있으며 보르리티스가 섞인 화이트로 $20 정도다.

알자스 알자스의 보트리티스 와인은 "SGNSélection de Grains Nobles"으로 라벨에 표기한다. 게뷔르츠 트라미너로 만드는 스파이시하며 진한 와인과 피노 그리로 만들어 유질감이 있고 풍부한 와인도 있다. 밝고 복숭아 향의 리슬링, 꽃 향의 뮈스카도 있다.

독일

독일에서는 수확 때 포도의 당도에 따라 등급을 매긴다. 대부분은 드라이 QbA 또는 카비네트Kabinett이며 슈페트레제Spätlese는 드라이하거나 조금 달다. 귀하고 진한 보트리티스 타입은 아우스레제Auslese, 베렌아우스레제Beerenauslese, BA, 트로켄베렌아우스레제Trockenbeerenauslese, TBA이다.참조 Chapter 6

아우스레제는 드라이와 스위트의 중간 정도이며 오리나 치즈 같은 강한 음식에도 잘 맞고 디저트에도 어울린다. BA나 TBA는 보트리티스 와인이며 달고 비싸다. 375ml 한 병에 $25부터 $100까지 한다.

리슬링Riesling은 섬세한 향미와 높은 산도를 갖춘 독일 스위트의 주 품종이며 쇼이레베Scheurebe, 게뷔르츠 트라미너Gewürztraminer로도 스위트 와인을 만든다.

오스트리아와 헝가리

커피하우스 문화와 맛좋은 패스트리에 덧붙여 보트리티스 와인도 오스트리아 헝가리 제국의 대표적 산물이다. 한때는 유명했으나 지금은 거의 잊혀진 오스트리아의 아우스브루흐Ausbruch와 헝가리의 토카이Tokaji는 환상적인 스위트 와인이다. $30~$80로 싸다고 할 수는 없지만 꿀과 캐러멜, 스파이스, 버섯 향이 소테른과 비슷하고 수명도 길다.

양조 방법도 특이하다. 먼저 보트리티스 포도를 으깨어 통putton, 푸톤에 먼저 넣고 보트리티스 없는 포도로 만든 기본 와인을 섞어 함께 침용시킨다. 와인의 당도는 보트리티스 포도를 얼마나 넣었느냐에 달렸다.

토카이는 숫자로 당도를 라벨에 표기하는데 보통 3(중간 정도 달다)에서 6(드물고 진하다) 정도이며 에센시아Essencia는 푸톤에서 보트리티스 포도의 무게에 눌려 나온 순수한 주스로 만든 최고품이다. 당도가 너무 높아 발효 자체도 수년이 걸리며, 포도는 주로 푸르민트Furmint라는 토착 품종을 사용하는데 산도가 높아 처진 감이 없고 생생하게 살아 있다.

와인을 만드는 곳이라면 어디에서든지 스위트 와인을 만든다. 디저트 와인 진열대를 찾아보면 전혀 모르는 와인을 발견할 수도 있다. 너무 달아 마시지 못할 정도면 요리에 사용하면 된다. 처음 보는 와인도 사서 마셔보자. 뜻밖의 횡재를 할 수도 있다.

요점정리

- 디저트 와인은 디저트를 먹을 때까지 기다리지 않고 식전주로 마셔도 된다.
- 스위트 스파클링 와인은 이탈리아의 모스카토 다스티, 프랑스의 드미 섹 샴페인, 또는 부브레의 무알뢰나 페티양을 찾아라.
- 스위트 레드 스파클링 와인인 브라케토 다퀴나 레이트 하비스트 또는 진펀델 등은 초코렛 디저트와 어울린다.
- 보트리티스 와인은 독일의 "BA", "TBA"와 오스트리아의 "Ausbruch", 알자스의 "SGN", 헝가리의 푸톤이 표기된 "Tokajii" 등이다.
- 375ml 병은 양이 적어 보이지만 디저트 와인은 적게 마시므로 충분하다.

Chapter 20

강화 와인
Fortified Wine

강화 와인이란 한 단어로 포트 한 병에 담긴 즐거움을 표현하기는 왠지 좀 모자라는 것 같다. 신선한 과일 잼같이 진하며 호두와 시나몬, 초콜렛을 넣은 과일 타르트처럼 복합적인 향미는 어떤 와인과도 비교할 수 없다.

강화 와인은 발효 도중에 알코올을 첨가시켜 알코올 도수가 일반 와인보다 높다. 알코올 첨가로 발효가 중지되면 당분이 남게 되고 와인의 향미도 더 다양해진다. 식전주로 마시는 드라이 스타일도 있다.

옛날에는 와인을 보존하기 위해 알코올을 첨가했는데 세월이 지나며 강화 와인의 독특한 향미가 인기를 끌게 되었다. 강화 와인의 원산지는 오랜 전통을 자랑하는 포르토Porto, 모리Maury, 셰리Sherry 등 따뜻한 지역이 유명하다. 물론 강화 와인도 드라이에서 극도로 스위트 한 스타일 등 여러 가지 스타일이 있으나 이제 마지막 도전이니 끈기를 갖고 읽어보자. 또 다른 새로운 세계가 펼쳐질 것이다.

포트

포트보다 더 부드럽고 따뜻한 와인은 없을 것이다. 포르투갈 도우로 밸리Douro Vally의 가파른 언덕에서 한껏 무르익은 포도가 해를 품고 정열을 간직한 채 진한 주스 속에 그대로 응결된 것 같다. 포트는 계곡의 여러 가지 포도를 블렌딩하여 만들며 주요 품종은 틴토 카웅Tinto Cão이나 틴타 호리스Tinta Roriz 등 지역 토착 품종이다.

포트에 대한 영국인의 사랑은 각별하다. 사실 1600년경부터 영국인들이 도우로의 입구 오포르토Oporto 항에서 포트를 실어 나르지 않았다면 지역 와인으로 명맥만 유지할 뿐 세계적인 와인이 되지 못했을 것이다. 영국인 들은 직접 포트를 블렌딩 하며 회사도 세워 지금도 포트 회사의 이름만으로도 영국인 소유라는 것을 알 수 있다.상표 참조 : Cockburn, Graham, Sanderman, Taylor

포트는 포도처럼 신선한 것도 있고 호두처럼 다갈색을 띠고 오래된 것도 있다. 색깔은 40종 이상이 허용되는 블렌딩의 비율에 따라 달라지기도 하고, 도우로 내의 지역 차이도 있다(3개의 개성이 다른 지역이 있다). 무엇보다 화이트, 루비, 토니 중 어떤 스타일로 만드느냐에 따라 달라진다.

화이트 포트White Port

화이트 포트는 청포도로 만든 스위트 와인이다. 포르투갈 외에서는 눈에 띄지 않으나 보이면 바로 사서 포르투갈 사람들처럼 마시면 된다. 차게 식혀 소다수나 레몬을 약간 넣으면 포도의 단 맛에 생기가 돈다. $10~$20

루비 포트Ruby Port

루비색처럼 밝고 투명한 레드다. 신선한 과일 향이 있고 다섯 가지의 다른 스타일이 있다.

- 루비Ruby : 1년에서 3년 된 기본 와인으로 블렌딩 한다. 자두 향의 가볍게 마시는 스위트 레드이며 $10~$20 정도이다.
- 빈티지 캐릭터Vintage Character : 프리미엄 루비Premium Ruby 포트라고도 하는데 여러 빈티지를 섞어 큰 오크통에서 숙성한다. 색깔이 진하고 풀바디 와인이 된다. 루비 포트보다 몇 달러 정도 더 비싸다.
- 레이트 보틀드 빈티지Late-Bottled Vintage, LBV : "LBV"로 표기되는데 단일 빈티지 포도로 만들어 4~6년 간 통에서 푹 익도록 숙성시킨다. 빈티지 포트만큼 강하고 복합적이지는 않지만 10년 이상씩 오래 기다리지 않아도 비슷한 향미를 훨씬 싼 값에 즐길 수 있다. 바로 마실 수 있으며 $30 이하이다.
- 싱글 킨타Single-Quinta : 특정 킨타, 즉 포도밭을 의미하는데 빈티지 포트를 만들기는 약간 부족하지만 비교적 좋은 해에 만들어진다. 최근에는 단일 포도밭에 대한 관심이 늘어 인기를 얻고 있다. 빈티지 포트처럼 병 숙성이 수십 년도 가능하며 값은 그만큼 비싸지 않고 품질도 좋으니 일석이조다.
- 빈티지 포트vintage port : 단일 빈티지로 만든 것이며 2년간 오크 숙성을 거쳐 병입된다. 특별히 좋은 해에만 만들며 응집되고 구조감이 있으며 힘이 있다. 병 숙성을 수년을 거쳐야 제모습을 드러내고 수십 년도 보관할 수 있으며 향미가 점점 발전한다. 여과를 하지 않기 때문에 오래된 빈티지 포트는 병에 침전물이 생겨 디캔팅을 해야 한다. $40에서 $200까지도 올라가며 빈티지에 따라 훨씬 더 비쌀 수 있다.

킨타Quinta는 포르투갈어로 농장farm이라는 의미인데 와이너리나 영지, 포도밭을 뜻한다.

언제, 어떤 포트를 사서 마셔야 할지도 어려운 문제다. 첫째 햇수를 고려하여 10년을 기다렸다가 마실 와인이 아니면 빈티지 포트는 사지 않아야 한다. 다음은 용도를 생각하여 과일 향과 신선한 맛을 원한다면 루비 포트를 사고 견과와 캐러멜 향이 섞인 디저트 와인으로 마시려면 토니 포트나 오래된 콜랴이타 또는 빈티지 포트가 어울린다.

토니 포트Tawny Port

토니 포트는 오크통에서 적어도 6년 동안 지낸 후 병입된다. 빈티지 구분 없이 여러 와인을 블렌딩하여 10, 20, 30년 씩 장기간 숙성시키며 좋은 토니는 라벨에 나이가 표기된다. "10 years old"라고 되어 있으면 병 속 와인의 오크통 숙성 기간이 평균 10년이 되었다는 말이다. 호두 향으로 진한 갈색 톤이며 부드러운 질감 이다. 파인 올드 토니Fine Old Tawny라고도 한다. 오래된 것은 40년 숙성된 것도 있지만 드물고 $100 이상이다. 10~20년 된 것은 $20~$40이다. 병 숙성 없이 마신다.

콜랴이타 포트Colheita Port

콜랴이타는 빈티지 포트와 토니 포트를 합한 성격이며 사서 바로 마실 수도 있고 수년간 병 숙성도 가능하다. 빈티지 포트를 오크통에 최소 7년 숙성시켜 병입하며 50년 까지 숙성시키기도 한다. 리저브 에이지드 토니Reserve Aged Tawny라고도 하며 드물긴 하지만 찾아볼 만하다. 니풀터Niepoort가 유명한 회사이다.

캘리포니아의 진펀델 포도를 완숙시켜 강화 와인을 만들면 루비 포트와 매우 비슷하게 된다. 375ml에 $20 정도이다. 호주의 토니 포트는 포르투갈 오리지날보다는 더 달지만 향미는 비슷하고 $10 정도한다.

세투발Setúbal

버터와 캐러멜을 입혀 살짝 익힌 살구 맛을 상상해보자. 세투발은 리스본Lisbon의 남쪽 아열대 성 기후에서 자란 정말 잘 익고 달콤한 모스카텔Moscatel, Muscat 포도로 만든다. 오크통에서 5년에서 길면 25년도 숙성시킨다. 햇수가 오래될수록(라벨에 표기됨) 더 진해지고 견과류 향으로 변하며 과일 향은 사라진다.

포트에 대한 자세한 내용은 www.fortheloveofport.com에 나와 있고 www.ivdp.pt는 포르투갈 도우루 지방에 대해 다양한 정보가 들어 있다.

셰리

셰리Sherry는 할머니들이나 홀짝거리며 마시는 것이라 생각하는데 의외로 놀라운 면모를 지니고 있다. 셰리는 드라이할 수도 있고 캐러멜처럼 달수도 있다. 모두 스페인 남서 해안의 헤레스 데 라 프론테라Jerez de la Frontera 지역에서 생산한다. 스페인어로는 헤레스Jerez라고 부르고 셰리Sherry는 영국인들이 바꿔 부른 이름이다.

플로르와 솔레라

셰리는 토착 품종 팔로미노Palomino로 만들며 만드는 방식이 특이하다. 스페인에서 가장 더운 지역이라 포도가 한껏 무르익고 이를 또 햇볕에 말려 당도를 더 높인다.

건포도처럼 말린 포도를 압착하여 주스를 나무 발효통에 넣고 공간을 좀 남겨 공기와 접촉하게 한다. 발효 중 산화하며 플로르flor, flower라는 이스트 막이 생긴다. 플로르는 팔로미노 포도에 자생하는 이스트로 자연스럽게 어느 정도 공기도 차단하고 특이한 향미도 만든다. 알코올 도수가 높으면 플로르가 잘 생기지 않으며 플로르가 생기는 타입을 피노Fino 셰리라고 한다.

와인 양조 과정에서 산화는 와인이 오크통을 통해 서서히 산소와 접촉하면서 일어나는 현상이다. 와인을 부드럽게 해주고 향미도 보탠다. 그러나 산화가 과하면 신선함과 과일 향을 모두 잃고 식초같이 변하기도 한다.

발효 후에는 피라미드 형으로 통을 쌓은 솔레라 시스템solera system에 와인을 채운다. 와인의 병입은 맨 아랫단 솔레라solera에서 하며, 윗단 크라이데라criadera의 와인이 차례로 아래로 내려오게 되고 제일 윗단은 해마다 새로 만든 와인으로 채우게 된다. 크리아데라는 7단 이상도 가능하다.

이렇게 여러 해의 와인이 섞이게 되므로 와인은 복합적인 풍미를 얻는다. 플로르의 유무에 따라 구분되는 여섯 가지 셰리 스타일을 차례로 알아보자.

플로르가 피는 것

- 피노Fino : 플로르의 찝질하고 자극성 있는 냄새가 나며 드라이 하고 색깔이 옅고 알코올 도수도 낮다. 15~17도 정도이다.
- 만사니야Manzanilla : 바다 근처에서 만들어 플로르가 더 무거운 감이 있고 짭짤하다.
- 아몬티야도Amontillado : 플로르가 중간에 죽어 더 산화된다. 색깔이 진하고 드라이 하나 약간 단맛을 내는 것도 있다.

플로르가 없는 것

- 올로로소Oloroso : 플로르가 전혀 생기지 않아 산소에 직접 노출되어 카라멜 색조와 향미가 더 진하다. 드라이 한 것은 "seco"라고 표기되고, 약간 단것은 건포도나 호두향으로 산미가 있다. 알코올은 18~20도 정도이다.
- PX : 페드로 히메네스Pedro Ximenez는 포도 이름이기도 하지만 굉장히 스위트한 셰리를 말하기도 한다. 출하하기 전에 수십 년 또는 백년까지도 숙성시킨 것이 있다. 당밀처럼 검은색으로 찐득하다.
- 크림 셰리Cream Sherry : 올로로소에 페드로 히메네스를 넣어 달게 한 것이다.

셰리는 대부분은 드라이 하며, 실제로 아주 드라이 한 와인이다. 차게 해서 올리브나 절인 햄, 딱딱한 치즈 같은 짭짤한 스낵이나 튀긴 생선 등과 함께 마시면 좋다. 스위트

올로로소나 진한 PX를 견과류 타르트나 바닐라 아이스 크림위에 몇 방울을 떨어뜨리면 환상적인 디저트가 된다. 피노 셰리는 $20 정도면 살 수 있고 오래된 귀한 셰리는 3~4배 더 비싸다.

마데이라

마데이라Madeira는 모로코와 가까운 뜨거운 사화산 섬이며, 포르투갈의 산화 와인의 이름이기도 하다. 와인 통을 햇볕에 굽는 식으로 만들며(가열실에서 오븐에 넣기도 한다), 만드는 과정은 이상하지만 맛은 좋다. 산미가 강한 말바지아Malvasia 포도로 만들고 익힌 과일, 태운 오렌지, 에스프레소 커피, 설탕에 볶은 넛트 향이 난다. 마치 적도를 천천히 지나는 배 화물칸에서 변질된 와인 맛과도 비슷하다

마데이라는 대부분 여러 종류의 포도와 빈티지를 혼합하는데 평균 숙성 연도를 "5 years old"라는 식으로 표기한다. 4가지 등급이 있는데 당도에 따라 이름이 정해진다.

- 스르시알Sercial 당도 4 이하이며 드라이하다.
- 베르델료Verdelho 당도 5~7이며 미디움드라이이다.
- 부알Bual 당도 8~10이며 미디움스위트이다.
- 마므세이Malmsey 당도 10 이상으로 스위트이다.

이 와인들은 와인의 적인 열과 산화를 이미 거쳐 얼마든지 오래 수십 년 동안도 보관할 수 있다. 색깔은 옅어지면서 향은 스파이스, 흙, 버섯 향으로 발전하고 산도는 그대로 유지되어 활기차게 느껴진다. $15 정도는 예상해야 하고 좋은 것은 훨씬 비싸다. 레인 워터 마데이라Rainwater Madeira는 요리용으로 만든 특별히 싼 마데이라이다.

마데이라는 잘 알려지지 않아 언제 마셔야 하는지 모르는 것이 오히려 정상이다. 드라이 마데이라는 드라이 셰리처럼 짭짤한 스낵과 함께 식전주로 마시고 또 버섯이나 해산물 수프와 식사가 시작할 때 마셔도 좋다.

부알과 마므세이는 달콤해서 디저트 대용으로 마셔도 좋고, 피칸파이 같이 향미가 강한 디저트와도 잘 맞다. 마데이라는 만드는 과정에서 알코올이 강화되고 열과 산소에 이미 많이 노출되었기 때문에 한꺼번에 다 마시지 않아도 코르크를 막아 냉장고에 몇 달간 보관해 둘 수 있는 이점이 있다.

마르살라

마르살라Marsala는 시칠리아의 강화 와인이다. 18세기 말 영국 상인이 비싼 포트나 셰리 대용으로 드라이 와인에 포도 농축 주스나 알코올 등을 첨가하여 만들었다. 그릴로Grillo, 카타라토Catarratto, 인촐라Inzolia 등 여러 가지 토착 품종을 블렌딩한다.

색깔에 따라 옅은 것은 오로Oro, 호박색은 암브라Ambra, 붉은색은 루비노Rubino라고 하며 세코Secco, 세미 세코Semi Secco, 돌체Dolce, 등 당도에 따른 분류도 있다.

다음은 숙성 기간에 따른 분류다.

- 피네Fine, 보통 : 가열한 농축 주스를 첨가하여 만듬, 1년 이상 숙성. 알코올 농도 17도.
- 수페리오레Superiore, 고급 : 발효를 중단 시킨 머스트를 첨가하여 만듬. 2년 숙성 시키며 리제르바는 4년 이상 숙성시킨다. 알코올 농도 18도.
- 베르지네Vergine, 특급 : 고농도 알코올을 첨가하여 만듬. 5년 이상 숙성. 알코올 농도 18도.
- 베르지네 스트라베키오Vergine Stravecchio : 솔레라스 리제르바Soleras Riserva라고도 하며 10년 이상 솔레라 시스템에서 숙성시킨다.

VDN

뱅 두 나튀렐Vin Doux Naturel은 이름과는 달리 자연스런 와인이 아니며 지중해 연안 남프랑스에서 만드는 강화 와인이다. 대부분은 랑시오Rancio 스타일이다. 의도적으로 열과 공기에 노출시켜 구운 과일이나 견과류의 산화한 향을 낸다. 오래된 퀴퀴한 냄새가 나지만 역하지 않고 기분 좋은 냄새이다.

랑시오는 와인을 의도적으로 공기에 노출시켜 신선한 색깔과 향미를 부드럽고 따뜻한 향미로 바꾼다. "랑시오 같다"라는 말은 기분 좋게 약간 산화되었다는 말이다.

뮈스카 VDN

뮈스카는 섬세하고 깊이 있는 VDN을 만들 수 있다. 일반적으로 프랑스 남쪽에서 재배되고 스타일은 지역에 따라 조금씩 달라진다.

"Muscat de Beaumes de Venise(뮈스카 드 봄 드 브니스)"는 가장 가벼운 강화 와인으로 꿀, 오렌지 향이 나는 남부 론 스타일이다. "Muscat de St-Jean-de-Minervois(뮈스카 드 생 장드 미네르부아)"는 섬세한 뮈스카 중에서는 어느 정도 강한 편이다.

랑그독Languedoc 해안의 "Muscat de Frontignan(뮈스카 드 프롱티냥)"은 너무 익어 오렌지색이나 갈색이 난다. "Muscat de Rivesaltes(뮈스카 드 리브잘트)"는 더 진한데 루시용Roussillon의 햇볕 쪼이는 반달모양 해안 지역에서 난다. 375ml 한 병에 $8~$20 정도이다.

그르나슈 VDN

스페인 카탈로니아Catalonia 지방의 프리오라트Priorat에서는 그르나슈로 강한 레드 와인을 만든다. 피레네 산맥을 건너 프랑스로 오면 그르나슈로 다양한 와인을 만들며 남

프랑스의 강화 와인도 그 중 하나다.

루시용의 바뉠스Banyuls 같은 따뜻한 지역에서 그르나슈를 제대로 익히면 통통한 체리 향의 단맛이 상상을 초월한다. 드라이 와인이 되기 전에 알코올을 첨가해 발효를 중단시키면 단 맛이 남고 1~2년 오크통에 숙성하면 진한 강화와인이 된다. 달고 무거운 질감을 높은 알코올 도수가 가볍게 만들어 주는 특이한 스위트 와인이다. 셀러에 10년 이상 보관하면 캐러멜을 입힌 마른 체리나 견과류의 향으로 변한다.

바뉠스 안쪽의 모리Maury에서도 그르나슈로 강화와인을 만드는데 더 검고 달다. 색깔이 초콜렛처럼 진하기도 하지만, 초콜렛 디저트와도 환상의 콤비이다.

훨씬 남쪽 남부 론의 라스토Rasteau에서도 그르나슈로 신선한 스타일과 랑시오 스타일의 강화 와인을 만든다. “Rancio”라고 표기한 것은 견과류, 카라멜 향이 난다.

그르나슈 VDN은 뮈스카 VDN보다는 좀 더 비싸 750ml 병에 $20에서 $50 정도하고 향미도 강하고 오래간다.

호주 뮈스카

호주도 캘리포니아처럼 섬세한 스위트 리슬링, 포트 스타일 쉬라즈 등 여러 종류의 디저트 와인을 만든다. 그중 리큐어 뮈스카Liquer Muscat와 뮈스카델Muscadelle 또는 토카이Tokay가 눈에 띄는데, 보통 스틱키sticky라고 부른다.

설탕 시럽과 버터로 만든 생강 맛의 토피 푸딩처럼 달고 부드러운 감촉의 와인이다. 좋은 것은 산미가 살아있어 단맛에 질리지 않게 게 해주고 향미도 복합적이라 저녁 내내 그 맛이 지속된다.

호주에서는 토카이Tokay와 뮈스카델Muscadelle이 같은 의미로 쓰인다. 뮈스카델은 뮈스카와는 다른 포도이며 프랑스 소테른에서 스위트 와인을 만드는데 소량 사용한다. 헝가리 토카이Tokaji를 보호하기 위한 규제 때문에 지금은 호주에서 “Tokay”라는 이름을 쓰지 않지만 2008년 이전의 것은 아직도 이 이름을 볼 수 있다.

리큐어 뮈스카와 뮈스카델은 한때 많은 사랑을 받았으나 요즘은 몇몇 동호인만 찾아

흔히 보이지는 않는다. 375ml에 최하 $15 정도이고 출시 전에 와이너리에서 오래 숙성시킨 것은 $60 이상이다. 아주 오래된 것은 $300도 하며 세상에서 가장 좋은 디저트 와인 중 하나로 꼽힌다.

요점정리

- 강화 와인은 알코올을 첨가하여 알코올 도수가 16~20도 정도된다.
- 강화 와인은 포르투갈의 마데이라, 포트, 세투발, 스페인의 셰리, 프랑스의 VDN, 호주의 리쿼 뮈스카 등이며 이외에도 각 지역에서 나는 포트 스타일의 와인을 말한다.
- 포트는 포르투갈에서만 생산되는 것을 말하며 그 외는 포트 스타일이라고 한다.
- 강화 와인이 모두 단 것은 아니다. 마데이라와 셰리는 산도가 높고 드라이 하여 소금기 있는 스낵과 치즈, 넛트 등과 어울린다.

Part 5 와인 장보기

지금까지 공부한 포도 품종만 해도 50가지가 넘었고
이 포도가 만들 수 있는 와인이 얼마나 다양한지도 배웠다.

그러나 읽고 배우기에는 한계가 있으니
일단 접고 쇼핑을 나가보자. 많이 마실수록 많이 배울 수 있다.
이 장은 와인 한 병의 가격이 어떻게 형성되며
어떻게 하면 잘 살 수 있고 왜 사서 보관하는가에 대한
정보를 제공한다.

Chapter 21

와인 가격

$50 와인도 있고 $5 와인도 있다. 왜 비싼지, 왜 그렇게 싼 것도 있는지 궁금하다. 와인 만들기는 어려운 일이고 비용도 많이 든다. 포도도 다르고 양조 방법도 다르다. 와인 한 병이 태어날 때까지의 과정을 추측해 보면 와인 판매로 수익을 내기가 쉽지 않다는 것도 알게 된다.

기본 지출

포도밭

열대지방에서 복숭아를 키울 수 없듯이 포도나무도 아무데서나 잘 자라지 않는다. 포도나무에 적합한 땅은 일반적으로 햇볕이 잘 들고 배수가 잘 되는 언덕 지역이다. 비가 많거나 너무 비옥한 땅은 좋지 않다.

캘리포니아의 나파 밸리에 자리 잡으려면, 지금은 빈 땅도 거의 없지만 지갑이 두툼해야 한다. 1에이커에 $160,000도 한다. 이탈리아 키안티로 가면 약간 싸게 살 수 있는데 키안티 클라시코는 1에이커에 $50,000이다. 좀 덜 좋은 땅을 사면 비용은 반으로도 줄일 수 있지만 와인의 품질이 떨어질 수 있고 좋은 와인을 만들어도 유명한 지역의 와인과 같은 값을 받지는 못한다.

참고로 1에이커acre는 약 4,000㎡이며 대략 1,200평쯤 된다. 1갤런gallon은 약 4l이다.

어떤 포도나무를 심을 것인가? 나파밸리에서 카베르네 소비뇽을 심으려면 묘목 당 $2.5~$3, 1에이커에 1,000개를 심으면 $2,000~$3,000이 든다. 다음에는 땅을 갈고 관개를 해야 하고 모종을 심고 울타리도 쳐야 하는데 1에이커 당 인건비만 $25,000 정도 들고 재료비도 $10,000 정도 든다.

벌써 1에이커에 $195,000이 들었으며 이 나무가 와인을 만들 수 있는 포도가 열리기까지는 수년이 걸리고 또 몇 년이 더 지나야 품질이 좋은 포도가 열릴 수 있다. 그동안 나무를 돌보는 일은 가지치기, 시렁 만들기, 나무 교체하기 등 끝이 없다. 투자를 하고 그렇게 오래 기다릴 수 없다면 포도밭이 어느 정도 자리 잡을 때까지 포도를 사서 와인을 만들 수 있다.

와이너리

수백만 달러를 호가하는 일류 와이너리 설계자를 부를 수도 있지만 목표를 낮춰 쉬운 방법을 알아보자. 우선 포도밭 가까운 곳에 와이너리(작은 창고라도 좋다)가 있어야 한다. 포도를 따서 트럭에 싣고 먼 길을 가야하면 포도가 상하기 쉽다.

파쇄기crusher-destemmer는 필수이며 자그만한 중고품이 $9,000 정도다. 다음은 발효용기인데 1,500갤런 스테인리스스틸 탱크가 $4,000 정도이다.

발효용 이스트도 kg당 $60 정도가 든다. 돈을 아끼려면 자연natural 이스트의 마술을 기대해 볼 수도 있지만 박테리아 손상이나 다른 위험 부담이 많다. 발효 때 온도를 조절할 수 있는 냉각 장치도 몇 천 달러가 든다.

발효가 끝나면 탱크에서 꺼내야 하는데 호스와 펌프 등 기구가 $16,000 정도가 든다.

오크통

단순한 과일 향의 일상 와인은 오크통 숙성이 필요 없으며 스테인리스스틸 탱크가 편리하고, 탱크는 잘 관리하면 20년 이상도 간다. 주스가 품질이 좋으면 오크통 숙성이 효과가 있으며 좋은 카베르네 소비뇽은 오크통에 숙성시킨다. 오크의 타닌이 와인을 부드럽게 하고 복합적인 향을 주며 구조를 더 탄탄하게 해준다.

어떤 오크통을 사용하느냐에 따라 가격 차이가 크게 난다. 평균 사이즈(60갤런, 225ℓ)의 프랑스산은 $900 가량 하고 동유럽산(대부분 헝가리)은 $500, 미국산은 $400 정도 한다.

탱크 하나 분량은 25개의 오크통이 필요하니 오크통 값만 $10,000 이상이며 스테인리스와는 달리 손상이 되기 때문에 좋은 맛을 얻으려면 해마다 부분적으로 교체도 해야 한다.

저장할 장소도 있어야 하는데 서늘하고 어두운 곳이 있으면 큰 비용은 들지 않지만, 장소가 없으면 매달 한 통에 $18~$25 정도로 창고를 빌릴 수 있다. 싼 것 같지만 2년을 임대하면 한 통에 $600 정도가 든다.

가격은 눈덩이처럼 불어나 좋은 포도밭과 묘목, 기계, 비싼 오크 통 등 최고급 와인에 드는 비용은 콩코드 포도로 만들고 오크통 근처에도 못 가본 와인과는 천지 차이가 난다.

인건비

와이너리를 경영하는 것은 한 사람이 할 수 있는 일이 아니며 파트타임으로 할 수 있는 일도 아니다. 포도나무를 심은 후 가지도 쳐야 하고 덩굴도 손 보고 땅에 비료도 주어야 하니 누구든 해보면 그렇게 만만한 직업이 아니라는 것을 안다. 밭일에 익숙하다면 혼자서도 할 수 있고 장부 정리 같은 사무도 볼 수 있을지 모른다. 그러나 수확 철이 오면 달라진다. 포도 수확은 조금이라도 빨라지거나 늦어져도 안 되며, 비가 오면 포도가 묽어져 오래 기다려온 귀한 주스를 얻지 못하게도 된다. 복숭아를 따면 바로 상점에 보내야 하는 것처럼 바로 따서 와이너리로 싣고 와야 한다.

일급 포도밭은 대개 언덕에 있어 기계 수확이 불가능하고 잘 익은 포도송이를 골라서 따야 하므로 수일에 걸쳐 포도밭 이랑을 오가야 한다. 수확할 팀을 만들어 포도밭으로 보내야 하는데 경험이 많고 숙련된 노동력은 임금이 비싸고 작업 시간도 길다. 캘리포니아에서는 대개 1에이커 당 $2,500 정도이며, 솜씨 좋은 사람을 쓸 경우 $1,000 정도 더 지불해야 한다.

고비용은 고품질과 비례한다고 볼 수 있다. 지역과 포도 품종 차이는 물론이고, 숙련된 노동력도 가격을 올리고 오크통 숙성 기간 등 양조 과정에서도 차이가 난다.

수확한 포도송이는 플라스틱 상자(개당 $2)에 넣어 트럭에 실어 와이너리로 보낸다. 선별대sorting table에 포도송이를 내리고(자동으로 움직이는 것은 $22,000 상당) 나쁜 열매나 잎, 벌레 등을 골라낸다. 여기에도 한 팀이 늘어서서 일을 해야 한다.

다음 파쇄기로 옮기고 또 짜낸 주스를 펌프로 탱크에 옮길 때도 사람이 필요하다. 와이너리의 청결도 중요하며 수확기에는 어떤 사고에도 대처할 수 있도록 운전기사나 기능공 등도 항상 대기하고 있어야 한다. $4,000 짜리 탱크가 새면 주스가 삽시간에 품어 나올 수도 있다.

또 최소 12명이 최상의 상태로 일할 수 있도록 침식을 제공해야 한다. 참치 샌드위치로 점심을 때우게 할 수는 없다.

상품출하

와인이 완성되면 병에 넣어야 상품이 된다. 자동 기계($400,000)도 있으나 규모가 크지 않으면 수동 기계($40,000)를 사거나 빌리면 된다(한 상자 당 $2 정도). 병도 보르도 기본형은 48¢, 어깨가 넓고 바닥이 푹 패인punt, 펀트 두꺼운 유리병은 여섯 배나 더 비싸고 코르크 마개도 품질에 따라 10¢에서 68¢까지 있다.

라벨을 붙일 차례다. 아티스트의 멋진 라벨이 아닌 기본 라벨도 20¢쯤 든다. 병 값만 $4 이상 추가되니 상점에 진열 되어 있는 와인병과 라벨을 예사로 보면 안 된다.

> 펀트punt는 와인병 바닥의 푹 들어간 부분을 말한다. 거의 장식용이며 옛날에 유리를 불어 병을 만들 때 남은 흔적이다. 지금은 스파클링 와인의 강한 압력을 버티게 하는 용도 외에는 별 의미가 없다.

병을 상자에 넣어 내 보낼 때가 되었다. 스티로폼을 댄 두꺼운 종이상자는 개당 $8이며 또 직접 하든 대행사를 시키든 광고비도 든다. 알코올은 사치품으로 간주되고 와인이 와이너리의 테이스팅 룸에서만 판매되어도 세금이 붙는다.

세금

미국에는 연방정부 세금이 있으며 와이너리의 크기에 따라 피라미드식으로 액수가 달라진다. 150,000갤런 이하를 만드는 와이너리는 갤런당 17¢이지만 와이너리가 크면 스틸 와인은 갤런당 $1.07, 스파클링은 $3.40을 매긴다. 또 알코올 도수가 14도 이상이면 갤런당 50¢씩 더 붙인다.

주 세금은 주마다 다르며 캘리포니아의 경우 스틸 와인은 한 병에 4¢, 스파클링 와인은 두 배이다. 다음 또 판매세가 약 9퍼센트 정도 붙는다.

지금까지는 와이너리에서 바로 판매하거나 테이스팅 룸에서 판매하는 가격이며 미국의 경우 다음 3단계를 또 거친다.

미국에서는 와인을 한 병 팔아도 와이너리(외국 와인의 경우 수입상)에서 중개업자를 통해 소매상점으로 팔아야 한다. 중개업자가 와이너리와 소매업자 사이에 끼는 것은 유통 질서의 혼란을 막기 위해서다.

와이너리에서 $15이면 중개업자는 병당 얼마씩 더 붙이고 소매업자는 또 몇 달러씩을 더 붙여 판다. 잘 알려지지 않은 와인의 경우에는 재고가 남을 우려도 있기 때문에 가격을 더 높이 매긴다. 그러면 $15 와인이 $30도 될 수 있다.

가격

와인 한 병에 이렇게 많은 세금을 부과하는 것이 불공평하게 보이기도 하지만 좋은 점도 있다. 와인에 대해 모든 것을 알기는 어렵기 때문에 가격이 가장 강한 마케팅 방법이 될 수도 있으니 말이다.

레스토랑 매니저의 경험담에 의하면 와인이 너무 싸면 사지 않고 가격을 올리면 팔리기 시작한다고 한다. 어떤 와이너리에서는 적은 양을 만들어 가격을 올리는 판매 전략을 쓰기도 하나 이런 방법은 위험이 따르고 명성에 금이 가면 사업을 망칠 수도 있다.

레스토랑의 와인 리스트에 오르면 와인의 이름을 알리는 특별한 광고가 된다. 수천 개의 와인 중 100개에 선택되면 흥분할 수밖에 없다. 그러나 레스토랑 와인 가격은 상점의 두 배 이상이니 고객의 입장에서는 주문을 망설일 수밖에 없다.

레스토랑은 알코올을 판 이익을 계산하여 음식값을 적당히 낮게 책정하므로 와인 값을 두 배에서 세 배까지 비싸게 받는다. 세 배가 넘으면 특별히 멋진 레스토랑일 것이며 그 이하면 적당한 곳이다.

비싼 와인은 맛이 더 좋다. 값이 다른 카베르네 소비뇽을 놓고 가격을 매기는 실험을 한 결과 각자가 비싸다고 생각하는 와인을 더 높이 평가하였다. 뇌 측정에서도 비싼 와인을 마실 때 기쁨을 느끼는 뇌의 활동이 증가되는 현상이 일어났다.

최소한의 장비를 갖춘 와이너리를 만드는데 $30,000이 들고 포도밭을 일구는데 $195,000이 든다. 포도나무가 자라 좋은 열매를 맺을 수 있을 때까지 몇 년을 기다리는 동안에도 포도밭을 관리할 인부가 필요하다. 포도를 수확해서 어렵사리 얻은 주스를 병입할 때 까지도 적어도 $50,000이 든다. 세금도 있고 소비자가 살 때까지 또 두 단계를 더 거쳐야 한다.

물론 이곳저곳에서 비용을 절감하면서 꽤 괜찮은 와인을 만들 수도 있으나 그렇게 좋은 와인은 기대하기 힘들다. 싼 지역, 싼 포도, 싼 노동력, 싼 오크 통, 병, 코르크 등을 쓰면 반값에 만들 수도 있다. 그러나 좋은 와인이 될까? 이 질문은 와인 메이커나 소비자나 같이 생각해 볼 문제다.

요점정리

- 와인 가격은 병속의 와인을 만든 비용의 총 합계이며 포도의 품질, 노동력, 오크통, 코르크 등의 질에 따라서 달라진다.
- 미국 내 와인은 중개상을 거쳐 소매상에게 가므로 그만큼 가격이 오른다.
- 레스토랑 와인 가격이 두 세배 비싼 것은 음식보다 알코올에 이윤을 많이 매기는 전통적 가격 책정 방법 때문이다.

Chapter 22

와인 구매와 보관

와인을 살 때는 기쁨을 느낀다. $10로도 맛좋은 와인을 기대해 볼 수 있고 늘 새로운 와인을 만날 수 있으니 흥분도 된다. 그러나 빈손으로 나올 때도 있고 한참을 고르다가 지쳐 맥주 진열대로 가기도 한다. 맥주에 대해서도 아는 것은 없지만 몰라도 전혀 문제가 되지 않으니 편하다.

와인의 모든 것을 아는 사람은 없다. 이 진리를 깨우치면 와인을 살 때 마음이 한결 가벼워진다. 어떤 것을 고를까? 맛이 어떨까? 얼마나 싸게 살 수 있을까? 이런 생각이 머릿속에 맴돌게 되며 즐겁게 와인을 고를 수 있다.

상점 찾기

와인 상점에 들어가면 진열대에 늘어서 있는 와인 병에 벌써 기가 질리고 각종 광고와 세일 품목 등 꼬리표도 정신을 혼란하게 한다. 고급 상점은 마호가니 선반에 와인 병을 윤이 나게 닦아 진열해 놓고 도서관처럼 쥐죽은 듯 조용하기도 하다. 밝고 음악이 흐르며, 쾌활한 점원이 심사숙고하며 와인을 추천해 주는 곳도 있다. 이렇게 스타일이 다른 상점이 많지만 마음에 드는 상점을 하나만 찾으면 와인을 살 때 두렵지 않다.

아무리 좋은 상점이라도 가기가 힘들면 소용이 없다. 자주 갈 수 있는 곳을 찾고 점원과도 알고 지내는 것이 좋다. 가깝더라도 상점이 너무 작으면 곧 싫증이 나며 한 달에 한 번쯤 가게 되더라도 더 다양한 와인을 구비한 곳을 찾게 된다.

초대형 상점이라도 평범한 것만 대량으로 갖다 놓은 곳도 있고 잘 골라 폭넓게 진열해 놓은 곳도 있다. 같은 생산자의 와인을 쌓아놓았다든가 켄달 잭슨Kendall-Jackson이나 서터 홈Sutter Home 같은 유명 상표로 진열대를 가득 채워놓았으면 주의를 해야 한다. 그런 상표가 좋지 않은 것이 아니라 그보다 덜 알려진 좋은 와인들도 많기 때문이다.

작은 상점도 정성들여 와인을 골라 놓은 곳이 있다. 이탈리아 와인이나 부르고뉴, 독일, 호주, 유기농 와인 등 주인의 기호에 따라 특별한 와인을 골라 놓기도 한다. 이런 상점이 와인 애호가에게는 꼭 맞는 곳이다. 상점 주인이 어떤 특정 와인에 빠지게 되면 와인 메이커와 친해질 수도 있고 좋은 가격으로 살 수도 있다. 주인의 관심과 지식을 얻어들을 수도 있으며 몇 번 가보면 서로 취향이 맞는지도 알 수 있다. 특정 수입상의 와인이 나와 취향이 맞을 수 있는 것과 같다.

작은 상점만 전문성이 있는 것이 아니며 큰 상점도 각 지역의 와인을 잘 아는 점원이 각각 맡고 있는 곳은 작은 상점을 모아둔 것과 같다. 큰 상점은 값이 싸기는 하지만 이윤이 적기 때문에 유능한 점원을 고용하기 어렵다. 상담을 하며 시간을 보내고 즐길 수는 없지만 무엇을 살지 확실히 알면 싸고 좋은 것을 살 수 있다.

새롭고 맛있는 와인을 소개받고 싶으면 몇 달러를 더 내더라도 친절한 점원이 있는 곳이 좋다. 상점에 싸고 훌륭한 재고들이 쌓여있다 해도 도와줄 사람이 없으면 찾아낼 수가 없으며 결국 마음에 들지 않는 와인을 사게 되고 좋은 것을 놓치게 된다.

와인 주문

매주 한번씩이라도 와인 상점에서 이것저것 고르며 시간을 보낼 수 있다면 얼마나 좋을까? 도시에 살면 밤 11시에도 나갈 수 있지만 교외에 살거나, 하루 12시간 일을 해야 하거나, 집안일로 나가지 못할 수도 있다.

주문을 하자. 와인 상점은 배달을 해주고 가까우면 무료로도 된다. 전화나 인터넷 주문이 처음 시작은 어렵지만 차차 개인적인 친분을 쌓을 수 있다.

와인 상점에 자주 가더라도 우편 주문을 할 때가 있다. 상점에서 살 수 없는 와인을 주문할 때 편리하다. 와이너리로 직접 차를 몰고 가지 않아도 되고 마실 수 있는 와인의 폭도 넓혀준다. 인터넷 주문을 하는 것도 절약하는 방법이다.

인터넷 와인 판매가 요즘 문제가 된다. 대부분 와이너리나 소매상점에서는 주문받는 대로 팔려고 하고 사는 사람도 마찬가지다. 그러나 다른 주로 판매하는 것을 반대하는 상인들도 있고 법도 자주 바뀐다. 주문하기 전에 관계기관이나 www.freethegrapes.com에 현재 상황을 알아보는 것이 안전하다.

> 와인을 주문하지 않더라도 인터넷 사이트는 매우 도움이 된다. 와인 가격을 알아 볼 수 있고 어떤 와인이 어느 와이너리에서 생산되는지도 알 수 있고 와인 시음 노트도 비교해 볼 수 있다. www.snooth.com, www.vinorati.com, www.winefetch.com. 와인 가격은 www.wine-searcher.com. 에 자세히 나온다.

와인 고르기

마음에 드는 상점은 찾았는데 내가 원하는 와인을 어떻게 골라야 할까? 먼저 도움이 필요하다는 것을 인정해야 한다. 와인을 자신 있게 살 수 있는 사람은 세상에 아무도 없으며 잘 안다고 생각하면 오히려 와인 바보이다. 와인 가격에는 점원의 봉급도 포함되어 있으니 편안히 도움을 청하자.

먼저 어떤 와인을 사려고 하는지 점원에게 충분한 정보를 주어야 한다.

- 어느 정도의 가격대를 원하나? 차를 사면서 허세를 부리는 것도 아니니 당당하게 말하자.
- 어떤 와인이 필요한가? 식사용, 선물, 혼자 마실 와인 또는 스테이크와?
- 어떤 와인을 좋아하나? 어떤 정보라도 점원에게는 도움이 된다. 지난 토요일 산 레드가 정말 좋았다 등.
- 알고 싶은 와인이 있나? 토스카나를 가보고 싶다든지? 레스토랑에서 마신 와인이 좋아 다시 마셔보고 싶다는 등.

선물용인데 상대방의 취향을 모른다면 그 사람에 대해서 아는 만큼 설명하자. 비싼 취향을 가졌는지, 보수적인지, 어떤 음식을 좋아하는지 등. 이렇게 두 사람이 힘을 합하면 맞는 것을 몇 개 찾아 낼 수 있다. 자주 방문하다 보면 서로 취향을 알게 되고 정말 멋진 와인을 소개받을 수 있다.

와인 전문가라도 점원과 의논한다. 싼 가격의 좋은 와인이나 생각하지도 못한 와인을 추천 받을 수도 있다.

도와 줄 사람도 없고 도움을 받고 싶은 사람도 없을 때는 혼자서 골라야 한다. 먼저 점원이 물어볼 말을 스스로에게 물어본다. 그러면 얼마를 쓸지, 어떤 종류를 원하는지 등에 대한 아이디어가 생긴다. 예상 가격에서 몇 달러 싼 가격대부터 천천히 돌아보며 특가 세일이 있는지도 살펴본다.

세일 품목

세일 진열대를 둘러보자. 세일은 항상 어느 곳에도 있다. 치약을 사는데 하나를 더 얹어 준다(1+1)고 광고하지만 결국 덜 주고 사는 것이 아니고 제값에 사는 것이다.

덤핑 세일은 와인이 팔리지 않아 처리하는 것이다. 너무 오래된 와인이라든지($5.99

샤르도네 1996), 보관을 잘못한 와인이라든지 너무 싼 것($2.99) 등은 사지 말아야 한다. 가장 좋은 경우는 몇 병 남은 와인을 재고 처리하는 것이다. 듣지도 보지도 못한 와인이 깨끗한 상태로 보관되어 있다면 생각해 볼 필요가 있다.

와인 상점을 천천히 둘러보면 가끔 주인의 와인 사랑이 진열대에 나타난다. 포르투갈 와인이 특별히 많다면 주인이 포르투갈 인이고 자랑스럽게 생각하며 전문화한 것이다. 따라서 품질도 좋고 값도 싸다.

와인 가격이 싼 바겐세일 지역이 가끔 숨어 있다는 것도 알아야 한다. 나파 보다 칠레 카베르네 소비뇽은 더 싸다. 바겐세일 지역은 다음과 같다.

- 아르헨티나(말벡)
- 칠레(소비뇽 블랑, 까르메네르)
- 독일(리슬링)
- 랑그독 루시용, 프랑스(화이트, 레드)
- 루아르 밸리, 프랑스(앙주, 투렌, 시농)
- 뉴욕주(리슬링, 카베르네 프랑)
- 남부 이탈리아(아풀리아, 캄파니아, 시칠리아, 사르데냐)
- 스페인(헤레스, 후미야, 루에다, 리오하, 토로)

세컨드 와인은 일등급 와인을 만든 나머지로 만든다. 품질이 좀 떨어진 포도나 오크통 와인으로 스타일은 비슷하고 값은 일등급보다는 훨씬 싸다. 보르도에서 먼저 시작되었고 곧 세계 곳곳으로 퍼졌다. 문제는 세컨드 와인은 라벨이 불분명하다. 라벨에 표기되어 있지 않을 때는 작은 글씨를 읽어보면 어디에서 만든 것인지 알 수 있다.

와인 보관

때가 되면 작은 와인 셀러가 하나 있었으면 하는 바람이 생긴다. 훌륭한 와인들을 저장해놓고 아무 때나 꺼내서 마실 수 있다면 얼마나 좋을까? 부엌과 침대 밑에 널려 있는 와인병을 한 곳에 모을 수 있다면 공간도 절약된다. 와인이 아직 어릴 때 사서 오래 보관했다가 정점에 왔을 때 마시면 몇 배의 이득도 볼 수 있다. 와인 셀러를 둘 적당한 장소도 없고 가격도 만만하지 않아 결국 꿈으로 그칠 때도 있다.

병 숙성

대부분의 와인은 사면 바로 마셔야 한다. 가볍고 단순한 와인은 저장을 해도 효과가 없지만 타닌과 산도가 있고 구조가 단단한 와인은 셀러에 몇 년 두면 더 좋아진다.

좋은 화이트와인은 색깔이 깊어지고 구운 과일, 캐러멜, 견과류 향으로 변한다. 레드와인은 타닌이 부드러워지며 과일향이 스파이스, 흙, 미네랄 향으로 바뀌게 된다. 오래되지 않으면 이런 향미는 얻을 수 없으며 상점에서는 오래된 와인은 잘 찾을 수 없다.

와이너리에서 수년을 저장하는 것은 경비가 많이 들어 어렵다. 정점이 언제가 될지도 잘 모르니 병입 후에는 바로 출하해 현금으로 바꾸려고 한다. 상점에서도 장소와 인건비 보험료 등으로 저장을 하기 보다는 결국 소비자에게 바로 판다.

수년이 지나면 와인은 팔려 나가고 마셔버려서 희소가치가 붙게 된다. 10년 전에 산 $12짜리 시농Chinon이 가격을 매기지 못할 정도로 비싼 값이 되고 구할 수도 없게 된다. 어떤 와인이 얼마나 잘 숙성되고 얼마나 오래가는지 또 언제 정점이 될지는 정답이 없다. 몇 가지 기본 요건은 있다.

- 타닌(레드)
- 산도
- 농축도

와인의 뼈대를 이루는 타닌과 산도가 없으면 와인은 곧 힘을 잃고 무덤덤해진다. 또 응축된 향미가 없다면 결국 산미와 타닌만 있어 눈살이 찡그려진다. 다음 와인들 중 좋은 와인은 병 숙성이 잘 된다.

- 쉬라즈Shiraz – 호주
- 바롤로Barolo – 이탈리아
- 바르바레스코Barbaresco – 이탈리아
- 보르도 레드Bordeaux – 프랑스
- 부르고뉴 화이트와 레드Bourgogne – 프랑스
- 카호르Cahors – 프랑스
- 카베르네 소비뇽Cabernet Sauvignon – 캘리포니아
- 키안티 클라시코Chianti Classico – 이탈리아
- 포트Port – 포르투갈
- 리슬링Riesling – 알자스, 오스트리아, 독일
- 론 화이트와 레드Rhône – 프랑스
- 리오하Rioja – 스페인
- 마디랑Madiran – 프랑스
- 사브니에르Savennières – 프랑스
- 소테른Sauternes – 프랑스

와인의 타닌이 너무 강하다고 생각되거나 구조는 단단한데 향이 덜하다고 느낄 때도 셀러에 보관해 보자. $9 정도하는 꼬뜨 뒤론Côtes du Rhône이나 진펀델Zinfandel도 맛이 흥미롭게 발전할 것이다. 단순한 호기심으로도 셀러에 와인을 보관하게 된다.

와인의 정점

어려운 부분에 왔다. 와인을 보관하기는 하지만 언제 마셔야 할지 어떻게 알 수 있을까? 아무도 확실히 모르고 와인 메이커도 추측할 수밖에 할 수 없다. 어느 지역 어느 와이너리의 와인이 어느 정도 지나서 마시면 좋다는 경험자들의 말이 도움이 될 수도 있고, 와인 잡지도 정확하지는 않지만 마시기 좋은 시기를 예측해 주기도 한다.

경험보다 더 나은 것은 없다. 정점을 알아내는 제일 좋은 방법은 같은 와인을 한 상자 사서 해마다 한 병씩 마셔 보면서 숙성도를 측정하는 것이다. 한 상자를 사면 보통 5~10 퍼센트를 할인해 주기 때문에 한 병을 공짜로 얻는 셈이 된다. 어느 해 너무 좋아졌으면 그때가 바로 정점이다. 황금 시기를 놓쳤거나, 전혀 좋아지지 않을 경우에는 빨리 포기하고 다른 희망 있는 와인을 찾아야 한다.

보르도 레드나 포트, 나파 카베르네 소비뇽 같은 와인은 나중에 이익을 남기기 위한 투자용으로 사기도 한다. 5년이나 10년, 15년을 기다린다고 해보자. 얼마나 오를지는 아무도 모른다. 투자에 관심이 있으면 www.investdrinks. org.에 문의해 보자.

경매

경매는 와인 수집에 매우 도움이 된다. 경매에 나오는 와인은 대부분 오래된 것이기 때문에 귀한 와인을 손에 넣을 수 있는 기회가 된다. 누구라도 경매에 참석할 수 있고 구매도 할 수 있다. 경매 와인 목록을 구입하면 비싸긴 하지만 ($15~$35) 참조하면 평가 가격, 보관 상태 등을 알 수 있다.

경매회사는 기본적으로 소장자나 와이너리에서 팔려고 하는 와인을 대행해서 팔아주는 업체다. 먼저 와인의 상태를 꼼꼼히 점검하고 품질에 의심이 가면 거절하기도 하고 또는 경고문을 붙여 팔기도 한다.

가끔 경매 전 테이스팅도 하며($40~$100) 그날 경매에 나온 것을 맛보기 때문에 도움이 된다. 사지 않더라도 오래된 귀한 와인을 마셔볼 수 있고 와인에 심취한 수집가들도 만날 수 있기 때문에 좋은 기회가 된다.

요즈음은 인터넷 경매도 있지만 와인을 직접 볼 수가 없어 조심스럽다. 운이 좋으면 좋은 것을 살 수도 있고 실패하는 경우도 많다.

온라인 경매는 www.cellarexchange.com이나 www.winebid.com을 찾아보자.

와인 저장

와인을 어디에 저장하는가? 살 수만 있다면 비싸고 큰 셀러를 마련하고 자랑할 수도 있지만 살 수 없어도 방법은 있다. 몇 가지 조건만 구비하면 옷장이나 차고, 욕실 등에 장소를 마련 할 수 있다.

병 속에 든 와인은 유리병과 코르크, 캡슐 등이 공기를 차단하고 유리병의 색조가 빛도 차단하는 안전한 상태이지만 몇 가지 유의할 점이 있다.

- 직사광선 : 와인을 바래게 한다.
- 27도 이상의 열 : 와인을 익게 한다.
- 빙점 이하 : 와인이 얼어 코르크가 튀어나오거나 병이 깨질 수 있다.
- 심한 온도 변화 : 와인이 피곤해져 빨리 시든다.
- 습도 : 너무 건조한 곳에 오래두면 코르크가 말라 공기가 스며들 수도 있다.
- 진동 : 와인이 안정된 상태에서 숙성되지 못한다.

이 몇 가지 외에는 크게 걱정할 것이 없다. 병을 눕혀 보관해야 한다는 것도 공간을 줄이는 이점은 있지만 중요하지 않다는 주장이 있다. 수집한 와인들을 잘 정리하여 어디에 무엇이 있는지 언제 마실 것인지를 기록해 두는 것도 중요하다.

와인을 수집하면 꼭 기록을 해야 한다. 시간이 흐르면 나중에는 왜 샀는지, 언제 샀는지도 모르게 되고 보물 같은 와인을 썩힐 수 있다. 와인이 변화해 가는 것을 보며 기쁨을 느낄 수 있는 것이 셀러의 장점이다. 와인을 마실 때를 기다리는 즐거움을 누릴 수 있는 행운에 감사해야 한다.

요점정리

- 좋은 점원이 있는 상점을 찾자.
- 웹 주문으로 다양한 와인을 접할 수 있다. 와인의 가격을 알아보는 데도 도움이 된다.
- 와인을 사서 보관하면 오래된 와인을 사는 것 보다 훨씬 싸다.

Part 6 와인 실전

이제 어느 정도 와인을 익혔으니 친구들도 와인 전문가로 대접해 준다.
두려워하지 말고 실력을 발휘하며 저녁식사를 즐기자.
리스트를 받아들고 자신 있게 와인을 주문하자.

와인을 멋지게 주문하고, 시음하고, 음식과 맞는 와인을 찾아내기는
쉽지 않지만 와인을 즐기면 점점 잘 할 수 있게 된다.

Chapter 23

와인 주문

레스토랑에 가면 네 명 좌석에 와인 리스트는 하나밖에 없다. 결국 한 사람이 네 사람의 취향을 파악하여 와인을 주문하는 책임을 맡아야 하고 전문가는 한 사람 밖에 없다는 말도 된다.

음식을 주문할 때는 무엇을 고를 것인가 등 서로 얘기를 주고받으며 메뉴를 본다. 그러나 와인 리스트를 든 사람은 이런 대화도 단절된 채 다른 사람을 구원이라도 해야 하는 것처럼 혼자서 고요의 소용돌이 속으로 빠져든다.

와인 리스트는 너무 두껍고 다루기도 힘들고 이국적인 이름들로 가득 차 있다. 나도 아직 연습 중이지만, 내가 터득한 방법을 몇 가지 소개한다.

기본 예절

와인 리스트를 혼자 독점하여 열중하기보다는 친구들과 서로 의견을 나누는 것이 좋다. 여분의 리스트를 몇 개 더 달라고 하자. 가죽으로 된 무거운 것이라면 모자랄 수도 있으나 프린트된 A4 용지라면 여러 개 줄 것이다.

리스트를 외면하는 친구도 있지만, 대부분 주면 받으며 와인에 대해서 아무것도 모른다고 해도 리스트를 받으면 무언가 할 말이 있고 물을 것도 있다. 그래도 어떤 와인을 마실까 결론이 나지 않으면 좀 더 적극적으로 선호하는 와인이 있는지도 물어보고 어떤 것이 좋지 않을까라는 암시도 해본다.

사업상 식사는 친구들과 하는 부담 없는 식사와는 다르다. 그러니 와인 리스트를 본다고 상대를 내버려 두어서는 더더욱 안 된다. 식사 장소를 미리 알면 먼저 전화를 해서 그 레스토랑의 와인 리스트를 메일로 받아보자. 그러면 시간을 보내며 더듬는 일이 없을 것이다.

초청한 입장이면 맘대로 정할 수도 있지만 손님이 무엇을 좋아하는지에 대해 묻고 상대방의 의견을 존중해야 한다. 손님이 와인에 관심이 있다면 리스트를 건네준다.

초대된 입장인데도 운명의 장난으로 리스트가 손에 들어왔을 때는 상대를 난감하게 해서는 안 된다. 사업 파트너로서 상대에게 보여주는 것과 같은 사교적이고 사려 깊은 태도로 임해야 한다. 이미 준비된 저녁 식사에 상당한 부담이 될 수도 있고 사업과도 관계가 있으니 다음 몇 가지를 유의하자.

- 와인을 조용히 주문하려면 모두가 음식메뉴를 정한 직후가 좋다.(많은 사람들은 음식이 나오기 전 마셔야 한다고 생각하기도 한다.) 음식을 먼저 주문하는 것은 대강 분위기와 가격이 나오기 때문에 쉬워지고 그만큼 시간도 벌 수 있다.
- 초청자에게 관심을 갖고 호 불호를 물어본다. 몇 가지를 제시하여 점쳐보기도 한다.
- 초청자가 가장 비싼 것에 관심을 보이더라도 리스트의 중간이나 그 아래쪽의 것으로 주의를 돌린다.

이렇게 하면 믿을 만한 파트너로 인정받을 것이다. 아이디어에서나 맛에서나 감명을 주면 와인을 좋아하든 안하든 간에 대화도 순조롭게 풀리고 사업도 좋은 출발을 하게 될 것이다. 와인 한 병이 모두를 만족스럽게 하지는 못하겠지만 그럴듯한 선택은 할 수 있다. 특히 소믈리에와 의논하면 더 도움이 된다.

소믈리에

소믈리에sommelier는 식당에서 와인을 구매하고 주문을 받는 와인 매니저이다. 소믈리에는 한 식당에 한두 명 정도로 숫자가 적어 모든 테이블의 주문을 받을 수는 없지만, 다른 종업원에게 훈련도 시키고 질문에 답하기도 하며 와인에 문제가 생겼을 때 해결하는 역할을 한다.

소믈리에는 옛날에는 노신사가 턱시도를 입고 체인에 달린 은잔을 목에 걸고 와인 맛을 보았다. 서빙하는 태도가 멋있고 권위도 있다. 요즘은 다른 직원들과 거의 같은 모습이지만 좀더 흥분되고 즐거워 보일 것이다. 왜 그럴까? 와인을 깊이 사랑하지 않으면 무거운 와인 상자를 운반하고, 비싸고 깨어지기 쉬운 유리병을 좁은 장소에 보관하며 재고정리를 하고, 리스트의 와인을 모두 기억하지도 못할 것이다. 소믈리에는 와인에 대해 얘기하고 싶어 하며 도움을 청하면 진심으로 기뻐한다.

소믈리에는 레스토랑의 와인 담당자로 와인을 구매하고 와인 리스트도 만든다. 타스트 뱅taste vin은 옛날 소믈리에가 체인으로 목에 거는 시음용 은잔이다.

소믈리에는 나의 친구라고 생각하자. 와인 리스트나 음식 메뉴를 누구보다 잘 알며 숨어있는 보물도 알고 주방장의 요리가 어떤 와인과 잘 어울린다는 것도 안다. 이런 이점을 잘 살려 항상 의견을 물어보자.

소믈리에에게 내가 좋아하는 것을 말한다. 가벼운 화이트라든가 과일 향의 레드라든가 정확하지 않아도 되고 멋지게 보이지 않아도 된다. 좋아하는 와인이나 포도 품종, 지역 등을 상세히 말해주면 도움이 된다.

음식을 먼저 고른 후면 소믈리에의 경험상 잘 어울리는 와인을 추천한다. 와인이 좀 미심쩍더라도 음식과 맞으면 환상적일 수 있고, 마시고 싶은 와인을 말하면 거기에 맞는 특별한 요리도 추천해 준다.

한 사람은 생선을 다른 사람은 스테이크를 시킬 때도 소믈리에가 조정한다. 양쪽이 만족할 와인을 추천할 수도 있고 또 주방에 따 놓은 레드와인 한 잔을 스테이크 옆에 갖다 줄 수도 있다. 리스트에 숨어있는 반병짜리 와인도 찾아준다.

얼마짜리를 마실 것인지 슬쩍 암시해야 한다. 원하는 가격대의 와인을 짚어 내려가면 소믈리에는 말없이 적합한 것을 추천한다.

소믈리에가 보이지 않거나 고용도 하지 않은 식당에서는 어떻게 해야 할까? 혼자 리스트에 집중할 수밖에 없다. 거기에 모든 것이 있으니 쉽게 찾는 법을 터득해야 한다.

리스트 읽기

와인 리스트는 종이 인쇄물도 있고 가죽으로 된 호화로운 것도 있지만, 내용은 거의 비슷하고 겉만 다르다고 보면 된다.

와인 리스트를 디자인하는 세 가지 방법을 소개하면 첫째는 돈을 많이 들여 셀러에 많은 종류의 와인을 가득 채우는 것, 둘째는 와인 상점에 일임하여 잘 팔리고 이득이 남는 와인을 갖다 놓는 것, 셋째는 그 식당과 요리에 맞는 와인을 선택하여 골고루 비치하는 것이다.

자세히 살펴보자. 와인 리스트의 공간을 어떻게 채웠나도 보자. 모든 와인을 총 망라하고 특별한 것이 없는 와인 상점의 카탈로그 같은지, 오래된 빈티지의 귀한 와인만 갖다 놓았는지, 같은 와인을 빈티지별로 모았는지 등을 살펴본다.

작은 리스트에도 샤르도네나 메를로, 카베르네 소비뇽 등 잘 알려진 와인 외의 흥미를 끄는 것이 있는지 찾아보고 음식에 비해 와인 가격도 적합한지를 살펴본다.

> 와인 리스트에 반병짜리가 있는지 찾아보자. 하나는 식전주로 하나는 메인 코스로 마시기가 좋다. 한 병이 너무 비싸거나 양이 많을 때도 좋은 선택이다.

와인 리스트에 정해진 순서는 없다. 전통적 방식은 지역 별로 표기되는 프랑스처럼 크게 나라 별로, 다음 세부 지역으로 나열된다. 각 지역의 와인을 알면 쉽지만 대부분은 잘 모르기 때문에 미국에서는 포도 품종 별로 늘어놓는다.

여기에도 함정은 있다. 같은 메를로라도 지역마다 다르기 때문에 품종으로 고르기도 금광 채굴처럼 어렵다. 스타일에 따른 구분도 "light(가벼운)", "medium(중간의)", "heavy(무거운)" 등 애매하기는 마찬가지다.

이제 리스트를 살펴보았으니 어느 것이 좋을지 골라야 한다. 이상하게도 오스트리아 와인이 많다? 호주 와인 리스트가 특별히 길다? 부르고뉴 와인이 빼곡히 들어차 있다? 와인 매니저가 가슴에 품은 와인들이다. 눈에 뛰게 배치도 하고 가격도 좋다.

가장 낮은 가격대 중에는 좋은 것도 있을 수 있고, 단순히 이렇게 싼 것도 있다는 것을 보여주려는 것도 있다. 가장 비싼 가격대는 식당의 자부심의 표현이기도 하다. 중간 가격이나 그 이하의 가격대가 소믈리에가 열심히 추천하는 가격대이며 좋은 와인이 숨어 있기도 하다.

친숙한 와인을 찾아 가격을 비교해본다.(식당은 대개 소매가격의 2배이다.) 비싸다고 생각되면 저가 대에서 골라 한 병 마시는 것이 마음 편하다. 리스트에 화이트 진펀델이나 세일하는 레드나 화이트만 나와 있으면 대신 마르거리타margarita를 마시고 와인은 다음으로 미룬다. 나쁜 와인을 마시기에 인생은 너무 짧고 좋은 음식에 상처를 줄 것이다.

요점정리

- 소믈리에는 나의 친구다. 누구보다 음식과 와인에 대해서 잘 알고 도와주고 싶어한다.
- 와인 리스트를 혼자 독점하지 말고 여러 개 달라고 하여 같이 보며 의논하는 것이 좋다.
- 가장 비싼 와인은 피하자. 저가의 좋은 와인을 선택할 기회를 노칠 수 있다.
- 음식을 먼저 시키면 와인을 정하는데 도움이 되고 또 리스트를 훑어 볼 시간도 번다.

Chapter 24

와인 맛보기

와인을 주문하는 큰일은 끝났다. 웨이터가 와인을 한잔씩 그냥 따르면 좋을 텐데 맛을 먼저 보라고 권한다. 이 절차는 레스토랑에서 빠지지 않는데 손님을 난처하게 하려는 것이 아니다. 와인의 상태가 좋지 않은 것이 가끔 있어 알아보려는 것이며 겉치레의 쇼같이 보이기도 하지만 필요한 의식이다.

어떻게 하나?

좌중이 시선을 집중하는 가운데 웨이터가 잔을 건네면 당황스럽다. 그러나 나에게 특별히 의무가 주어졌으니 뿌듯하기도 하다. 주문한 것이 아니거나 와인이 좋지 않을 때는 바꾸어야 하니 모두 잘못된 와인을 마시기보다는 혼자 먼저 감수하는 편이 더 낫다. 이 순간은 선택한 와인이 좋다 나쁘다를 평가하는 것이 아니라 몇 가지를 점검할 때다.

라벨 확인

웨이터는 먼저 와인의 이름과 빈티지 등 라벨을 확인할 시간을 준다. 읽기도 쉽지 않고 밝지도 않은 레스토랑이니 친절한 웨이터는 간단히 설명도 해준다. 확인이 되면 뒤로 물러서서 코르크를 뽑아 테이블 위에 놓는다.

코르크에도 와인 이름이 찍혀 있어 혹시나 가짜가 아닌가 알아 낼 수도 있지만, 요즘은 코르크보다 라벨을 바꾸는 등 기법이 다양하여 별 도움이 되지 않는다.

오래된 와인이 아닌데도 코르크가 너무 많이 젖어 있고 부서지면 마개가 느슨하여 공기가 들어가 상했을 수 있다. 그러나 코르크가 상태가 좋지 않다고 해서 와인도 상했다고 단정하지는 못하며 맛을 봐야 안다.

시음하기

웨이터가 잔에 와인을 조금 붓고 뒤로 물러서서 대답을 기다린다. 어떻게 하나? 언제나 하던 것처럼 와인을 맛보면 된다.

- Swirl(돌린다)
- Smell(맡는다)
- Sip(마신다)

와인이 괜찮으면 끄떡여서 다른 잔에도 붓게 한다. 웨이터는 와인을 잔을 돌릴 때 넘치지 않게 잔의 반 이하로 따르고, 마지막에 시음한 손님의 잔을 채운다,

어떤 레스토랑은 손님이 마시기 전에 직원이 먼저 테이스팅 하여 잘못된 와인을 가려낸다. 손님들에게 와인을 따기 전에 라벨을 보여주고 오케이가 나면 다시 들고 가 소믈리에 용 바켓(계속 맛보다가 취할 수도 있기 때문에)이 준비되어 있는 곳에 가서 테이스팅을 한다. 잘못 판정하는 일은 거의 없지만 혹시라도 소믈리에가 찾지 못한 결점이 있다면 얘기하면 된다.

와인 잔을 반도 안 되게 채우는 것은 와인을 돌려 향을 피울 때 넘치지 않게 하기 위함이다. 웨이트가 잔을 가득 채우면 오히려 불평을 해야 한다.

문제 있는 와인

와인이 내 마음에 들지 않는다고 되돌리지는 못한다. 누구의 도움도 받지 않고 혼자 주문해도 스스로 책임져야 하고 웨이터가 추천했다 해도 음식이 마음에 안 든다고 물릴 수 없는 것처럼 와인도 따고나면 다른 것으로 물릴 수 없다.

음식을 시킬 때 동시에 와인을 시켰다면 와인은 식사가 시작되기 전에 나와야 한다. 식사 도중 늦게 나온다면 병을 따지 않은 상태에서는 되돌려도 된다.

와인이 상했을 때는 바로 바꿀 수가 있다. 코르크(TCA)가 잘못되었거나 아예 식초로 변했다든지 등 이유는 많다.

- 코르키corky : 단순한 곰팡이와 코르키한 와인의 구별은 애매하지만 코르키한 것은 종이상자에 들어있었다는 느낌이 나거나 지붕 밑 방의 묵은 냄새 같은 것이 난다.
- 식초 : 와인은 식초 냄새가 나면 유효기간이 지난 것이다. 샐러드 드레싱에 쓸 정도면 돌려보내도 된다.
- 산화oxidation : 열도 와인을 상하게 하여 풍미를 변화시키지만 산소도 신선한 향을 없애고 색깔은 변화시킨다. 오래 열어 둔 것 같다든지 난로 위 선반에 둔 것 같으면 되돌려 주어도 된다.
- 재발효 : 가끔 병 속에서 재발효 할 때가 있다. 거품이 일거나 혀끝에 쏘는 감촉을 느껴 찾기가 쉽다.

야채 상한 냄새나 아황산 냄새가 코를 쏘면 거부할 수 있으며 약간 느껴지는 정도면 와인을 따를 동안 날아가니 걱정하지 않아도 된다. 확실히 모를 때는 웨이터에게 물어보자. 레스토랑에서는 상한 와인은 판매업자에게 얼마든지 돌려보낼 수 있기 때문에 기꺼

이 다른 것으로 바꾸어 준다.

디캔팅

왜 비싸고 예쁜 디캔터를 사용할까? 대부분 와인은 디캔터decanter가 필요 없다. 그러나 어떤 와인은 바닥에 두터운 침전물이 가라앉아 마지막 잔을 흐리게 하기도 하고, 넓은 용기에 넣으면 공기 접촉으로 향미가 향상되는 와인도 있다.

어떤 와인?

유리병 속에 오래 있어 침전물이 가라앉아 있는 경우는 디캔팅decanting이 필요하다. 또 오랫동안 병 속에서 공기 접촉이 없어 환원취나 야채 냄새가 나고 향이 거의 나지 않는 경우도 있다. 이럴 때 디캔터에 옮기며 숨 쉬게 한다고 하는데, 즉 공기에 노출시켜 향미가 피어나게 도와주는 것이다.

오래된 와인은 수십년 동안 산소와 접촉하지 않았기 때문에 따고난 직후에는 향을 거의 느끼지 못한다. 디캔팅 할 때 비로소 숨 쉰다는 표현을 하는데 천천히 향미가 피어 오른다는 말이다. 그러나 매우 완숙된 향을 갖고 있는 오래된 와인은 산소 접촉으로 오히려 향미를 잃고 변해버릴 위험도 있다.

스파클링 와인이나(기포가 없어질 수 있기 때문에), 아주 오래된 와인, 아주 단순한 와인은 디캔팅을 해도 별 효과가 없다.

증명하기는 어렵지만 시간이 감에 따라 잔에서 향이 변하고 15분이나 한 시간이 지난 후에 감미롭고 유혹적인 향으로 변하는 것을 경험할 수 있다. 병에 남겨둔 와인이 다음날 더 좋아지기도 한다. 그 반대로 처음 15분간은 좋았는데 점점 맛이 둔해지고 신맛도 강해지며 무미건조해지고 다음날은 더 나빠지기도 한다.

디캔터 사용은 와인을 크게 변화시키지는 않지만 의미가 있다. 와인의 반응은 일률적은 아니지만 단순한 와인은 변화가 없고, 타닌과 산도가 있고 향이 응집되어 있으면 디캔팅으로 더 나아진다. 집에서 시험해 볼 수도 있고 식당에서는 소믈리에에게 디캔팅이 필요한지 의견을 물어보자.

어떻게?

와인에 약간의 공기를 씌우고 예쁜 디캔터를 사용하고 싶을 때는 단순히 와인을 병에서 디캔터로 부으면 된다.

오래된 와인은 까다롭다. 식사 전에 미리 주문한 것이라면 소믈리에가 이미 병을 바로 세워놓고 침전물이 아래로 떨어지는 것을 관찰했을 것이다.

식사 때 주문하면 소믈리에가 와인을 셀러에서 꺼내 병을 비스듬히 세울 수 있는 디캔터 테이블로 간다. 촛불 위에서 천천히 와인을 디캔터로 옮기는 재미있는 행위 예술을 보여 준다. 촛불이 침전물의 움직임을 보여주며 병목까지 내려오면 멈춘다. 어떤 때는 와인을 1인치까지 남겨야 하니 낭비 같으나 목에 걸리는 것보다 낫다.

와인 가져가기

식당에 와인을 가지고 갈 때는 어떻게 해야 하나? 먼저 가능한지 물어봐야 한다. 비싼 코키지corkage, 서비스 비용로 차라리 레스토랑의 와인을 주문하는 것이 나은 곳도 있다. 레스토랑은 알코올 매상으로 이윤을 남겨 음식 값을 적정선에 유지한다. 손님이 와인을 가지고 오면 문제가 생긴다.

와인 리스트는 메뉴의 일부로 레스토랑의 자부심을 나타내며 그들이 선택한 와인을 손님들과 나누는 기쁨을 느끼고도 싶어 한다. 와인을 갖고 가면 그런 기회를 놓치게 된다.

아주 특별한 와인이거나 좋아하는 와인을 갖고 가는 경우 어떤 와인인가를 먼저 말하고 코르크 차지를 흥정해야 한다. 만약 부르고뉴의 1945년 로마네 콩티Romanée-Conti를 가지고 간다면 그 식당의 가장 좋은 요리를 주문해서 서로 도울 수 있다. 와인 값은 포함되지 않지만 한 병을 살 때와 마찬가지로 팁을 주는 것을 잊지 말자. 웨이터가 열심히 일한 대가이다.

소믈리에는 능력과 경험에 따라 봉급 수준도 다르고 팁을 주어야할지 말아야 할지도 정해진 것이 없다. 생일이나 디캔팅 등 특별한 주문으로 일을 시켰을 경우에는 팁을 주어야 한다. 와인을 가지고 갔을 때에는 코르크 차지를 합산한 계산서에 준하는 팁을 보태야 한다. 또 하나 멋진 제스처는 주문한 와인이나 갖고 온 와인을 조금 남겨 소믈리에에게 권하는 것이다. 비싼 와인은 맛볼 기회가 잘 없기 때문에 좋아한다.

요점정리

- 주문한 와인은 라벨을 먼저 확인한다.
- 소믈리에가 테이블에 두고 간 코르크를 검사할 필요는 없다.
- 와인에 결점이 있을 때는 되돌릴 수 있지만, 마음에 들지 않는다고 물릴 수는 없다.
- 와인을 갖고 갈 때는 먼저 문의해야 한다. 코키지가 비싼 곳도 있고 이를 금하는 곳도 있다.

Chapter 25

와인과 음식

이제 50여종에 달하는 포도 품종도 알았고 셀러도 채우고 와인 고르는 법도 배웠다. 음식과 함께 먹고 마실 때가 온 것 같다. 음식 없는 와인이 의미가 있을까?

음식과 와인의 짝짓기는 옳고 그른 것이 없다. 그러나 기본을 배워두면 완벽한 조화를 이룰 수 있고 식탁에 흥분과 감격을 선사할 수 있다. 와인은 레몬이나 소금, 깔끔한 소스처럼 음식에 향미를 더해주고, 음식과 서로 상승 작용을 이루어 놀랄만한 기쁨을 얻게 한다.

상식이 우선

음식에 맞는 와인을 고를 때 그렇게 고민하지 않아도 된다. 느긋하게 생각하자. 사실 이런 짝짓기는 이미 너무나 잘 알고 있는 것이다. 한여름 대낮에 진한 레드와인은 마시지 않으며 오히려 맥주 한잔을 들이키게 된다. 또는 가볍고 시원한 소비뇽 블랑이나 오크 향이 없는 샤르도네를 찾게 된다. 음식도 당연히 가벼운 것을 선택한다.

겨울에 화이트와인으로 식사를 시작하려면 좀 더 진한 샤르도네 또는 론 화이트를 찾게 된다.

감성으로

짝짓기는 두뇌로 하는 게임이 아니라 느낌으로 한다. 햄버거라도 식탁보를 깐 테이블에 본차이나 접시로 서빙하면 그랑 크뤼 와인과도 훌륭한 매치가 된다. 그러나 바베큐 파티에 멋진 보르도는 거드름을 피우는 것 같고, 분위기도 산만하여 와인에 주의를 기울일 수도 없다. 비싼 와인만 낭비하게 되니 $12 정도의 진펀델이 더 나은 선택이다.

어울리는 음식

먼저 음식의 무게를 생각해보자. 싱싱한 넙치에 어울리는 와인은? 맛있는 시라일까? 그렇지 않은 것 같다. 바다에서 갓 잡아 올린 물고기에 오히려 상처를 줄 것 같다. 흰 살 생선과 레드와인이라서가 아니라 시라의 강한 풍미 때문이다. 오크 향의 샤르도네는 시라보다는 낫지만 그래도 담백한 넙치를 압도하겠지? 넙치처럼 섬세한 샤르도네나 소비뇽 블랑이 낫다.

와인을 단순히 목을 축이는 액체라고 생각하는 경우가 많지만 사실 그 느낌은 여러 가지다. 실크처럼 부드럽다든지, 벨베트처럼 묵직하다든지 타닌이 샌드페이퍼처럼 깔깔 하다든지, 또는 기포가 혀를 가볍게 스치기도 한다.

음식의 질감도 여러 가지다. 와인을 고를 때 질감이 서로 같은 것을 고르거나 아니면 대위법으로 맞춰보자. 서로가 상승 작용을 일으켜 줄 수 있는 것을 찾아야 한다. 예를 들면 부드럽고 진한 파테pâté에 어울리는 와인은? 부드럽고 진한 스위트 와인일까 아니면 깔끔하게 씻어주는 스파클링 와인일까의 선택이다. 둘 중 하나만 어울리는 것이 아니라 둘 다 느낌은 다르지만 나름대로 잘 어울릴 수도 있다.

진부하게 들리기도 하지만 같은 지역에서 재배되는 작물이 서로 어울린다고 한다. 어떤 농작물은 특정 지역에서만 재배되고 그 지방 음식에도 영향을 준다. 후추는 포도 재배 지역에서는 잘 나지 않고 오히려 맥주 재배 지역과 일치한다. 와인이 매운 음식과 맞지 않다기보다는 거부감을 주는 경우가 있다. 이런 것은 두뇌로 만든 짝짓기는 아니다.

특정 지역에서 먹는 음식도 와인을 만드는데 영향을 준다. 음식을 미리 염두에 두고 와인을 만든 것 같다. 스페인 갈리시아Galicia 지방의 생선 요리는 그 지방의 신선한 화이트와인과 조화를 이루고 몇 안 되는 레드와인도 화이트 못지않게 가볍다. 와인은 음식과 함께 마시는 음료이므로 가벼운 화이트와인이 그 음식에 맞는 바로 그 와인인 것이다.

토스카나의 예를 들면 흰색 파스타와 빨강색 토마토 소스를 연결해 줄 수 있는 와인은 진한 레드가 아닌, 산미 있는 레드이다. 바로 토스카나의 스타 와인 키안티이다.

아스파라거스는 와인과 잘 맞지 않아 늘 고심했는데 어느 봄날 오스트리아에서 그 해답을 찾았다. 수퍼 마켓에나 노점, 레스토랑에도 아스파라거스가 넘쳤다. 산도 높은 오스트리아의 그뤼너 펠트리너Grüner Veltliner와 리슬링Riesling이 그렇게 잘 어울릴 수가 없었다.

전통적 조화

- 샴페인과 캐비어 : 비싼 와인과 비싼 음식의 전형적 매치다. 축하 분위기와 잘 맞으며 샴페인의 작은 기포와 캐비어의 터지는 촉감이 같다고 한다.
- 뮈스카데와 굴 : 루아르 강이 닿는 대서양 연안 지역이 바로 굴 생산지이다. 가볍고 미네랄 향이 가득찬 시원한 뮈스카데와 바다 냄새로 가득 찬 굴은 멋지게 어울린다.
- 샤블리와 굴 : 샤블리 지역은 대서양에서는 멀리 떨어져 있지만 포도 재배 지역은 옛날에는 바다 밑이었고 굴 껍질이 퇴적되어 있다고 한다. 굴 껍질 향미가 와인에 베어 있어 굴 요리와 잘 맞다.
- 키안티와 빨강 소스 파스타 : 토마토의 산미는 레드와인과 맞지 않는데 비해 키안티는 레드와인이지만 이에 맞먹는 산도를 갖고 있기 때문에 잘 어울린다.
- 게뷔르츠 트라미너와 슈크루트 : 게뷔르츠의 강한 스파이스와 과일 향이 알자스의 진한 양배추 소세지 요리와 맞는다.
- 피노 셰리와 올리브, 스낵, 감자 칩 : 스페인의 바에 가면 타파스tapas와 함께 피노 셰리나 카바를 마신다. 와인의 높은 산도가 짭짤한 스낵과 조화를 이룬다.

▪ 포트와 스틸톤 치즈 : 강하고 달콤한 레드와인과 강하고 고약한 향의 치즈, 서로 너무 잘 맞아 치즈에 구멍을 뚫고 와인을 부어 마시기도 한다. 둘 다 입 안 가득 강한 향미가 퍼지고 미각을 완전히 덮는 유질감이 있다. 와인의 단맛도 치즈의 쏘는 맛에 밸런스를 준다.

음식과 와인 짝짓기에 옳고 그런 것은 없다. 굴과 레드와인이 더 어울린다고 생각해도 맞는 답이다.

미각의 기본

음식 맛

한 접시에 튀긴 생선과 감자, 양배추 샐러드가 함께 나오면 무엇을 기준으로 와인을 선택해야 하나? 어려운 문제다. 스테이크와 삶은 감자, 익힌 시금치가 나와도 마찬가지다. 이 세 가지에 모두 맞는 와인을 찾는 것보다 전반적으로 접시 전체의 느낌이 어떤가를 생각해보자. 진한가, 연한가, 신맛이냐, 단맛이냐 등. 개개의 향미보다 몇 개의 기본 향미가 어떻게 서로 영향을 주며 조화를 이루고 있느냐가 중요하다.

음식의 다음 요소가 향미를 증대시키거나 억제시키며 음식과 와인이 합할 때 강도에 따라 서로 화합하거나 밀어내기도 한다.

지방(유질감) 지방은 튀김이나 스테이크의 기름기처럼 눈에 잘 띄기도 하고, 오리고기나 감자칩처럼 숨어 있기도 하다. 어떤 위장을 하든지 기름지며 음식에 유질감을 더한다. 지방은 입속에 미각을 감싸는 지방 막을 만들어 와인의 섬세한 풍미를 차단한다. 산미가 강한 와인은 튀긴 생선에 레몬즙을 친 것처럼 지방의 진하고 무거운 느낌을 가볍게 해주며 식욕을 돋운다. 산도가 약할 때는 음식이 더 무겁게 느껴져 기름진 음식에는 충분한 풍미와 산도를 가진 와인이 좋다.

▪ 좋은 것 : 기름진 음식과 높은 산도의 와인
▪ 나쁜 것 : 기름진 음식과 낮은 산도의 와인

짠맛(감자 칩이나 햄) 소금은 너무 과하지만 않으면 향미를 증진시킨다. 와인의 산미는 짠 음식과도 잘 맞다(샴페인과 캐비아, 카바와 짭짤한 스낵 등). 짠 음식은 오크 향을 더 두드러지게 하고, 짠 음식과 타닌은 둘 다 입속을 마르게 하므로 맞지 않는다.

▪ 좋은 것 : 짠 음식과 산도 높은 와인
▪ 나쁜 것 : 짠 음식과 타닌이 강한 레드, 오크 향 와인

매운맛(고추가루) 고추나 후추와 같은 매운 맛은 음식에 활기를 준다. 입을 얼얼하게도 만들기 때문에 매콤 달콤한 바베큐 소스 같은 단맛으로 중화를 시킨다. 와인도 소스처럼 단 와인이 매운맛을 감소시킨다, 단 와인이 싫으면 가볍고 신선한 와인을 선택해보자. 알코올 도수가 너무 높은 와인도 매운 맛을 강화시킨다. 타닌이 많은 와인도 입을 말려 불을 끄기보다 부채질을 하는 것과 같다.

▪ 좋은 것 : 매운 음식과 단 와인
▪ 나쁜 것 : 매운 음식과 알코올, 타닌이 강한 와인

단맛(과일이나 설탕) 설탕은 향미를 부드럽게 해준다. 블랙 커피와 설탕을 넣은 커피의 차이다. 그러나 와인과의 매칭은 조금 까다롭다. 와인이 너무 달면 질릴 수 있고, 너무 드라이 하면 음식이 더 달게 느껴지고 와인은 더 드라이 하게 느껴진다. 둘 다 이기지 못한다. 해답은 디저트 와인은 단맛과 함께 산미도 충분한 것을 택해야 전체의 균형을 잡을 수 있다. 양념갈비와 같은 달콤한 풍미의 음식에는 달콤한 맛이 있는 잘 익은 캘리포니아 진펀델이나 호주 쉬라즈 같은 것이 좋다. 타닌이 강한 와인은 감미로운 맛을 위협하는 적이 될 수 있다.

▪ 좋은 것 : 단 음식과 단 와인
▪ 나쁜 것 : 단 음식과 낮은 산도, 또는 타닌이 많은 와인

신맛(식초나 레몬)　산미가 많은 음식은 와인과 잘 맞지 않는다. 와인이 상하면 식초가 되는 것 같이 산은 와인의 숙명적인 적이다. 샐러드 같은 음식은 되도록 피하고 꼭 마시려면 산은 산으로 대적해야 한다. 그렇게 하지 않으면 음식의 산미에 와인이 비틀거리게 된다.

▪ 좋은 것 : 산미 있는 음식과 산미 강한 와인
▪ 나쁜 것 : 산미 있는 음식과 산미 없는 와인

와인 맛

때로는 와인이 음식에 주는 영향을 생각해 보는 것이 음식에 맞는 와인을 찾는 것보다 쉽다. 와인의 맛은 타닌, 알코올, 산도, 오크 향의 네 가지만 알면 된다.

타닌　타닌은 입을 가볍게 조이며 와인의 향미를 입안에 머물게 한다. 그러나 강할 때는 입을 바싹 마르게 하고 쏘는 느낌도 준다. 타닌은 단백질과 쉽게 결합하므로 타닌이 많은 와인을 그냥 마시면 입 속의 단백질과 결합하기 때문에 입이 마르는 느낌을 받게 된다. 스테이크와 함께 마시면 타닌은 고기의 단백질과 결합하여 고기도 더 부드럽게 되고 침도 마르지 않는다. 타닌은 향미도 강하여 블루 치즈버거나 치즈범벅 라자냐와 같은 진한 음식도 거뜬히 이길 수 있다. 그러나 새우 튀김, 팝콘 같은 연약한 것은 상대가 안 되고 오히려 팝콘의 간간한 맛이 타닌을 더 강조시킨다.

▪ 좋은 것 : 단백질이 많고 향미가 강한 음식
▪ 나쁜 것 : 섬세한 음식이나 짠 음식

알코올 도수 와인의 알코올은 음식에 없는 유일한 요소다. 와인의 알코올은 단맛과 과일 향속에 숨어 있다. 매운 후추를 친 음식에 알코올이 합해지면 어떻게 될까? 입에 불꽃이 일어나 빵이나 물을 준비해야 한다. 매운 음식에 알코올 도수가 높은 와인은 불쏘시개 역할을 한다. 약간 달고 알코올이 낮은 독일 리슬링이나 화이트 진펀델이 좋다. 알코올은 또 소금과도 적수인데 후추같이 불꽃을 일으킨다. 대부분 음식은 문제가 될 정도는 아니지만 소금 후추를 친 중국식 오징어 요리에 15퍼센트 알코올의 비오니에는 전혀 맞지 않다. 높은 알코올 도수의 와인은 향미도 강하고 진하다. 이런 와인에는 크림 소스를 친 연어요리 정도는 괜찮지만 섬세한 요리는 어울리지 않는다.

- 좋은 것 : 높은 알코올과 기름지고 향미가 강한 음식
- 나쁜 것 : 높은 알코올과 짜거나 매운 음식, 섬세한 음식

산도 와인의 산미는 음식에 뿌리는 레몬즙과 같다. 산미는 기름기를 누그러뜨리며 튀긴 생선요리에 치는 상큼한 레몬즙을 생각하면 된다. 무거운 향미에 생기를 주고 그 보다 중요한 것은 미각을 감싸는 지방 막을 벗겨 지치지 않게 해준다.

- 좋은 것 : 높은 산도의 와인과 높은 산도나 지방이 많은 음식
- 나쁜 것 : 없다. 산도 있는 와인은 모든 음식과 잘 어울려 언제나 사랑을 받는다.

오크 향 바닐라나 코코넛, 토스트, 버터 사탕 같이 진한 오크 향은 와인을 무겁게 한다. 음식도 당연히 향미가 강한 것과 어울린다. 달고 진한 소스의 바베큐와 바닐라 향의 쉬라즈는 어떨까? 가벼운 오크 향미는 음식에 방해 되지 않는다. 망고 소스의 구운 참치 같이 단맛과 그을린 풍미가 있으면 더 잘 어울린다. 짠 음식은 오크 향과 타닌을 더 강조한다.

- 좋은 것 : 달고 그을린 음식

▪ 나쁜 것 : 짠 음식과 섬세한 음식

음식과 와인의 관계는 역동적이다. 변화무쌍해서 좋기도 하지만 소믈리에도 실수를 할 때가 있다. 잘못할 수도 있지만 식사 한 끼와 와인 한잔에 불과한 것이니 가벼운 마음으로 지나가자.

요점정리

- 음식의 무게와 와인의 무게, 음식과 와인의 감촉에 주의를 기울이자.
- 같은 지역에서 나는 음식과 와인이 잘 어울린다.
- 타닌은 단백질과 잘 결합하고, 산미가 강한 음식은 와인의 산도도 높아야 하며, 알코올 도수가 높으면 매운 맛을 더 부추긴다, 오크 향은 그을린 맛이나 단맛과 잘 어울린다.
- 음식과 와인 짝 짓기의 정답은 나의 입맛에 맞는 것이다.

와인과 음식의 조화

와인 종류	맞는 음식
• 가벼운 화이트와인	
스파클링 와인, 샤르도네	날 생선, 스시
피노 셰리, 그뤼너 펠트리너	생선 찜, 닭고기
이탈리아 화이트, 뮈스카데	생선 튀김, 닭고기
뮈스카(드라이), 피노 그리조	녹색 야채, 샐러드
리슬링, 소비뇽 블랑	짭짤한 스낵, 스파이시한 음식
화이트 리오하, 비뉴 베르드	신선하거나 짭짤한 치즈
• 풍부한 화이트와인	
샤르도네, 슈냉 블랑	구운 생선, 로스트 치킨, 로스트 포크
그라브 화이트	진한 해산물(게, 가재, 조개, 연어, 참치)
그뤼너 펠트리너	크림 소스를 얹은 생선, 야채, 파스타, 흰살 육류
피노 그리, 론 스타일 블렌딩, 리슬링,	달콤한 빵, 뿌리 야채, 파테
비오니에, 쇼이레베, 세미용, 소아베	크림, 과일, 견과류 향의 치즈
• 가볍고 산미 있는 레드나 로제	
보졸레, 부르고뉴 레드	진한 생선(연어, 참치), 구운 닭고기, 돼지고기,
카베르네 프랑(루아르), 키안티, 돌체토,	오리고기, 두부
가메, 네비올로(랑게),	돼지고기 삼겹살, 버섯, 송로 버섯, 뿌리 야채
피노 누아, 로제, 템프라니요	토마토 소스, 햄, 양념 고기, 치즈요리, 크림 치즈
• 강하고 타닉한 레드	
템프라니요 블렌딩, 아마로네	소고기, 양고기, 고기 내장
보르도 레드, 시라	로스트 포크, 비프, 오리, 거위
카베르네 소비뇽, 말벡	치즈가 듬뿍 든 요리
랑그독 레드, 메를로, 진펀델	버섯, 올리브, 딱딱하고
바롤로, 바르바레스코	강한 치즈(파마산, 체다, 고다 치즈)
• 스위트 화이트와인	
아이스 와인, 레이트 하비스트	케익(바닐라, 스파이스, 과일)
뮈스카, 소테른	과자(초콜렛 제외)
토카이, 빈산토	사과, 복숭아 디저트, 푸아그라, 블루 치즈
*** 진한 스위트와인**	
바뉠스, 레이트 하비스트, 진펀델	베리류, 과자, 카라멜, 초콜렛
마데이라(스위트), VDN, 포트	블루치즈, 견과류

Chapter 26

와인 모임

이제 와인 지식을 시험해보고 자랑할 때가 왔다. 친구들을 초대해서 와인 테이스팅 파티나 와인과 매칭한 저녁식사를 계획해 보자. 좋은 음식과 좋은 와인을 누가 싫어할까? 간단하게 중국음식을 주문해도 좋고 시간을 조금 더 들여 부엌에서 음식을 장만하면 최고의 효과를 낼 수 있다.

초대

와인 모임에 친구를 초대하는 것은 어려운 일이 아니다. 치즈 몇 덩어리와 컵으로 마시는 와인도 멋진 파티는 아니지만 즐겁다. 몇 가지만 더 추가하면 그럴듯한 모임이 된다. 친구들을 부르기 전에 차분하게 계획부터 세우자.

상비 음식

예고 없이 찾아오는 손님을 위하여 소시지나 치즈, 크래커 같은 식품을 항상 마련해

두자. 평범한 와인 몇 병을 사놓고 기본 음식만 있으면 밤 11시라도 모두가 출출할 때 초대할 수 있다.

- 싼 스파클링 와인 2병(카바, 프로세코)
- 상큼한 화이트와인 2병(리슬링, 소비뇽 블랑, 화이트 보르도)
- 어떤 음식에도 잘 어울리는 레드와인 2병(진펀델, 쉬라즈, 남부 이탈리아, 프랑스)
- 스위트 화이트와인 1병(레이트 하비스트, 모스카토 다스티)
- 스위트 레드와인 1병(LVB 포트, VDN 모리)

이 정도면 어떤 상황에서도 손님 접대를 할 수 있다. 스파클링 와인도 냉장고에 있으니 좋은 소식이 있으면 건배도 하며 힘든 일과 후 피로를 씻기에도 좋다. 저녁 식사에 오는 손님에게는 우선 화이트 한잔을 건네고 음식 준비를 하면 된다. 영화를 보고나서 2차가 마땅하지 않으면 치즈와 디저트 코스에 초대하자. 언제 마실까 망설이던 스위트 와인도 기다리고 있으니 걱정 없다.

> 와인을 차게 식히려면 통(싱크도 좋다)에 얼음을 넣고 찬물을 채운다. 얼음만 채우는 것 보다는 빨리 식힐 수 있고 냉동실보다 빠르다.

와인 잔

급할 때는 아무 컵이라도 좋지만 종이컵만은 피해야 한다. 환경보호를 위해서도 좋지 않지만 화학 약품 냄새와 컵의 질감이 무엇을 마시든지 맛을 망친다.

이상적인 잔은 가장자리가 얇은, 서양 배 모양의 유리잔이다. 잔이 볼록하면 와인을 돌리기도 좋고 향도 모아준다. 잔대가 있으면 잔에 손자국이 나지 않고 차게 식힌 와인은 온도가 덜 오른다. 잔대가 없는 것도 멋있게 보이나 와인을 제대로 음미하려면 있는 것이 낫다.

스파클링 와인을 자주 마시면 플루트 모양의 길고 좁은 잔을 장만하자. 모양도 예쁘지만 작은 기포가 올라오는 것을 오랫동안 즐길 수 있다.

유리잔은 느낌이 좋고 향이나 맛에 영향을 주지 않아 좋지만 깨지기가 쉽다. 항상 여유 있게 준비해야 같은 모양의 잔이 품절 되어도 걱정이 없다,

가벼운 모임

파티가 약식일수록 쉽게 할 수 있고 더 즐길 수 있으며 또 하고 싶은 마음도 생긴다. 정식 디너 파티를 준비할 시간이 없어도 친구들을 초대하여 와인 모임을 할 수 있다.

와인에 맞는 음식을 피자 가게나 중국 식당, 타이 식당 등에서 주문한다. 음식에 맞는 와인으로 주제를 정한다. 피자는 가벼운 키안티가, 중국 음식은 리슬링이 좋을 것 같다. 와인을 라벨이 보이지 않게 종이로 싸고 번호를 매겨 와인에 각자 점수를 매기게 한다. 이런 방법은 먹고 마시며 와인 공부도 하게 되어 일석이조다.

와인 파티는 사치스러울 필요가 없으며 치즈나 마른 소시지, 빵 등 간단하게 준비할수록 부담이 없다. 미국 치즈에 맞는 미국 와인이나 스페인 와인과 스페인 음식, 이탈리아 레드와인과 햄 등 주제를 정하면 더 재미있다. 선택의 폭이 좁아져 와인을 고르기 쉽고 와인과 음식도 서로 잘 맞을 가능성이 높다.

주제를 정하고 와인을 갖고 오게 한다. 값을 정한다. 이탈리아 라자냐에 맞는 와인 갖고 오기, 또는 미국 메를로 갖고 오기 등이다. 아니면 영화 카사블랑카에 맞는 와인이나 버터 팝콘과 잘 맞는 와인 등으로 정한다(힌트, 샤르도네).

와인의 라벨을 가리고 마시면 언제나 가장 빨리 없어지는 인기 있는 와인이 있다. 이렇게 하면 여러 가지 와인을 한꺼번에 맛볼 수 있는 좋은 기회가 된다. 10가지 다른 메를로를 맛보면 정말 많은 공부가 되며, 좋은 것과 아닌 것을 가려낼 수 있고 와인을 살 때도 도움이 된다.

정식 모임

집에서 만드는 음식과 와인 매칭은 음식 메뉴와 와인을 혼자 정할 수 있어 좋다. 식당의 세트 메뉴나 비싼 와인 리스트에 구애받지도 않으며 각각 다른 음식을 주문하는 곤란한 경우도 생기지 않는다. 그러나 스스로 요리사가 되고 소믈리에가 되어야 하니 어깨가 무겁다. 이 두 임무를 잘 수행하기 위해서는 당연히 계획을 세워야 한다.

와인이 몇 병 필요한지는 파티의 규모와 초대한 사람에 따라 달라진다. 임산부가 있다든지 다음날 마라톤을 뛰어야 할 사람이 있다면 양은 줄어든다. 손님들의 취향에 따라 얼마나 와인을 마실지는 상식적으로 판단해야 한다.

간단한 피자 파티나 로스트 치킨 디너라면 한 명당 2~3잔의 와인이면 충분하다. 3코스 식사에 와인이 3종류라면 각 와인을 몇 병 더 추가하면 될 것이다. 그러나 12코스 식사에 와인을 매칭해야 한다면 훨씬 더 적은 양을 준비해도 되고 4코스 식사라도 코스마다 와인 한 잔씩이면 충분하다.

와인 우선

이런 파티의 목적은 특별한 와인을 같이 마시려는 경우가 많다. 와인을 위주로 음식을 정하는 것이 음식에 맞추어 와인을 정하는 것보다는 쉽다. 어떤 와인이 무슨 음식과 잘 맞는지, 또는 무난하게 어울리는지에 대해서는 이미 공부했다.

특별한 와인 한 병을 위한 모임일 때는 화이트와인이라도 주 요리에 나오게 하고 그 전에 약한 것, 후에 강한 것을 적당히 서브한다. 레드와인을 포함하는 식사라도 레드와인은 마지막에 치즈나 디저트와 함께 낸다. 레드와인을 먼저 마시고 화이트 와인을 마셔도 좋지만 나의 경험으로는 아닌 것 같았다.

좋은 와인을 여러 병 마시려면 가벼운 것부터 차례로 순서를 정하고 음식과도 매칭시켜야 한다. 진한 음식과 강한 와인을 먼저 마시면 다음 코스의 맛을 망칠 수 있다.

음식 우선

음식의 세계는 넓고 선택의 폭도 넓다. 먼저 계절을 생각하고 시장에 어떤 재료가 나와 있을까를 생각하며 메뉴를 정한다. 한식이냐 양식이냐도 정한다. 가벼운 샐러드부터 생선, 고기 요리로 약한 정도에 따라 순서도 정한다. 다음 와인을 음식에 맞게 정할 때 코스마다 다른 와인이 나와야 하는 것은 아니다. 적당히 건너뛰어도 된다.

에티켓

무엇보다 손님이 편안하게 식사를 즐길 수 있는 분위기를 만들어야 한다. 물은 항상 준비해 두고 알코올 아닌 음료도 준비해야 한다. 와인을 마시지 못하는 경우에는 무리하게 권하지 말고 와인 잔에 다른 음료를 부어주면 소외된 느낌을 받지 않는다. 아이들의 경우도 마찬가지다,

잔에 남은 와인을 버리거나 뱉을 그릇도 준비한다. 상스럽게 보일지 모르나 억지로 다 마시고 취하여 바닥에 드러눕는 것보다는 모양새가 좋다. 손님이 만족하게 먹고 마신 후에는 집까지 잘 도착하도록 배려해야 한다. 운전을 해야 한다면 덜 마시게 해야 하고 집에서 재울 것이 아니라면 적당한 선에서 "No"를 하는 것이 더 심한 사건을 초래하는 것보다 낫다.

와인이 직업이라서 그런지 손님을 초대하면 와인을 갖고 오는 사람이 드물다. 그러나 와인을 선물 받으면 손님의 기호도 알 수 있고 서로 나누고 싶어 하는 친밀감도 느끼게 되어 기쁘다. 어떤 때는 전혀 알지 못하는 와인을 맛볼 수도 있으니 고맙다.

물론 선물로 받은 와인이 그대로 방치되는 경우도 있고 선물한 와인이 상대방의 마음에 들 것이라는 보장은 없다. 초대를 받았을 때는 무엇을 가져가면 좋을까 물어보는 것이 좋다. 이미 와인과 음식을 완벽하게 매칭시켜 놓은 경우에는 와인보다 꽃이나 케이크가 나을 수도 있으니 말이다. 손님이 들고 온 와인은 따야 한다는 부담을 주기 때문에 이미

계획한 와인에 차질이 빚어 질 수도 있다.

와인을 갖고 가도 된다면 파티의 스타일도 알아야 한다. 마당에서 하는 바베큐 파티라면 $10 정도의 레드면 족하고 주인이 정성들인 하얀 식탁보가 깔린 식사라면 좀 더 나은 것을 준비하면 된다. 와인의 품질이 좋다는 것을 알면 값은 문제가 안 되지만 모를 때는 $15 정도 이상은 되어야 하고 보르도나 부르고뉴 산은 더 비쌀 수 있다.

주인은 손님이 갖고 온 와인을 딸 의무는 없다. 그러니 꼭 맛보고 싶은 와인은 집에 두는 것이 낫다. 주인이 그날 따지 않는다고 항의 할 수도 없고 선물로 갖고 온 것이니 조용히 건네는 것으로 끝내야 한다.

만약 어떤 장면이 연출될까를 전혀 모를 때는 값이 좀 나가더라도 내가 좋아하고 마시고 싶은 것을 가져가든지(주인이 딸지는 모르지만) 아니면 상대방이 확실히 좋아할 것이라고 생각되는 것을 고른다. 그러나 주인이 와인을 모른다든지 취향이 높지 않다고 보고 싸구려를 준비해서는 안 된다. 좋은 와인을 선물하면 와인을 좋아하게 된다.

또 다른 방법은 스파클링 와인을 갖고 가는 것이다. 스파클링은 식사나 와인 순서에 관계없이 먼저 시작할 수 있고 어떤 음식과도 잘 맞다. 세상에 스파클링을 싫어하는 사람은 없다. 또 스위트 와인을 가지고 가면 누구나 좋아한다. 스위트 와인이 디저트는 아니지만, 디저트로 알맞은 와인을 가지고 가면 그날 밤의 스타로 부상할 수 있다.

마지막으로 주인이나 손님이나 기쁨을 얻는 것이 목적이다. 큰돈을 쓰기보다는 사려깊은 태도를 보이는 것이 중요하다.

요점정리

- 스파클링 와인, 레드와인 화이트와인 각 2병씩, 디저트 와인 1~2병이 있으면 와인 모임도 갑자기 오는 손님 접대도 잘 할 수 있다.
- 와인이 많을 때는 잔에 남은 와인을 버릴 수 있는 그릇을 준비해야 한다.
- 와인을 마시지 않는 손님을 위하여 다른 음료수를 준비해야 한다.
- 와인을 선물로 갖고 갈 때는 주인의 취향을 과소평가하지 말고 정성껏 준비한다.

Chapter 27

와인 즐기기

알면 알수록 모르는 것이 더 많은 것이 와인이다. 지금부터가 더 어려워진다. 확실한 것은 배울 것이 더 많다는 것을 아는 것뿐이다. 지금은 와인학과 기술이 세계적으로 발달하고 와인 산업의 변화도 많다. 또 재배 지역에서만 소비되던 와인도 이제는 세계 곳곳에 수출되고 보관상태도 좋아졌다. 같은 와인이라도 빈티지마다 다르고 다양성도 끝이 없기 때문에 싫증이 나거나 지치지도 않는다. 새로운 흥분과 발견은 끝없이 이어질 것이다.

싸게 마실 곳

와인을 많이 마셔보면 점점 더 배우게 되고 또 적극적인 자세로 임하면 더 빨리 배울 수 있다. 와인 배우기는 계속 마셔야 하기 때문에 돈이 많이 든다. 그러나 와인을 좋아하는 친구들과 클럽을 만들어 재미있게 시음할 수 있으며 와인 스쿨이나 상점 등에서 하는 무료 시음회를 잘 찾아보면 싸게 배울수 있다.

- 와인 상점 : 미국 내 와인 상점에서는 무료 시음회를 하는 것이 합법적이다. 대 여섯 병을 한꺼번에 따서 시음하게도 하고 하나씩도 한다. 언제나 들러서 시음을 하고 맘

에 드는 것이 있으면 사고 안 사도 괜찮다. 상점 측에서는 사면 좋지만 안사더라도 소비자에게 선전과 교육을 한꺼번에 할 수 있으니 손해될 것은 없다.

- 와인 스쿨 : 와인 클래스를 운영하는 것은 힘도 들고 도움도 필요하다. 유리잔을 씻고 와인을 따르고 분주하게 일해야 한다. 이런 일을 하면서 청강을 하면 학생들처럼 집중하여 노트를 하고 시음할 수는 없지만 일하면서 무료로 배울 기회가 된다.
- 와이너리 : 와이너리를 방문하는 방법도 있다. 멀지 않다면 가능하다. 무료가 아니라도 싸고 좋은 와인을 시음할 수 있다.

잔으로 파는 곳도 있다. 반 잔씩만 서빙하기도 해 충분히 맛도 볼 수 있고 한 잔을 모두 마시지 않아도 되니 절약이 된다. 그러나 와인을 마시는 손님들이 많지 않을 경우는 회전이 빠르지 않아 와인 병들을 딴 채로 오래 두기 때문에 나빠질 수 있다. 가스를 주입시키거나 산소를 빼고 잘 닫아두기는 하지만 며칠 동안 두면 신선함이 없어진다.

남은 와인을 보관할 때 좋은 방법은 가스를 주입하는 것이다. 마개를 딴 와인은 냉장고에 보관해야 하며 마실 때 두 시간 전에는 꺼내야 적정 온도가 된다.

자선 시음회는 자선기금을 내고 입장하면 10개나 많이는 100가지의 와인도 내놓는다. 이런 행사는 마을 신문이나 와인 상점 전단 같은 것을 잘 살펴보면 알 수 있다. 자선에 관심이 있는 와인 상점이나 수입상, 도매업자들이 흔쾌히 기증하거나 할인한 와인들이기 때문에 맛보며 동참하는 것도 좋은 경험이 된다.

와인 바나 레스토랑에서는 주제를 정해 여러 가지 와인을 시음하는 기회도 제공한다. 비슷한 와인을 비교하기도 좋으며 와인의 다양한 품종과 스타일을 알 수 있다. 레스토랑의 와인 시음은 매주 월요일 저녁이라든지 와인 메이커 디너 행사라든지 날을 정하여 한다. 정식 디너에 와인 한 병 씩을 갖고 오게 하든지 특정 와이너리의 와인을 맛보는 행사 등 나름대로 다양하게 꾸린다.

어떤 형태로든지 레스토랑의 와인 이벤트는 좋은 와인을 맛 볼 수 있고 또 와인에 빨

수 없는 음식도 함께 매칭할 수 있어 더 없이 좋다. 정기적으로 개최하는 곳에서는 뉴스레터도 발간하여 관심이 있으면 언제나 참석할 수도 있어 편리하다. 이런 모임은 와인 애호가들이 모이는 곳이라 배울 것도 많고 또 지겨운 와인 스노브snob도 만나게 되지만, 그렇게 되지 않아야겠다는 것도 배울 수 있다.

와인 스쿨과 클럽

위의 방법들은 모두 훈련과 강도가 있는 정식 코스보다는 못하다. 재미 위주의 클래스부터 한 학기 동안 계속되는 어려운 코스도 있다.

요리교실이나 저녁 문화센터 등에서는 1회 교육 프로그램도 있다. 지역 중심이거나 발렌타인데이 같은 특별한 날을 위한 와인이라든지 다양하다. 몇 가지의 와인을 맛볼 수 있고 와인을 잘 아는 사람들과 의견 교환도 할 수 있어 활용하면 좋다.

정식 코스는 와인 애호가라면 생각해 볼만하다. 많은 와인을 시음하고 지식을 얻을 수 있으며 믿을 만한 선생님과 친분을 갖게 되는 것도 중요하다. 와인을 직업으로 선택하려면 소믈리에 코스나 마스터 클래스를 찾아서 등록해야 한다. 필요한 것보다 더 많은 것을 가르치는 것 같지만, 결국은 꼭 알아야 할 것들을 가르친다.

MS와 MW는 무엇이 다른가? MS(Master Sommelier)는 와인 지식과 와인을 서브하는 법도 배운다. MW(Master of Wine)은 와인업에 경험이 있어야 하며 와인 지식에 통달해야 하고 시험은 매우 어렵다.

정규 코스가 과중하다고 생각하면 와인 클럽을 찾아본다. 수준도 모두 다르고 모이는 횟수도 다르며 회장에 따라 분위기도 달라진다.

위의 모든 것이 합당하지 않을 때는 친구들을 몇 명 부르고 주제를 정해 와인 한 병씩을 갖고 오게 하자. 가격 상한선을 정하여 부담을 없애는 것도 좋다. 종이, 연필, 유리잔, 플라스틱 컵 등을 준비하고 비스킷이나 빵을 준비하면 나의 와인 클럽이 만들어진다.

시작만 하면 더 많은 사람들에게 개방할 수도 있으며, 한 사람에게 부담을 주기보다 매주 다른 집에서 장소를 바꿔 가며 만날 수도 있고 근처의 작은 레스토랑에서 진행할 수도 있다. 즐거운 시간을 보내기도 하고 서로에게서 배우는 것도 많다. 각자의 지식은 적더라도 서로 얘기하면서 와인에 대해 표현할 수 있다는 것은 대단한 성과이다.

웹 이용

와인 애호가의 웹Web 사이트는 요술 방망이처럼 문제를 풀어준다. 알고 싶은 와인이 있다면 웹 사이트를 이용하면 된다.

- 와이너리를 찾아 설명을 읽어보고 질문이 있으면 이메일을 보낸다.
- 그 지역의 기후, 음식 등 알고 싶은 것을 찾아본다.
- 가격을 비교하려면 wine-searcher.com을 찾아본다.
- 다른 사람들의 의견도 찾아보고 나의 의견도 올린다.
- Cork'd, Snooth, Vinorati과 같은 사이트에서 채팅도 해본다.
- 와인 구매, 팔기, 합법적인 거래도 할 수 있다

와인 상점의 온라인 세일도 있어 점원이 없는 곳에서 조용히 충분한 정보를 얻을 수 있다. 원하는 와인의 가격대나 스타일 등을 손님이 찾아 볼 수 있는 레스토랑의 디지털 와인 리스트도 등장했다.

인터넷의 힘은 무시할 수 없고 유혹적이다. 키보드에 와인을 엎지르는 것 말고도 위험이 도사리고 있다. 와인은 친구(진정한, 살아있는, 사랑을 나누는 친구)들과 어울릴 때 가장 즐길 수 있다는 사실을 잊기 쉬운 것이다. 때로는 컴퓨터나 핸드폰을 끄도록 하자.

와인 여행

와인 생산 지역에서는 해마다 와인 페스티발이 열린다. 생산 지역의 와인 축제는 방문객을 위한 것이기도 하지만, 그 지방 사람들을 위한 것이어서 그렇게 요란하지는 않다. 와인의 본 고장에 가서 보고 느끼고 또는 포도 열매를 직접 따서 맛 볼 수 있으니 좋은 경험이 된다.

와인이 나지 않는 곳에서도 와인 잡지 등이 주관하는 행사가 며칠씩 계속 되기도 하고 박물관 등에서 기금을 모으기 위한 행사도 있다. 생산 지역 외에서 열리는 이런 행사들은 대부분 값이 비싸다. 와인을 사고, 와인 메이커를 초청하는데 비용이 든다. 그러나 축제는 재미도 있고 모임에서 배울 것도 많다. 와인 메이커와 대면하여 질문도 하고 귀한 와인을 맛볼 수 있는 기회도 온다.

와인을 알기 위해서는 생산지를 가보는 것보다 더 나은 방법은 없다. 포도 밭 가운데 서서 그곳의 땅을 둘러보고 공기를 느끼고 햇볕을 받아보면 와인에 대한 이해를 한층 더 높일 수 있다. 그곳 특산물로 만든 음식과 함께 마시는 와인은 새로운 경험이 된다. 그곳에서만 마실 수 있는 와인(양이 적어 외부로 나갈 것이 없든지, 주민들이 너무 사랑하는 와인이든지 간에)을 모두 마셔볼 기회도 된다.

와인과 음식 여행을 주선하는 회사들도 있고 이런 여행은 개인으로는 쉽게 할 수 없으니 참가 하는 것도 괜찮다. 멋진 와인 지역과 와인들을 소개받고 편안히 즐길 수 있어 좋고 아니면 혼자서 떠나는 여행도 추억에 남을 것이다.

여행이 어려울 때는 와인에 관한 지식이나 정보가 있는 책자를 읽어보자. 정통적 와인 입문서도 좋지만 소설이든 안내서든 손에 잡히는 대로 읽어 보자. 그 지방 이야기나 맛과 향에 대한 것이나 무엇이든 읽고 친구들과 함께 즐기자.

요점정리

- 와인에 대해 모든 것을 알기는 어렵다. 그러나 큰돈을 들이지 않고도 즐길 수 있다.
- 무료 시음회나 자선 시음회 등 여러 가지 와인을 접해보는 기회를 찾아보자.
- 레스토랑에서 한잔씩 파는 경우 적은 돈으로 다양한 와인을 맛볼 수 있다.
- 마시고 읽고, 더 마시고 더 읽고, 그리고 와인을 즐기자. 그러면 자연스럽게 알게 된다.

부록

부록 A
와인 용어

부록 B
참고문헌

부록 C
보르도 그랑 크뤼 클라세

찾아보기

옮긴이의 글

부록 A

[와인 용어]

aboccato(아보카토) 이탈리아어로 약간 달콤함
acidity(애시디티) 산. 신 맛. 와인을 신선하게 하고 오래 보관하는데 중요함.
acetaldehyde(아세트알데히드) 발효 때나 산화될 때 생성되며 자극적인 냄새가 남.
adega(아데가) 포르투갈의 와인 저장고. 주로 지상에 있음.
aeration(에어레이션) 와인을 공기와 접촉시키는 과정.
amabile(아마빌레) 이탈리아어로 아보카토 보다 더 달콤함.
anthocyanin(안토시아닌) 적포도의 주요 색소로 붉은 색소의 일종.
appellation(아펠라시옹) 프랑스의 와인 생산 지역을 구분하는 명칭. 이를 모델로 나라마다 약간씩 다른 체계를 만들어 사용하고 있음.
aroma(아로마) 포도 품종에서 나는 향과 발효 때 이스트에 의해 생성 되는 향.
assemblage(아상블라주) 블렌딩(blending). 오크통 속의 각각 다른 품종 와인을 혼합하는 과정.
astringent(어스트린전드) 수렴성을 뜻하나 와인에서는 떫은 맛.
austere (오스티어) 와인이 단단하며 품격이 있음. 과일 향은 약함.
balance(밸런스) 와인의 맛(신맛, 단맛, 쓴맛)이 두드러지지 않고 균형이 맞음.
barrel-aged(배럴 에이지드) 와인을 오크통에 숙성한 기간.
barrique(바리크) 프랑스어로 **225 l** 오크통.
bentonite(벤토나이트) 점토의 일종으로 와인을 맑게 할 때 사용함.
big(빅) 와인의 향미가 강하여 입속을 가득 채우는 느낌.
bodega(보데가) 스페인 와인 저장고, 양조장의 뜻도 있음.
body(바디) 입에서 느끼는 와인의 강도. full, medium, light로 표현.
botrytis cinerea(보트라티스 시네레아) 포도에 끼는 곰팡이의 일종, 기후 조건이 맞는 곳에서는 미묘한 향의 스위트 와인을 만듬.
bottle aging(보틀 애이징) 고급 와인을 병 속에서 숙성시키는 기간.

bottle sickness(보틀 시크니스) 병를 딴 직후 나는 좋지 않은 냄새. 코르크의 오염이나 아황산 냄새 등으로 와인이 병든 상태.

bouquet(부케) 오크통이나 병속에서 숙성되며 복합적으로 발전된 향. 아로마는 포도 향이며 부케는 숙성 향.

brix(브릭스) 미국, 일본, 한국에서 사용하는 당도 단위. %와 같음. 포도의 당도는 20~25 브릭스.

bouchon(부숑) 프랑스어로 코르크 마개. bouchonné(부쇼네)는 오염된 코르크 냄새.

caudalie(코달리) 와인을 삼킨 후 입속에 향미가 남아 있는 시간을 측정하는 단위. 1 코달리는 1초.

cave(카브) 와인을 제조, 저장하는 곳. 일반적으로 와인 숙성 및 저장고.

chaptalisation(샵탈리자시옹) 보당. 당도가 낮은 포도즙에 설탕 보충으로 알코올 농도를 높이는 방법. 법적인 규제가 있고 금지된 곳도 있음.

château(샤또) 프랑스어로 포도원의 건축물. 양조 시설, 저장고, 숙소도 포함됨.

clairet(클래레) 영어로 "Claret(클라렛)". 옛날에 영국인이 보르도 지방의 레드 와인에 붙인 이름이나 현재는 로제 와인을 뜻함.

climat(클리마) 부르고뉴 지방의 특정 포도밭.

clo(클로) 부르고뉴 지방의 울타리로 둘러싼 포도밭. 소규모 와이너리의 의미로도 사용.

complexity(콤플렉시티) 복합성. 다양한 향이 집약된 고급 와인에서 느낄 수 있음.

corkage(코르키지) 레스토랑에서 손님이 갖고 온 와인을 딸 때 받는 서비스 요금.

corky(코르키) 코르크가 상하여 젖은 종이 상자 같은 안 좋은 냄새가 날 때.

crémant(크레망) 작은 거품이 이는 보르도 지방의 스파클링 와인.

crisp (크리스프) 와인이 산도가 높고 깔끔하고 청량한 느낌이 날 때 쓰는 표현.

cru(크뤼) 특정 포도밭. 또는 고급 특정 와인을 생산하는 곳.

cru classé(크뤼 클라세) 특정 지역에서 생산되는 최고급 와인의 등급. 지역마다 규정은 조금씩 다름.

cuvée(퀴베) 발효 또는 블렌딩 탱크. 한 단위의 동질 와인을 뜻하기도 함.

decanter(디캔터) 병속의 침전물을 제거하거나 와인을 공기와 접촉시키기 위해 쓰는 유리병

dosage(도자주) 병목의 샴페인 찌꺼기를 제거한 후 와인을 보충하는 과정.

dumb(덤) 와인의 향이 나타나지 않고 무덤덤한 상태.

élevage(엘르바주) 숙성. 양조 과정에서 알코올 발효 후 병입 전까지 숙성시키는 과정.

en primeur(엉 프리뫼르) 와인을 병입하기 전에 오크통 채로 파는 선물 거래 제도.

fat(팻) 과일향과 타닌, 산도 등 와인의 향미가 진하며 두툼함을 표현.

fermentation(퍼멘테이션) 발효 이스트가 당분을 알코올로 변화시키는 과정.

filtration(필터레이션) 필터를 통해 와인을 여과하여 깨끗하게 하는 과정.

fining(파이닝) 달걀흰자나 청징제를 첨가하여 와인의 불순물을 제거하는 과정.
finish(피니시) 와인을 삼킨 후 입안에서 느끼는 향미. 피니시가 길다, 짧다로 표현.
flabby(플래비) 와인의 산도가 약하여 생동감이 없고 쳐진 상태.
flute(플루트) 좁고 긴 샴페인 잔. 알자스나 독일의 목이 간 와인 병.
fortified wine(포티파이드 와인) 알코올을 첨가해 도수를 높힌 강화 와인. 포트나 셰리.
frizzante(프리찬테) 이탈리아의 약 스파클링 와인으로 스푸만테보다 기포가 약함.
galet(갈렛) 크고 둥근 자갈로 샤또네프 뒤 파프 지역과 보르도의 일부 포도밭 토양을 형성.
garrigue(가리그) 남프랑스 지중해 연안 지방의 야생 들꽃과 허브 향. 남불 와인에서 나타남.
glycerol(글리세롤) 발효 후 생기는 와인의 성분. 끈적이며 약간 달콤함.
green harvest (그린 하비스트) 포도 송이 솎기. 상태가 좋지 않은 송이를 미리 제거.
grand vin(그랑 뱅) 보르도 용어. 샤또의 가장 잘 알려진 와인이나 최고의 포도로 만든 샤또의 1차 와인.
horizontal tasting(호리존탈 테이스팅) 같은 포도 품종이나 같은 종류 와인을 수평적으로 테이스팅 함.
international style(인터내셔널 스타일) 현대적 와인. 잘 익은 포도로 오크향이 풍부하며 지역적인 특성은 약한 와인.
late harvest(레이트 하비스트) 포도가 완숙 될 때까지 기다려 늦게 수확하는 포도.
lees(리스) 와인을 만들 때 생기는 찌꺼기. 불어로는 lie(리)
leg(레그) 와인 잔을 흔들 때 잔 내부에 타고 내리는 점성의 흐르는 자국. 알코올 도수가 높을수록 굵고 많이 생김. 와인의 눈물(tear)이라고도 함.
maderised(마데라이즈드) 와인의 갈변 현상. 마데이라에서 유래된 용어로 특별히 산화시킨 와인이 아닐 때는 부정적인 냄새를 뜻함.
malolactic fermentation(말로랙틱 퍼멘테이션, MLF) 포도의 사과산을 젖산으로 변화시켜 산도를 낮추고 부드럽게 하는 2차 발효 과정.
macération(마세라시옹) 침용. 침지. 발효시 껍질과 씨 부분을 포도즙과 접촉시켜 우려내는 과정,
méthode champenoise(메토드 샹프누아즈) 프랑스 샴페인 지방에서 만드는 전통적인 샴페인 제조방식 méthode traditionelle(메토드 트러디시오날)과 같음.
mineral(미네랄) 와인에서 나는 흙이나 광물질 냄새
Mis en bouteille au château(미 정 부테이유 오 샤토) 프랑스어로 샤또에서 병입한 와인.
moelleux(무알뢰) 프랑스의 감미롭고 부드러운 스위트 와인.
mousseux(무쉐) 샴페인 이외의 프랑스 스파클링 와인.
must(머스트) 알코올 발효가 되기 전 으깨진 포도의 상태를 총칭하는 말.
New World(뉴 월드) 신세계. 북남미와 호주 뉴질랜드, 남아공 등 와인 산업이 새로이 시작된 나라.

négociant(네고시앙) 포도를 사서 와인을 제조하거나 숙성 병입하여 자신의 상표로 판매하는 회사나 포도밭 소유주.

noble rot(노블 롯) 보트리티스 시네레아 곰팡이의 귀족스러운 부패 현상(귀부 현상).

oaky(오키) 바닐라, 스파이스, 나무등 오크통이 주는 향미의 총칭.

oenology(외놀로지) "enology(에놀로지)". 와인에 대한 연구. 와인 양조학.

Old World(올드 월드) 구세계. 프랑스, 이탈리아, 스페인, 독일 등 와인의 역사가 오래된 나라. 주로 유럽 대륙.

oxydation(옥시데이션) 산화. 공기의 산소가 와인에 작용하여 갈변시키거나 산화 취를 발생시키는 현상.

passito(파시토) 이탈리아어로 그늘에서 말린 포도로 만든 와인.

peppery(페퍼리) 후추나 고추 등 다양한 매운 맛. 알코올 도수가 높을 때 느끼는 화끈한 느낌.

pétillant(페티양) 거품이 있는 프랑스의 스파클링 와인.

phenol(페놀) 색소와 탄닌성 물질을 구성하고 포도의 색깔과 향미에 영향을 끼침. 레드와인의 특성.

phylloxera(필록세라) 포도나무 뿌리에 기생하는 해충으로 미국 종은 저항력이 있음.

quinta(킨타) 포르투갈어로 포도밭이나 영지. 양조장의 뜻도 있음.

rancio (랑시오) 와인을 오크통에 숙성시키면서 산화 시켜 특이한 향미가 나게 함.

R.D.(Recently disgorged) 병 숙성 기간을 늘여 최근에 코르크를 씌운 샴페인. L.D.(Lately disgorged).

recioto(레초토) 이탈리아 베네토 지방에서 그늘에서 말린 포도로 만든 와인.

reserva(레세르바, 리제르바) 일정 숙성 기간을 채운 와인. 지역에 따라 다름.

ripasso(리파소) 아마로네를 만들고 난 후 찌꺼기에 와인을 한 번 더 우려낸 와인.

rosado(로사도) 스페인어로 핑크색 또는 로제 와인. 프랑스어로는 rosé(로제).

saignée(세니에) 영어로 "To bleed". 로제를 만들 때 레드 와인을 만드는 방법으로 진행 하되 껍질을 빨리 빼내어 붉은색이 번진 것 같은 핑크색을 내는 방법.

second-label(세컨드 라벨) 1차 와인 그랑뱅을 만든 후 약간 질이 떨어지는 포도로 만든 **2**차 와인.

sommelier(소믈리에) 레스토랑 와인 담당자로 구매, 관리, 조언, 서비스를 책임지는 사람.

spumante(스푸만테) 이탈리아의 스파클링 와인. 프리잔테보다 기포가 강함.

still wine(스틸 와인) 스파클링 와인에 반대되는 뜻으로 보통 와인을 말함.

structure(스트럭처) 와인의 구조. 와인의 골격을 이루는 전반적인 구성.

sulfur dioxide(설퍼 다이옥사이드) 이산화황(SO_2).톡 쏘는 자극적 냄새.

sulfite(설파이트) 아황산, 산화를 막고 부패방지를 위해 와인에 꼭 필요한 첨가제.

sur lie(쉬르 리) 영어로 “On the lees”. 발효가 끝난 찌꺼기 위에서 그대로 숙성시키는 양조 방법.

table wine(테이블 와인) 식탁용 와인을 말하거나 또는 고급 와인이 아닌 값싼 와인을 말함.

tannin(타닌) 와인에 색깔을 주며 떫은맛의 주성분으로 적포도의 씨, 줄기, 껍질에 있음. 와인을 오래 가게 하는 요소로 지방과 잘 결합하고 입을 마르게도 함.

tartrates(타르트레이트) 주석. 주석산에서 생기는 유리같은 결정체로 와인이 오래되면 코르크 마개에 붙어 있거나 병 바닥에 침전됨. 인체에는 무해함.

tastevin(타스트뱅) 옛날에 소믈리에가 와인을 맛볼 때 사용한 목에 거는 납작한 은잔.

tenuta(테누타) 이탈리아어로 포도밭 또는 영지.

terroir(테루아) 단위 포도밭이 가지는 특성. 자연 환경과 토질, 방향, 기후 등을 포함함.

texture(텍스처) 와인을 삼킬 때 입 속에서 느끼는 조직감.

tight(타이트) 타닌과 산도가 강하며 부드럽지 않은 와인을 표현.

toasty(토스티) 토스트 향이나 불에 그을은 나무 냄새. 오크통에서 오래 숙성된 와인에서 나는 향.

trocken(트로켄) 독일어로 드라이 와인.

varietal wine(버라이어털 와인) 단일 품종으로 만든 와인. 다른 품종을 섞어도 적은 양으로 법적 한도 내이면 라벨에 품종을 표기할 수 있음.

variety(버라이어티) 포도 품종. 메를로, 피노누아 등.

VDN(**Vin Doux Naturel**, 뱅 두 나투렐) 발효 중 알코올 첨가로 와인에 당분을 남긴 스위트 와인.

vendange tardive(방당주 타르티브) 프랑스어로 늦게 수확한 포도로 만든 와인.

vieilles vignes(비에이유 비뉴) 영어로 “Old vine”. 법적 규제는 없음. 오래된 포도 나무에서 딴 포도로 만든 와인.

village(빌라주) 마을. 넓은 원산지 내에서 특정 지역을 세분화 하기 위해 만든 작은 구획.

vin de pays(뱅 드 페이) 테이블 와인에 속하며 라벨에 지역 명을 표기할 수 있음.

viniculture(비니컬처) 와인 양조학.

vintage(빈티지) 와인을 만든 포도가 수확된 해.

viticulture(비티컬처) 포도나무 재배학.

Vitis vinifera 와인을 만드는 유럽 포도 종.

volatile acidity(**VA**)(볼러타일 어시디티) 휘발산 주로 초산 함량. 와인의 식초 냄새.

부록 B

[참고문헌]

Allen, Max. *Red and White: Wine Made Simple.* San Francisco: Wine Appreciation Guild, 2001.

Broadbent, *Michael. Michael Broadbent's Wine Vintages.* New York: Mitchell Beazley, 2003.

Clarke, Oz. *Oz Clarke's New Wine Atlas.* New York: Harcourt, Inc., 2002.

Colman, Tyler. *Wine Politics.* University of California Press: Berkeley, 2008.

Goode, Jaime. *The Science of Wine from Grape to Glass.* Berkeley, Calif.: University of California Press, 2006.

Johnson, Hugh, and Jancis Robinson. *The World Atlas of Wine, Sixth Edition.* London: Mitchell Beazley, 2007.

Joly, Nicolas. *What Is Biodynamic Wine? London*: Clairview Books, 2007.

Kolpan, Steven, Brian H. Smith, and Michael A. Weiss. *Exploring Wine, Second Edition.* New York: Wiley, 2001.

Kramer, Matt. *Making Sense of Wine, Second Edition.* Philadelphia, Pa.: Running Press Books, 2003.

Maresca, Tom. *Mastering Wine.* New York: Grove Press, 1992.

Matthews, Patrick. *Real Wine: The Rediscovery of Natural Winemaking.* London: Mitchell Beazley, 2000.

McGovern, Patrick E. *Ancient Wine: The Search for the Origins of Viticulture.* rinceton,

N.J.: Princeton University Press, 2003.

Peynaud, Emile. *Knowing and Making Wine.* New York: John Wiley & Sons, 1984.

Robinson, Jancis, Ed. *Oxford Companion to Wine, Third Ed.* Oxford, New York: Oxford University Press, 2006.

———. *How to Taste: A Guide to Enjoying Wine*. New York: Simon & Schuster, 2000.
Stevenson, Tom. *The New Sotheby's Wine Encyclopedia, Fourth Edition*. New York: DK Publishing, 2005.
———. *Wine Report 2008*. New York: DK Publishing, 2007.
Trubek, Amy. *The Taste of Place: A Cultural Journey into Terroir*. Berkeley, Calif.: University of California Press, 2008.
Waldin, Monty. *Biodynamic Wines*. London: Mitchell Beazley, 2004.
Wilson, James E. *Terroir: The Role of Geology, Climate, and Culture in the Making of French Wines*. Berkeley, Calif.: University of California Press, 1998.

Grapes

Clarke, Oz. *Oz Clarke's Encyclopedia of Grapes*. New York: Harcourt, 2001.
Robinson, Jancis. *Guide to Wine Grapes*. Oxford, England: Oxford University Press, 1996.

부록 C

[보르도 그랑 크뤼 클라세Grand Cru classé]

Premiers crus(1등급)

Ch. Haut-Brion(오 브리옹)
Ch. Lafite-Rothschild(라피트 로칠드)
Ch. Latour(라투르)
Ch. Margaux(마고)
Ch. Mouton-Rothschild(무통 로칠드)

Deuxièmes crus(2등급)

Ch. Brane-Cantenac(브란 캉트냑)
Ch. Cos d'Estournel(코스 데스투르넬)
Ch. Ducru-Beaucaillou(뒤크뤼 보카이유)
Ch. Durfort-Vivens(뒤포르 비방)
Ch. Gruaud-Larose(그루오 라로즈)
Ch. Lascombes(라스콩브)
Ch. Léoville-Las Cases(레오빌 라스카스)
Ch. Léoville-Poyferré(레오빌 프와페레)
Ch. Léoville-Barton(레오빌 바르통)
Ch. Montrose(몽로즈)
Ch. Pichon Longueville Baron(피숑 롱그빌 바롱)
Ch. Pichon Longueville Comtesse de Lalande(피숑 롱그빌 콩테스 드 랄랑드)
Ch. Rauzan-Ségla(로장 세글라)
Ch. Rauzan-Gassies(로장 가시)

Troisièmes crus(3등급)

Ch. Boyd-Cantenac(보이드 캉트냑)
Ch. Calon-Ségur(칼롱 세귀르)
Ch. Cantenac Brown(캉트냑 브라운)
Ch. Desmirail(데스머라이)
Ch. Ferrière(페리에르)
Ch. Giscours(지스쿠르)
Ch. d'Issan(디상)
Ch. Kirwan(키르완)
Ch. Lagrange(라그랑주)
Ch. La Lagune(라 라귄)
Ch. Langoa Barton(랑고아 바르통)
Ch. Malescot-Saint-Exupéry(말레스코 생텍쥐페리)
Ch. Marquis d'Alesme Becker(마르키 달렘 베케르)
Ch. Palmer(팔메르)

Quatrièmes crus(4등급)

Ch. Beychevelle(베이슈벨)
Ch. Branaire-Ducru(브라네르 뒤크뤼)
Ch. Duhart-Milon-Rothschild(뒤아르 밀롱 로칠드)
Ch. Lafon-Rochet(라퐁 로셰)
Ch. La Tour Carnet(라 투르 카르네)
Ch. Marquis de Terme(마르키 드 테름)
Ch. Pouget(푸제)
Ch. Prieuré-Lichine(프리외레 리쉰)
Ch. Saint-Pierre(생 피에르)
Ch. Talbot(탈보)

Cinquièmes crus(5등급)

Ch. d'Armailhac(다르마이약)
Ch. Batailey(바타이예)
Ch. Belgrave(벨그라브)
Ch. Camensac(카멍삭)
Ch. Cantemerle(캉트메를르)
Ch. Clerc Milon(클레르 밀롱)
Ch. Cos Labory(코스 라보리)
Ch. Croizet-Bages(크르와제 바주)
Ch. Dauzac(도작)
Ch. Grand-Puy Ducasse(그랑 퓌이 뒤카스)
Ch. Grand-Puy-Lacoste(그랑 퓌이 라코스트)
Ch. Haut-Bages Libéral(오 바주 리베랄)
Ch. Haut-Batailley(오 바타이예)
Ch. Lynch-Bages(랭쉬 바쥬)
Ch. Lynch-Moussas(랭쉬 무사스)
Ch. Pedesclaux(페데스클로)
Ch. Pontet-Canet(퐁테 카네)
Ch. du Tertre(뒤 테르트르)

찾아보기

C

D

W

X–Y–Z

지도 찾아보기

지역 찾아보기

Germany

Iberia

Italy

옮긴이의 글

이 책은 와인을 포도 품종별로 분류한 책이다. 프랑스 와인이나 미국 와인 등 지역별 와인 안내서는 많지만 품종을 중심으로 다룬 책은 드물어 이 책을 소개하고 싶었다. 프랑스를 제외한 대부분 지역에서는 라벨에 포도 품종을 표기하기 때문에 와인을 배울 때 더 쉬울 수 있다. 지역별 분류는 찾아보기에서 참고할 수 있도록 했다.

와인의 맛은 포도 품종에 따라 다르며 포도나무는 토양과 기후의 영향을 받는다. 한국에는 식용 포도 외의 양조용 포도가 다양하지 않기 때문에 수많은 와인의 종류에 당황하게 된다. 라벨의 낯선 이름과 언어도 아무런 사전 지식 없이 외국 여행을 하는 것처럼 생소하기만 하다. 여행 안내서를 읽어 보거나 역사나 문화의 단편이라도 알고 여행을 떠나면 여행을 훨씬 더 즐길 수 있다는 것과 마찬가지다.

한국에도 다양한 종류의 술이 있고 포도주도 오랫동안 담아왔으며 술의 전통도 깊다. 그러나 외국의 생산지와 비교해 볼 때 한국의 기후나 토양이 양조용 포도를 재배하기에는 적합하지 않다. 또 빵을 먹고 와인을 음료로 곁들이는 서양과 밥에 국이 따르는 한국의 음식 문화도 다르다. 한국인에게 와인은 일상 마시는 술로는 뭔가 부족한 것 같으며, 다른 술처럼 즉시 취하지도 않고 맥주처럼 시원하지도 않아 일종의 유행 따라 하기 같기도 하다. 그러나 우리 사회도 변하고 식생활도 세계화 되어 취미로나 식사를 즐기기 위해 와인을 찾는 분위기가 차츰 만들어지고 있다. 이 책을 읽으며 와인에 한 걸음 더 자연스레 다가갈 수 있기를 바란다.

원서를 완역했으나 한국 실정에 맞지 않는 부문은 삭제했다. 이해를 돕기 위해 설명을 덧붙이거나 차례를 바꾸었다. 와인을 시음해보며 혼자서라도 배울 수 있는 테이스팅 부문은 이 책의 특징으로 한국에서 구할 수 있는 상표를 추가하기도 했다. 오랜 작업이었으나 와인을 알아간다는 기쁨으로 충만한 시간이었다. 귀염둥이 동진과 혜진이 위로가 되었으며 항상 함께 해준 가족들이 용기를 주었다.

와인으로 좋은 인연을 맺게 된 김준철 와인스쿨 원장님과 한관규 와인마케팅경영연구원 원장님의 지도와 꾸준한 관심이 없었다면 이 책이 태어나지 못했을 것이다. 매주 목요일 와인을 즐기며 공부할 수 있도록 배려해주신 손종화 상임고문님께 깊은 감사를 드린다. 늘 모임 준비에 바쁜 한용희 연구원님의 노고에 감사드리며 함께한 모든 와달 회원님들께 사랑을 보낸다. 이탈리아 와인을 강의해 주신 이승기 루벵 코리아 사장님과 이탈리아 와인여행 안내와 정보를 주신 김창성 아이수마 사장님의 도움으로 부족한 부분을 채울 수 있었다. 가산출판사 이종헌 사장님께 감사드리며 글을 맺는다.

2015년 11월 9일 혜진 19세 생일에

와인 101

지은이 | 타라 토마스
옮긴이 | 박원숙
펴낸이 | 이종헌
만든이 | 최윤서
펴낸곳 | 가산출판사
주　소 | 서울시 서대문구 경기대로 76
TEL (02) 3272-5530~1
FAX (02) 3272-5532
등　록 | 1995년 12월 7일(제10-1238호)
E-mail | tree620@nate.com

ISBN 978-89-6707-012-0 03590

2012년 11월 9일 초판 발행
2015년 11월 9일 재판 발행